国家出版基金项目
"十四五"国家重点出版物出版规划项目

信息融合技术丛书

何 友 陆 军 丛书主编　　熊 伟 丛书执行主编

多粒度信息融合与应用

李新德　董一琳　著

电子工业出版社·
Publishing House of Electronics Industry
北京·BEIJING

内 容 简 介

本书讲述了多粒度信息融合的基本概念以及多粒度信息融合理论赖以发展的基础理论，如 Dempster-Shafer 证据理论、Dezert-Smarandache 理论、粗糙集理论、模糊集理论等；介绍了同/异鉴别框架下多粒度信息融合方法、犹豫模糊信度下的多粒度信息融合方法和多粒度信息折扣融合方法；给出了典型算例详尽的融合流程，以及多粒度信息融合的典型应用，如多粒度行为识别等内容。全书理论体系完整，应用案例取舍适当。

本书可供从事多粒度信息融合理论研究和工程应用的专业技术人员参考，也可作为高等院校相关专业本科高年级学生、研究生的参考书。

图书在版编目（CIP）数据

多粒度信息融合与应用 / 李新德，董一琳著. —北京：电子工业出版社，2024.1
（信息融合技术丛书）
ISBN 978-7-121-46759-2

Ⅰ. ①多⋯ Ⅱ. ①李⋯ ②董⋯ Ⅲ. ①传感器－信息融合－算法设计－研究
Ⅳ. ①TP212

中国国家版本馆 CIP 数据核字（2023）第 227126 号

责任编辑：张正梅
印　　刷：北京七彩京通数码快印有限公司
装　　订：北京七彩京通数码快印有限公司
出版发行：电子工业出版社
　　　　　北京市海淀区万寿路 173 信箱　　邮编：100036
开　　本：720×1000　1/16　印张：12.75　字数：260 千字　彩插：1
版　　次：2024 年 1 月第 1 版
印　　次：2024 年 8 月第 2 次印刷
定　　价：98.00 元

凡所购买电子工业出版社图书有缺损问题，请向购买书店调换。若书店售缺，请与本社发行部联系，联系及邮购电话：（010）88254888，88258888。
质量投诉请发邮件至 zlts@phei.com.cn，盗版侵权举报请发邮件至 dbqq@phei.com.cn。
本书咨询联系方式：zhangzm@phei.com.cn。

"信息融合技术丛书"
编委会名单

主　　编：何　友　陆　军

执行主编：熊　伟

副 主 编（按姓氏笔画排序）：

王子玲　刘　俊　刘　瑜　李国军　杨风暴

杨　峰　金学波　周共健　徐从安　郭云飞

崔亚奇　董　凯　韩德强　潘新龙

编　　委（按姓氏笔画排序）：

王小旭　王国宏　王晓玲　方发明　兰　剑

朱伟强　任煜海　刘准钰　苏智慧　李新德

何佳洲　陈哨东　范红旗　郑庆华　谢维信

简湘瑞　熊朝华　潘　泉　薛安克

丛书序

　　信息融合是一门新兴的交叉领域技术，其本质是模拟人类认识事物的信息处理过程，现已成为各类信息系统的关键技术，广泛应用于无人系统、工业制造、自动控制、无人驾驶、智慧城市、医疗诊断、导航定位、预警探测、指挥控制、作战决策等领域。在当今信息社会中，"信息融合"无处不在。

　　信息融合技术始于 20 世纪 70 年代，早期来自军事需求，也被称为数据融合，其目的是进行多传感器数据的融合，以便及时、准确地获得运动目标的状态估计，完成对运动目标的连续跟踪。随着人工智能及大数据时代的到来，数据的来源和表现形式都发生了很大变化，不再局限于传统的雷达、声呐等传感器，数据呈现出多源、异构、自治、多样、复杂、快速演化等特性，信息表示形式的多样性、海量信息处理的困难性、数据关联的复杂性都是前所未有的，这就需要更加有效且可靠的推理和决策方法来提高融合能力，消除多源信息之间可能存在的冗余和矛盾。

　　我国的信息融合技术经过几十年的发展，已经被各行各业广泛应用，理论方法与实践的广度、深度均取得了较大进展，具备了归纳提炼丛书的基础。在中国航空学会信息融合分会的大力支持下，组织国内二十几位信息融合领域专家和知名学者联合撰写"信息融合技术丛书"，系统总结了我国信息融合技术发展的研究成果及经过实践检验的应用，同时紧紧把握信息融合技术发展前沿。本丛书按照检测、定位、跟踪、识别、高层融合等方向进行分册，各分册之间既具有较好的衔接性，又保持了各分册的独立性，读者可按需读取其中一册或数册。希望本丛书能对信息融合领域的设计人员、开发人员、研制人员、管理人员和使用人员，以及高校相关专业的师生有所帮助，能进一步推动信息融合技术在各行各业的普及和应用。

"信息融合技术丛书"是从事信息融合技术领域各项工作专家们集体智慧的结晶，是他们长期工作成果的总结与展示。专家们既要完成繁重的科研任务，又要在百忙中抽出时间保质保量地完成书稿，工作十分辛苦，在此，我代表丛书编委会向各分册作者和审稿专家表示深深的敬意！

本丛书的出版，得到了电子工业出版社领导和参与编辑们的积极推动，得到了丛书编委会各位同志的热情帮助，借此机会，一并表示衷心的感谢！

何友

中国工程院院士

2023 年 7 月

前　言

近年来，随着国家对多传感器平台和系统需求的急剧增加，多粒度的多源信息融合作为一门具有前沿性的高度交叉学科，已进入一个蓬勃发展的时期。当前，人们对信息融合理论和工程应用的研究方兴未艾，关于信息融合的新理论、新方法、新技术层出不穷。特别是随着大数据时代的到来，人们对大数据融合的精度和准确度，融合模型建立的合理性，以及融合管理高效性的要求不断提高。但是，大数据自身所呈现出的不完善、多粒度、异构、自治、多样、复杂、快速演化等特性，给传统融合系统的性能保障带来了巨大挑战。为此，基于信度函数理论的多粒度信息融合这一全新的融合概念开始出现于各类公开出版的技术文献中，并逐渐从基础理论研究扩展到多个应用领域。为了能系统地介绍多粒度信息的概念与融合推理方法，以期为刚进入多粒度信息融合领域的学生或工程技术人员提供系统性的参考书，迫切需要出版一本介绍多粒度信息融合的入门读物。在国家出版基金项目的资助下，笔者团队承担了"信息融合技术丛书"中《多粒度信息融合与应用》的编写任务。本书包含多粒度信息融合的数学基础、主要进展、典型应用等内容，可作为自动化及相关专业本科生及研究生的教材。

全书共 7 章。第 1 章在介绍经典信息融合的概念、发展现状、问题与挑战的基础上，着重详述了多粒度信息融合的背景与意义、发展现状、问题与挑战，以开阔读者的视野。同时，通过对本书知识体系的介绍，引导读者进入多粒度信息融合的各个研究领域。第 2 章重点介绍了多粒度信息融合的基础理论，包括信度函数理论（Dempster-Shafer 证据理论和 Dezert-Smarandache 理论）、粗糙集理论、模糊集理论等。第 3 章和第 4 章针对同/异鉴别框架下的多粒度融合，分别介绍了复合焦元融合的解耦规则和等价/层次粒空间构建方法，并给出许多典型算例详述融合流程。第 5 章介绍了多粒度信息融合中的犹豫模糊信度融合方法，为推理过程中的犹豫决策过程提供了准确且有效的度量及推理途径，具有很高的实用价值。第 6 章介绍了多粒度信息折扣融合方法，该方法主要用于解决高冲突多粒度证据源的融合问题。第 7 章从行为识别角度出发，着重介绍了多粒度信息融合应用研究，其中多粒度行为建模思路与融合的过程，值得读者学习和掌握。

在本书的出版过程中，电子工业出版社负责本书编辑工作的全体人员付出了大量辛勤劳动，他们认真细致、一丝不苟的工作精神保证了本书的出版质量。笔者团队的左克铸博士对第 1 章、第 2 章、第 4.3 节和第 7.2 节的内容做了大量补充和勘误工作，特别是经典信息融合的发展现状，粗糙集理论、模糊集理论和基于多粒度图像信息融合的行为识别等内容。另外，笔者团队的其他成员也对本书进行了仔细的勘误。在此，对所有为本书的出版做出贡献的同志深表谢意！

由于笔者水平有限，书中疏漏与不足之处在所难免，请广大读者不吝赐教，我们将深表谢意。

李新德

2023 年 6 月

目 录

第 1 章

绪　论

1.1　经典多源信息融合概述

1.1.1　多源信息融合的概念

多源信息融合（Multi-Source Information Fusion）又称多传感融合（Multi-Sensor Information Fusion），是指将不同来源的多个数据源或信息源的信息进行整合、分析和推理，从而生成更完整、准确和有效信息的过程。这些信息可以来自不同的传感器、平台、数据存储系统或组织，包括结构化和非结构化数据、实时和历史数据、静态和动态数据等[1]。与单一信息源相比，多源信息融合可以帮助人们更好地理解和应对复杂的现实世界问题，提高决策的质量和效率，支持实时决策和预测，降低决策的风险和成本，被广泛应用于军事情报、传感器管理、故障诊断、金融风险控制、医疗健康等领域。

多源信息融合技术的研究内容包括信息源选择、信息匹配和配准、信息融合算法、融合结果评估和应用领域拓展等。在信息源选择方面，关键问题是选择哪些信息源进行融合，需要考虑信息源的可靠性、准确性和完整性等因素。在信息匹配和配准方面，需要将来自不同信息源的信息进行匹配和配准，以确保融合后的信息具有一致性和准确性，需要考虑的因素包括传感器的误差、数据格式的不同和信息的时空关系等。在信息融合算法方面，多源信息融合算法包括基于规则的算法、概率统计算法、人工神经网络算法、模糊逻辑算法等。不同的算法适用于不同的情况，需要综合考虑多个因素来选择合适的算法。在融合结果评估方面，需要评估多源信息融合结果的可靠性和精度。融合结果评估方法包括误差分析、可视化分析和专家评估等。在应用领域拓展方面，多源信息融合技术已经在国防、情报、监控等领域得到广泛应用。未来，多源信息融合技术还可以拓展到环境等领域。

由于多源信息融合应用面非常广，故各行各业根据自己的理解给出了不同的定义。目前，被大多数研究者接受的信息融合的定义，是由美国三军组织实验室理事联合会（Joint Directors of Laboratories，JDL）从军事应用角度给出的，如定义 1.1。潘泉等[1]、韩崇昭等[2]总结了 JDL 的研究并给出了定义 1.2。Wald[3]从信息融合实现的功能和目的方面给出了定义 1.3。基于最新的学术报道和研究成果，目前对多源信息融合概念较为准确的描述可见定义 1.4。

定义 1.1 多源信息融合是一种多层次、多方面的处理过程，包括对多源数据进行检测、关联、组合和估计，从而提高状态和身份估计的精度，以及对战场态势和威胁的重要程度进行适时完整的评估。

定义 1.2 多源信息融合，又称多传感器融合，是一个多层次、多方面的过程，包括对多源数据的检测、关联、组合和估计，以提高信息、状态和身份估计的准确性，以及对目标情况和威胁的最终程度的及时性和完整性的评估。

定义 1.3 多源信息融合是一个用来表示如何组合或联合来自不同传感器数据的方法和工具的通用框架，其目的是获得更高质量的信息。

定义 1.4 多源信息融合是一个对多源、多层次、多维度、多粒度数据、信息和知识的检测、表征、挖掘、关联、综合、推理和预测的过程，它综合了人工智能、知识推理、数据分析与处理等现代信息技术，以获得对被观测对象更为丰富与精准的描述或决策结果。

1.1.2 发展现状

多源信息融合技术的发展历史可以追溯到 20 世纪 70 年代，当时美国军方已开始探索利用多个传感器进行情报监测和目标跟踪。20 世纪 80 年代末，美国国防部在多源信息融合方面制订了一个统一的研究计划，促进了该领域的发展。20 世纪 90 年代，随着计算机和通信技术的迅速发展，多源信息融合技术得到了广泛应用，由军事应用迅速向民事应用转化。随着人工智能技术的进一步发展，信息融合技术朝着智能化、集成化的趋势发展，各种面向复杂应用背景的多传感器系统大量涌现。信息表示形式的多样性、海量信息处理的困难性、数据关联的复杂性，以及信息处理的及时性、准确性和可靠性，都是前所未有的[4]。信息融合技术已成为信息时代科技发展的重要方向和研究热点。本节从多源信息融合的功能模型、框架、系统结构、理论方法、优势以及应用领域六个方面对信息融合的发展现状进行介绍。

1.1.2.1 多源信息融合的功能模型

历史上曾出现过不同的信息融合功能模型，JDL 模型首先被提出，其后几经修订，被越来越多地应用于实际系统。其他的功能模型还包括 Bowman Df & Rm 模型[5]、Luo-Kay 模型[6]以及 Pau 模型[7]。

1. JDL 模型

JDL 模型主要解决数据融合问题，其结构如图 1-1 所示。原始的 JDL 模型将融合过程视作在四个不同层次上进行的数据处理过程，即对象、情境、影响和过程细化。在该模型中，包括目标评估、态势评估、影响评估和过程评估四个阶段。但原始 JDL 模型是典型的功能模型，因此无法判断这些功能中的任何一个评估过程是由人实现的还是由自动化算法流程实现的[8]。

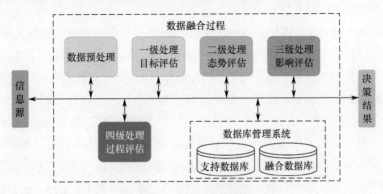

图 1-1　JDL 模型结构

在信息融合模型中，低层信息向高层信息转化的关键在于能否利用上下文信息，即模型不再局限于原始传感器数据和独立个体特征信息，而是在融合过程中考虑结构、场景、结果和系统本身各个方面的信息。为了使 JDL 模型具备利用上下文信息的能力，JDL 数据融合信息组（Data Fusion Information Group，DFIG）模型在系统中引入了数据融合和资源管理功能，以人作为观测者的方式来突出用户的参与度，实现了在数据融合过程中对上下文信息的推理。随后，相关学者和从业人员对以 DFIG 模型为主的 JDL 模型结构进行了重新修改[9]，研究人员在设计基于 DFIG 模型的融合系统时，更关注信息管理、高级可视化、数据挖掘，以及团队、优先级和协调等功能，这些功能有助于 DFIG 模型应对更多复杂的信息融合任务和资源管理方面的挑战。

JDL 模型的几次修订在一定程度上解决了其侧重于数据（输入/输出）而不是融合处理及限制性太大等问题，但 JDL 模型仍会因受限于某些实际任务需求而难以用于实践。为此，Dasarathy 模型[10]从软件工程的角度将融合系统看作以输入/输出及功能（过程）为特征的数据流，它主要用于在多传感器目标识别和跟踪环境中做出最优决策。Dasarathy 模型融合范式旨在对一组传感器进行并行数据融合，然后嵌入递归系统结构中，以提高融合决策的可靠性[11]。相似地，针对决策的可靠性难以表示的问题，Goodman 等[12]基于随机集概念提出了一种融合框架，能将决策不确定性与决策本身结合起来，并提供一个完全通用的不确定性表示方案。Omnibus 模型[13]基于智能循环和 Boyd 控制循环的性质，构建了一种具有更精准定义的瀑布模型，每个定义都可以与 JDL 模型和 Dasarathy 模型中的一个级别相关联。不同于在 JDL 模型和 Dasarathy 模型中忽略的数据内循环反馈过程，Omnibus 模型通过保留 Boyd 循环结构而使数据融合过程的循环性质变得明确。

2. Bowman Df & Rm 模型

Bowman Df & Rm 模型是 Bowman 在 1980 年提出的一种用于解决多传感器、多目标识别和跟踪问题的通用数据融合架构。Bowman 认为，尽管 JDL 模型已经在许多数据融合应用中取得了不错的成效，但在开发实际系统时作用较小。因此，Bowman 提出了"数据融合层次树"的概念，并将融合问题划分为节点，从概念上讲，每个节点都涉及数据链接、估计和关联等功能。在 Bowman Df & Rm 模型中，为了评价具有非确定性未知目标对数据和决策结果的相对不确定性的影响，采用了基于相关假设和先验信息的数据处理方法，提出了一种包括生成假设和评估反馈（假设校验）的结构，如图 1-2 所示。此外，Bowman Df & Rm 模型在估计和控制之间存在二元性（对偶性），即数据融合和资源管理系统可以使用网络节点之间的交互组合和管理来实现，这使 Bowman Df & Rm 模型结构中的不同级别数据类型、来源、模型和结论的含义也不同。

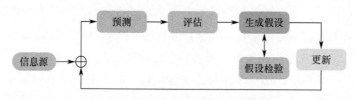

图 1-2　Bowman Df & Rm 模型结构

3. Luo-Kay 模型

Luo-Kay 模型是 Luo 和 Kay 在 1988 年提出的一种基于多传感器集成的通用数据融合结构[6]。在该模型中，多个信息源的数据以分层方式在嵌入式中心内组合，体现了多传感器集成和多传感器融合两者之间的区别。如图 1-3 所示，

Luo-Kay 模型将多个传感器在四个不同的级别中进行数据融合。在该模型中，将传感器采集的数据传输到融合中心，并以分层有序的方式进行融合处理。数据以各种方式在数据中心进行组合，并且不同数据信息还能表示相应的融合级别。

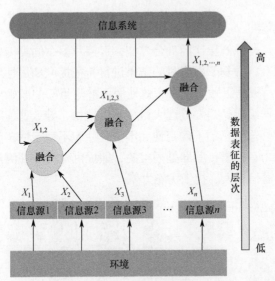

图 1-3　Luo-Kay 模型

4．Pau 模型

Pau 模型是一种基于行为知识的数据组合模型[7]，也是一种典型的分层结构，如图 1-4 所示。在 Pau 模型中，首先从原始数据中提取特征向量，其次将该向量与定义的属性对齐并关联，再次在传感器特性融合与数据分析两级中进行数据信息的组合、分析、聚类，最后根据一系列的行为规则进行决策。此外，Pau 模型是一种由三个显示级别组成的分层方法。在第一层，每个传感器都有一个向量空间，包含坐标尺寸和测量参数；在第二层，提取向量的适当特征，并将标记与它们连接起来；在第三层，将特征向量与事件相关联，并定义环境模型、融合策略。

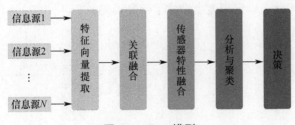

图 1-4　Pau 模型

1.1.2.2　多源信息融合的框架

根据融合系统中数据抽象的层次，多源信息融合可以分为三个级别：数据级融合、特征级融合以及决策级融合。

1. 数据级融合

数据级融合是一种低层次的融合方法，直接对多个同类传感器提供的原始测量数据进行融合，并基于融合后的结果进行特征提取和属性判决，其基本框架如图 1-5 所示。数据级融合能够有效地保留被测目标的原始测量信息，具有较高的精度。数据级融合需要处理大量传感器数据，导致处理时间长和实时性差；需要处理传感器信息的不确定性、不完全性和不稳定性，因此需要具备较高的纠错处理能力；需要传感器是同类的，即提供对同一观测对象的同类观测数据；需要数据通信量大、抗干扰能力差。

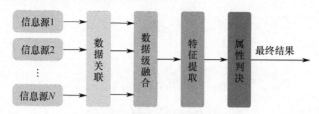

图 1-5　数据级融合的基本框架

通常情况下，数据级融合可应用于图像融合以及同类雷达波形的直接合成等领域。常用的数据级融合方法有加权平均、卡尔曼滤波以及贝叶斯理论等。在实际工程中，同一变量可能存在多个先验信息，且这些先验信息可能不完全一致，需要在融合过程中考虑如何降低信息不一致性带来的误差。

2. 特征级融合

特征级融合从各传感器提供的原始测量数据中提取特征，并形成特征向量，然后经数据关联后进行特征融合，最后根据融合结果进行属性判决。特征级融合属于中间层次融合，其基本框架如图 1-6 所示。特征级融合能够实现同类或异类传感器的信息融合，数据量小，算法实时性较高，但由于对原始测量信息进行了压缩，因此在一定程度上造成了信息损失。

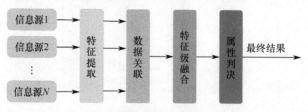

图 1-6　特征级融合的基本框架

特征级融合分为目标状态信息融合和目标特征信息融合两类。其中，目标状态信息融合主要用于目标跟踪领域，在进行数据处理后，通过卡尔曼滤波理论、联合概率数据关联、多假设法、交互式多模型法等数学方法，实现数据相关和状态估计。目标特征信息融合则更多地涉及模式识别问题，常见的数学方法有参量模板法、特征抽取法、聚类方法、人工神经网络等。特征级融合具有较低的计算复杂性，但是各模态特征提取合成后通常具有较高的维度，会导致融合的特征通常包含大量的冗余信息。为解决这一问题，可以使用主成分分析法和线性判别分析法对合成后的特征进行降维处理，提高计算效率。

3. 决策级融合

决策级融合是一种高层次的融合方法，各传感器根据原始测量信息提取特征并形成初步的判决结果，然后将各传感器的判决结果进行决策级的融合处理并形成最终的判决结果。决策级融合的基本框架如图 1-7 所示。决策级融合能够实现同类或异类传感器的信息融合，通信量小，抗干扰能力强，不同传感器之间的依赖性小，但信息损失较为严重。常用的决策级融合方法有：

（1）投票表决法，以投票表决的形式对各传感器初步的判决结果进行融合。

（2）贝叶斯估计法。该算法首先将各传感器提供的不确定信息表示成概率，然后通过贝叶斯公式进行处理，最后根据某种规则做出决策。

（3）证据理论。Shafer 于 1976 年提出了处理不确定信息的证据理论，并将其应用于多目标分类的决策级融合，证据理论以信度函数理论为基础进行不确定性推理，由于不需要满足常规概率函数的叠加性，因此能够直接有效地表达不确定性。同时以 D-S 证据理论为基础，衍生出多种信度函数合成规则，如 DSmT 规则、Yager 规则等，不同规则适用于不同的实际情况。

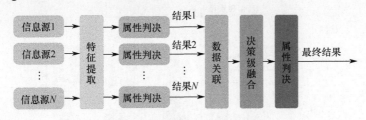

图 1-7　决策级融合的基本框架

由上述分析可知，三种不同层次的信息融合方法各有其优点、缺点和适用范围，三种融合方法的性能对比如图 1-8 所示。假设各个传感器数据相互匹配，则测量的传感器数据可直接在数据层中融合。当各个传感器数据相互不匹配时，则需要根据特定情况来判断应采取特征级融合方法还是决策级融合方法。无论是数据级融合、特征级融合还是决策级融合，都需要将相关的信息进行关联和配准,区别在于数据的相关性和相互匹配的顺序是不一样的。对于特定用途,应该全面考虑所处的环境、计算资源、信息来源特征等因素的综合影响。

图 1-8   三种融合方法的性能对比

1.1.2.3   多源信息融合的系统结构

在多源信息融合流程中,根据不同的应用场景,研究人员提出了不同的系统结构,这些系统结构可分为三种类型:集中式结构、分布式结构和混合式结构。

1. 集中式结构

集中式结构主要应用于加工传感器的原始数据,如图 1-9 所示。在集中式结构中,传感器所记录的检测报告直接发送到融合中心进行数据对准、点迹关联、数据互联、航迹滤波、预测和综合跟踪,充分利用了传感器的信息。在该结构中,传感器模块本身具有跟踪处理能力,利用传感器自身获取的量测形成目标轨迹,将跟踪处理关联的量测传送给融合中心,由融合中心进一步实现对各传感器量测的综合跟踪处理。融合中心的跟踪结果可以反馈回各传感器的跟踪处理环节,改善各传感器局部航迹的性能,但会增加通信带宽的要求,提高了传感器的跟踪处理复杂度。

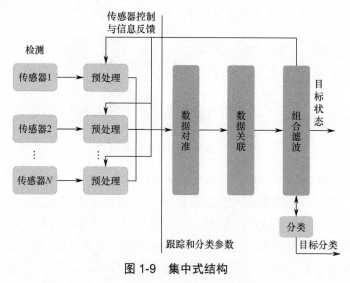

图 1-9   集中式结构

2．分布式结构

分布式结构首先分别对局部数据进行预处理，其次进行信息融合，如图 1-10 所示。分布式结构与集中式结构的不同之处在于，每个传感器的检测报告在进入融合中心之前，其本身的数据处理器会生成局部多目标跟踪航迹信息，然后将处理后的信息发送至融合中心。融合中心通过各个节点的航迹数据完成航迹相关和航迹融合，并形成整体估计。在该结构中，传感器本身具有跟踪处理能力，利用传感器自身获取的量测形成目标轨迹，将形成的目标轨迹传送给融合中心，由融合中心进一步实现各传感器的融合处理。

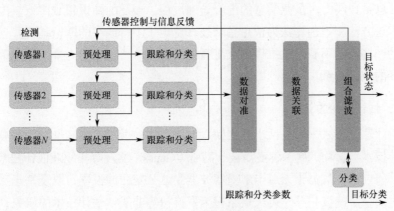

图 1-10　分布式结构

3．混合式结构

混合式结构同时加工原始数据和预处理过的数据，是集中式结构和分布式结构的组合，如图 1-11 所示。混合式结构同时传输检测报告和经过局部节点处理后的航迹信息。

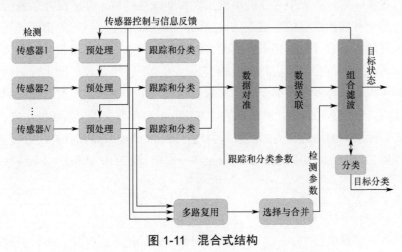

图 1-11　混合式结构

上述三种系统结构各有特点。集中式结构具有良好的信息完整性，系统数据信息损失小，性能比较好，但通信压力大、系统稳定性不佳；分布式结构因可靠性高而受到用户欢迎，但其损失了信息的完整性，性能较集中式略差；混合式结构综合了前两种结构的优点，但在通信带宽、计算量、存储量方面一般需要付出更大的代价。因此，需要根据实际应用需求选择合适的信息融合处理结构。

1.1.2.4　多源信息融合的理论方法

信息融合作为对多源信息的综合处理过程，涉及的知识领域广泛。传统的估计理论方法和识别算法为信息融合技术奠定了不可或缺的理论基础。近年来出现的一些基于不确定性推理与人工智能的新方法，逐渐成为推动信息融合技术发展的重要力量。

1．估计理论方法

估计理论方法一般包括小波变换、加权平均、最小二乘、卡尔曼滤波等线性估计技术，以及扩展卡尔曼滤波、高斯（Gauss）滤波等非线性估计技术。近年来，研究人员致力于无迹卡尔曼滤波器和分开差分滤波器，以及基于随机采样技术的粒子滤波和马尔可夫链蒙特卡罗方法等非线性估计技术的研究，并取得了很多有价值的研究成果[14]。期望极大化算法可为求解不完全测量数据情况下的参数估计与融合问题提供一种全新的思路。另外，通过建立一定的优化指标，可以借助最优化方法来获得参数或状态的最优估计。典型的最优化指标是指极小化均方误差和极小化拟合误差。基本的估计准则主要包括最小二乘估计、最小均方误差估计、极大后验估计和最大似然估计等。

针对实际融合系统中存在的不确定性和非线性特性，基于混合系统的多模型估计是一种鲁棒性强的自适应估计方法。该方法通过从不同的角度对问题建立模型并进行融合，以得到最终的模型，避免了直接建模的复杂性。多模型估计方法可以得到符合目标过程特征的实施过程模型，当该过程发生变化时，融合机制可以将这种变化实时反映到实施过程模型中，保证实施过程模型的正确性，提高实施效率和质量。多模型估计方法利用多模型来逼近系统的动态性能，进而对目标跟踪测量的多传感器多模型进行融合处理，获得其状态的最优估计。在多模型估计中，核心问题是如何通过单一模型状态的估计来获得系统状态的最优估计。

2．不确定性推理方法

在多源信息融合中，信息源提供的信息一般都是不完整的、不精确的或者模糊的，即信息包含大量的不确定性。信息融合中心需要对这些不确定性信息进行推理，进而达到目标身份识别和属性判决等目的。因此，不确定性推理方法是目标识别和属性信息融合的基础。不确定性推理方法包括主观贝叶斯方法、信度函数理论、模糊推理、粗糙集理论等。

1）主观贝叶斯方法

基于主观贝叶斯方法组合先验信息和观测信息，即用概率描述观察的信息和必要的过程信息，并利用特定规则将其组合，以得到最终的决策信息和综合描述。主观贝叶斯方法以统一的概率度量表示所有类型的不确定性[15]。设 $A_1, A_2, \cdots, A_m$ 为样本空间 S 的一个划分，满足 $A_i \cap A_j = \varnothing (i \neq j)$，$A_1 \cup A_2 \cup \cdots \cup A_m = S$ 以及 $p(A_i) > 0 (i = 1, 2, \cdots, m)$，则对任意事件 B，$p(B) > 0$，主观贝叶斯条件概率公式为

$$p(A_i \mid B) = \frac{p(A_i B)}{p(B)} = \frac{p(B \mid A_i) p(A_i)}{\sum_{j=1}^{m} p(B \mid A_j) p(A_j)} \tag{1-1}$$

将主观贝叶斯方法应用于多源信息融合时，要求系统可能的决策相互独立。这样，就可以将这些决策看成一个样本空间的划分，使用主观贝叶斯条件概率公式解决系统的决策问题。设系统可能的决策为 $A_1, A_2, \cdots, A_m$，某一信源提供观测结果 B，如果能够利用系统的先验知识及该信源的特性得到各先验概率 $p(A_i)$ 和条件概率 $p(B \mid A_i)$，则利用主观贝叶斯条件概率公式，根据信源的观测结果将先验概率 $p(A_i)$ 更新为后验概率 $p(A_i \mid B)$。当有 n 个信源，观测结果分别为 $B_1, B_2, \cdots, B_n$ 时，假设它们之间相互独立且与被观测对象条件独立，则系统有 n 个信源时的各决策总的后验概率计算公式为

$$p(A_i \mid B_1 \cap B_2 \cap \cdots \cap B_n) = \frac{\prod_{k=1}^{n} p(B_k \mid A_i) p(A_i)}{\sum_{j=1}^{m} \prod_{k=1}^{n} p(B_k \mid A_j) p(A_j)}, \quad i = 1, 2, \cdots, m \tag{1-2}$$

最后，系统的决策可由某些规则给出，如取具有最大后验概率的目标作为系统的最终决策。

主观贝叶斯方法具有公理基础和易于理解的数学性质，仅需中等的计算时间，但该方法要求所有的概率都是独立的，这给实际系统带来了很大的困难。此外，主观贝叶斯方法要求给出先验概率和条件概率，由于很难保证领域专家给出的概率具有前后一致性，需要领域专家花大量的时间来检验系统中概率的一致性，因而使主观贝叶斯方法的应用受到一定的限制。

2）信度函数理论

信度函数理论又称 Dempster-Shafer（D-S）证据理论，是由 Shafer 在 Dempster

工作的基础上形式化为基于证据的一般推理理论。信度函数理论引入了不确定性的概念，可以认为是对主观贝叶斯理论的推广。此外，信度函数理论还能处理不同粒度的信息并进行融合。例如，在人体行为识别中，所识别的结果可以是粗粒度的静止状态和运动状态，也可以是躺、坐、站、走、跑、跳等细粒度状态。假设集合 $\Theta = \{\theta_1, \theta_2, \cdots, \theta_6\}$ 中的元素分别表示躺、坐、站、走、跑、跳六类动作行为，则将 Θ 称为鉴别框架，$2^\Theta = \{\phi, \{\theta_1\}, \{\theta_2\}, \cdots, \{\theta_6\}, \{\theta_1 \cup \theta_2\}, \{\theta_1 \cup \theta_3\}, \cdots, \Theta\}$ 是 Θ 的所有子集的集合（也称幂集）。$m(A)$ 是当前证据对命题 A 的支持度，即基本信任分配值。由于在实际中不存在类似于"既跑又躺"的状态，因此这部分基本信任分配值为 0。同一个鉴别框架下的任意信源的多个焦元满足：

$$m(\phi) = 0, \sum_{A \subseteq 2^\Theta} m(A) = 1 \tag{1-3}$$

在融合多源信息时，每个信源对应一个独立的 mass 函数 $m(\cdot)$，n 个信源可以采用 D-S 证据理论进行组合，其计算式为

$$\begin{cases} m(A) = \begin{cases} \dfrac{\sum_{A_i = A, 1 \leqslant i \leqslant n} \prod_i m_i(A_i)}{1-k}, & A \neq \phi \\ 0, & A = \phi \end{cases} \\ k = \sum_{nA_i = \phi, 1 \leqslant i \leqslant n} \prod m_i(A_i) \end{cases} \tag{1-4}$$

式中：k 为冲突系数，用于度量不同证源之间的冲突程度。k 越大，证源间冲突越大；当 $k = 1$ 时，Dempster 规则失效，在实际应用中，这种情况很少发生。

D-S 证据理论在处理不确定信息的融合方面具有很大的优势，但是该理论难以处理高度冲突证源之间的融合问题。美国学者 Smarandache 和法国学者 Dezert 于 2004 年在 D-S 证据理论的基础上提出了更加朴素的信息融合推理框架，即似是而非理论（Dezert-Smarandache Theory，DSmT）[16]。该算法可以看成 D-S 证据推理的扩展。DSmT 可以静态或动态地融合不确定的、不精确的以及高冲突的信息，具有较为广泛的应用前景。DSmT 框架下的经典组合规则（The Classic DSm Rule of Combination，DSmC）为

$$\forall C \in D^\Theta, \quad m_{\text{Model}^f(\Theta)}(C) = \sum_{\substack{A, B \in D^\Theta \\ A \cap B = C}} m_1(A) m_2(B) \tag{1-5}$$

除此之外，DSmT 框架下常见的组合规则还有混合组合规则以及比例冲突重新分配规则，更多关于 DSmT 的相关知识见本书的 2.2 节内容。

3）基于模糊推理的融合

在处理不精确推理任务时，不同传感器对同一目标所给出的观测结果往往是模糊的、不确定的，这种情况需要基于模糊集理论进行推理融合。一个模糊集 $F \subseteq X$ 由对应的渐进隶属函数 $\mu_{F(x)}(\mu_{F(x)} \in [0,1], \forall x \in X)$ 定义 X 中元素 x 的隶属度，即隶属度越高，x 越属于 F，这使模糊数据融合为一种针对不精确数据的有效解决方案。模糊推理首先使用渐进隶属函数对数据进行模糊化，然后使用模糊融合规则产生模糊融合输出。模糊融合规则可分为合取和析取两类：合取如式（1-6）所示，分别表示两个模糊集的标准交集和乘积；析取如式（1-7）所示，分别表示两个模糊集的标准并集和代数和。

$$\begin{cases} \mu_1^{\cap}(x) = \min[\mu_{F_1}(x), \mu_{F_2}(x)], \ \forall x \in X \\ \mu_2^{\cap}(x) = \mu_{F_1}(x) \cdots \mu_{F_2}(x), \qquad \forall x \in X \end{cases} \tag{1-6}$$

$$\begin{cases} \mu_1^{\cup}(x) = \max[\mu_{F_1}(x), \mu_{F_2}(x)], \qquad\qquad \forall x \in X \\ \mu_2^{\cup}(x) = \mu_{F_1}(x) + \mu_{F_2}(x) - \mu_{F_1}(x) \cdots \mu_{F_2}(x), \ \forall x \in X \end{cases} \tag{1-7}$$

通常在融合可信度相同的同质传感器数据时，会采用联合模糊融合规则。此外，当存在至少一个可靠数据源却不知道具体哪个数据源可靠时，或者在融合存在高度冲突的数据时，合取和析取这两个融合规则难以同时联合使用。为此，研究人员提出了自适应的模糊融合规则，如式（1-8）所示，它是一种针对上述两种情况的自适应模糊融合规则[17]。其中，$h(\mu_{F_1}(x), \mu_{F_2}(x))$ 用于衡量渐进隶属函数 $\mu_{F_1}(x)$ 和 $\mu_{F_2}(x)$ 之间的冲突程度，μ_1 和 μ_2 分别是期望的合取模糊融合规则和析取模糊融合规则。

$$\begin{cases} \mu_{\text{Adaptive}}(x) = \max\{\mu_1, \mu_2\}, \forall x \in X \\ \mu_1 = \dfrac{\mu_i^{\cap}(x)}{h(\mu_{F_1}(x), \mu_{F_2}(x))} \\ \mu_2 = \min\{1 - h(\mu_{F_1}(x), \mu_{F_2}(x)), \mu_j^{\cup}(x)\} \\ h(\mu_{F_1}(x), \mu_{F_2}(x)) = \max(\min\{\mu_{F_1}(x), \mu_{F_2}(x)\}) \end{cases} \tag{1-8}$$

类似于主观贝叶斯方法与信度函数理论，模糊推理需要先验概率分布知识和不同模糊集的先验隶属函数。相比于主观贝叶斯方法与和信度函数理论，模糊集理论适用于不明确目标的模糊隶属度建模与融合等问题。

4）基于粗糙集的融合

粗糙集理论由 Pawlak 教授于 20 世纪 80 年代提出[18]，用于数据分类分析，其主要目的是由获取的数据综合出近似的概念。粗糙集理论通过上近似运算、下近似运算对论域中不确定性进行刻画，进一步得到概念的分类以及决策规则等。这已广泛应用于不精确、不完全数据的研究中。

在信息融合模型中，粗糙集理论将允许基于输入数据的粒度来近似系统的可能状态。一旦近似为粗糙集，数据片段就可以使用经典的合取或析取融合算子进行融合，即分别为交集或并集。为了使融合效果较好，数据的粒度既不能太细，也不能太粗糙。若数据粒度太细，粗糙集理论将简化为经典集理论；若数据粒度太粗糙，数据的近似值可能是空的。整体而言，相比于其他融合理论，粗糙集理论的主要优势在于它不需要任何先验或附加信息（如数据的概率分布或隶属函数），以及允许融合仅基于其内部结构近似的不精确数据。

在实际应用中，目标会存在多个特征属性，每个特征属性都是一个不同来源的输入信息。每个属性特征可以构造出一个集合并映射出对应的属性值，不同属性的粒度大小是可以不一致的，即粗糙集理论允许跨粒度的信息融合。粗糙集理论可以将多个不同来源的属性进行组合推理，以确定最终的目标类别。有时需要同时考虑多个粒度结构，即有多个二元关系需要同时考虑，在此情况下需要建立广义粗糙集模型。研究人员对决策过程中人们的风险偏好进行考虑，分别基于"求同存异"和"求同排异"两种不同的融合策略，对经典的粗糙集模型进行了扩展，建立了乐观多粒度粗糙集模型和悲观多粒度粗糙集模型。乐观多粒度粗糙集模型是基于"求同存异"的信息融合策略建立的，在需要用多个粒度结构来近似刻画目标概念集时，采取一种具有乐观风险偏好的决策策略，即决策可在各个粒度空间下进行，避免与其他粒度空间下的决策相互冲突。也就是说，在多个粒度框架下进行近似刻画时，某一元素只要在任意粒度结构下划分到下近似集中，则该元素就可以定义为下近似集中的元素。

5）四种经典融合理论方法的比较

作为多源信息融合中最常用的四种数学方法，主观贝叶斯方法、信度函数理论、模糊推理和粗糙集理论都有各自的特性，它们的优缺点如下。

（1）主观贝叶斯方法：主观贝叶斯方法是一种可靠的数据建模方法，可以根据已知数据和模型进行预测和决策。它的优点是具有严格的理论基础和广泛的应用领域。但是，它需要大量的数据进行建模，并且对于某些复杂问题，可能需要大量的数据才能达到足够的准确性。

（2）信度函数理论：信度函数理论是一种描述不确定性的方法，它考虑的是变量取值的可信程度。它的优点是可以处理各种类型的不确定性，包括随机性和非随机性；也可以对不同来源的数据进行加权，从而提高融合结果的准确性。但是，信度函数的构建和选择需要经验和专业知识的支持。

（3）模糊推理：模糊推理是一种基于模糊逻辑的推理方法，可以处理模糊和不确定性问题。它的优点是可以对不确定的数据进行建模和分析，适用于实际中存在的模糊和不完整问题。但是，模糊推理的结果可能不够准确，且需要选择合适的模糊集和逻辑运算方法。

（4）粗糙集理论：粗糙集理论是一种处理不确定性数据的方法，它将数据分为不同的等价类。它的优点是可以处理数据的不完整性和不确定性，并且可以用较少的数据得到较好的结果。但是，它的计算复杂度很高，而且在处理大规模数据时可能不太实用。

为了更为简洁、直观地展示不同方法的特性，现将其部分信息汇总在表 1-1 中。

表 1-1 四种经典信息融合理论方法的特性对比

方　　法	是 否 需 要					能 否 处 理		
	大量计算力	大规模数据	先验知识	多粒度信息	模糊信息	冲突信息	噪声数据	不确定信息
主观贝叶斯方法	√	√	×	×	×	○	○	√
信度函数理论	×	×	○	√	○	√	○	√
模糊推理	√	×	√	○	√	○	√	√
粗糙集理论	×	√	√	√	√	○	×	√

注："√"表示"是"，"×"表示"否"，"○"表示文献中暂无明确表述或存在争议。

3. 人工智能方法

人工智能（Artificial Intelligence）是一门以计算机科学为基础，研究、开发用于模拟、延伸和扩展人的智能的理论、方法及应用系统的新技术。人工智能方法在不引入先验知识的条件下，通过对数据进行预处理和分割、对特征信息进行提取和降维，以及对分类/聚类模型进行学习优化等方式，为不完善数据的检测提供更准确的描述和更精确的决策结果。基于人工智能的信息融合方法凭借优异的性能在实际应用中占据了重要地位，其基本框架如图 1-12 所示。

1）机器学习方法

作为一种具有强大数据计算和分类能力的技术，机器学习方法有望提高数据融合算法的整体性能，并在一些特定应用场景下具有更高的数据处理效率。目前，用于多源信息融合的机器学习方法主要包括支持向量机、k-近邻、随机森林、隐马尔可夫模型等，如图 1-13 所示。

2）卷积神经网络

卷积神经网络（Convolutional Neural Network，CNN）是一种灵感来自生物的自然视觉感知机制的深度学习架构。自 2012 年起，从图像处理到语音识别、自然语言处理等，CNN 在多个领域中都取得了突破性的成果。一方面，CNN 有效地降低了深度神经网络中的参数量，使得用扩张模型来解决更复杂任务成为可能；另一方面，在涉及时间序列决策的多源信息融合任务中，CNN 具有局部依赖性和尺度不变性的特性，并优于其他机器学习方法。一个简单的 CNN 模型如图 1-14 所示。

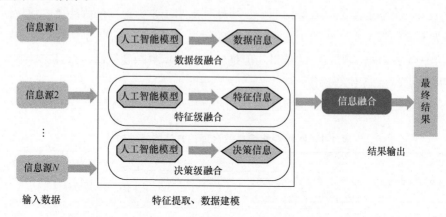

图 1-12　基于人工智能的多源信息融合方法的基本框架

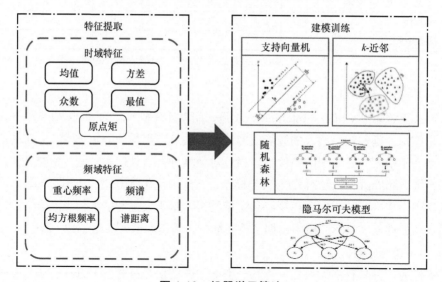

图 1-13　机器学习算法

　　近年来，CNN 已经在众多的信息融合任务中取得了优异的成绩，如基于联邦学习的 CNN 故障诊断模型，能够允许不同的行业参与者在不共享本地数据的情况下，通过云服务器聚合参与者的本地模型来更新全局模型的方式进行同构的多源信息融合，从而完成对全局故障诊断模型的协作训练。得益于 CNN 强大的特征提取能力和编码能力，除了同构信息融合任务，CNN 也非常契合于异构信息融合任务，从而在多模态信息融合应用中取得了丰硕的优异成果。

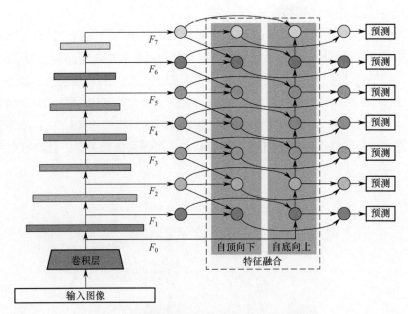

图 1-14　简单卷积神经网络（CNN）模型

3）循环神经网络

循环神经网络（Recurrent Neural Network，RNN）适合处理时间序列数据，如音频和文本。RNN 的隐藏层单元之间存在连接，允许信息从一个神经元传递到下一个神经元，从而使 RNN 可以提取时间关系。当输入序列过长时，RNN容易出现梯度消失。为了解决这个问题，人们引入门控机制，并提出了长短记忆（Long Short-Term Memory，LSTM）网络和门控循环单元（Gated Recurrent Unit，GRU）神经网络两种模型。当前，CNN 与 LSTM 相结合进行特征提取的方法得到了广泛应用，如图 1-15 所示。

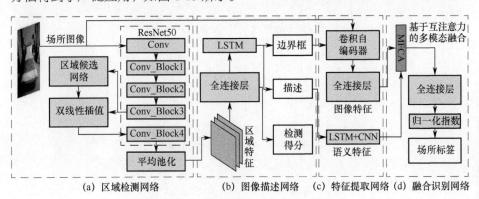

图 1-15　CNN+LSTM 网络预测模型

4）自注意力神经网络

自注意力神经网络（Transformer）是一种将注意力机制整合到深度前馈网络中的深度学习结构，它的单层结构由自注意力机制和前馈网络两个模块组成。其中，前馈网络可以近似地理解为一个带有归一化操作的残差模块；而对于输入特征，自注意力机制通过线性/非线性映射获取输入的查询、键和值三个特征，然后计算其自注意力的输出特征。自注意力神经网络模型结构如图 1-16 所示。自注意力神经网络能够像 LSTM 一样捕获长距离序列依赖关系，且具有更大的

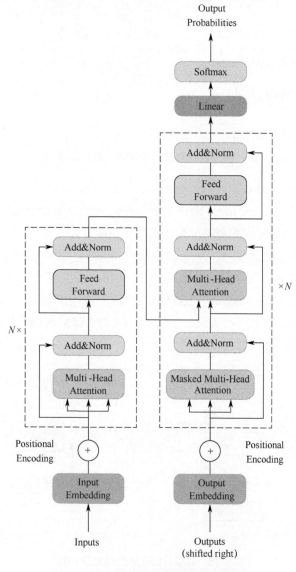

图 1-16　自注意力神经网络模型结构

上下文窗口来处理更长的序列，也更容易并行化运算，具有高度可扩展性。随着视觉自注意力神经网络（Vision Transformer，ViT）将自注意力神经网络从以一维序列为主的文本、音频等数据，拓展到二维图像数据和三维视频数据，以及图像分类、目标检测、图像生成等领域优异成果的不断涌现，ViT 正在成为一个火热的研究方向。自注意力神经网络在处理多模态数据时的强大分析与整合能力，使其成为一个强有力的信息处理与融合工具。

5）多视图学习

多视图数据是指从不同模态、来源、空间和其他形式捕获的具有相似高级语义的数据。用文本、视频、音频等不同的形式来描述的同一对象、报道同一事件时的不同语言、不同相机角度下的同一人体行为，以及同一社交图像所包含的视觉信息和用户标签等，都属于多视图数据。传统的机器学习算法将多视图数据拼接成单视图数据，以适应学习设置；但由于此类拼接不具备实际物理意义，且在小规模训练样本的情况下易导致过拟合现象，因而难以应对多视图数据的融合分析需求。近几十年，多视图数据已成为互联网上的主要数据类型之一，其数量在视频监控、娱乐媒体、社交网络和医疗检测等领域呈爆炸式增长态势。在此背景下，对多视图数据的多模态、跨模态信息处理、融合需求，推动着多视图学习飞速发展。多视图学习（Multi-View Learning，MVL）旨在通过组合多个不同的特征或数据源以基于共同的特征空间完成联合训练。目前主流的 MVL 方法是将多视图数据映射到一个公共特征空间，以最大化多个视图的相互一致性，其模型结构如图 1-17 所示。

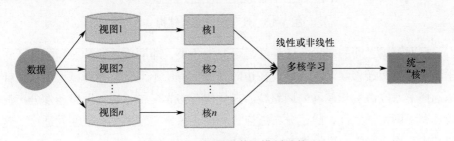

图 1-17　多视图学习模型结构

当前，多视图学习技术正向多元化发展，借助卷积神经网络（CNN）、循环神经网络（RNN）以及自注意力神经网络等深度学习模型的优异特征提取和识别能力，在许多任务中取得了突破性的进展和优异的成果。此外，为应对大数据时代标签获取困难的挑战，多视图学习不断探索如何利用表示学习、嵌入学习、半监督学习、无监督学习等先进深度学习技术来满足实际应用需求的可行性。

6）迁移学习

尽管机器学习与深度学习方法在诸多领域中都取得了巨大的成功，但对某些场景仍存在一定的局限性。人工智能与模式识别方法的前提假设是训练和测试数据具有相同的分布，因此机器学习的理想场景是有大量带标签的训练实例，它们与测试数据具有相同的分布。然而，在许多情况下，收集足够的训练数据通常是昂贵的、耗时的，甚至是不切实际的。尽管半监督学习可以放宽对大量标记数据的需求，但在很多情况下，未标记的实例也难以收集，这使机器学习与深度学习模型无法有效工作。迁移学习旨在通过迁移不同但相关源域中包含的知识来提高模型在目标域上的表现，以减少构建目标学习对大量目标域数据的依赖，其模型结构如图 1-18 所示。在实际应用中，一个域通常由多个带有或不带有标签信息的实例来表示，目标域由许多未标记的实例和/或有限数量的标记实例组成。

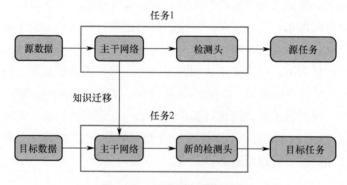

图 1-18　迁移学习模型结构

根据领域之间的差异，迁移学习可分为两类，即同构迁移学习和异构迁移学习。在同构迁移学习中，域仅在边际分布上有所不同，从而可以通过校正样本选择偏差或协变量偏移来调整域。在异构迁移学习中，通过调整条件分布使域具有不同特征空间，除了分布适应，异构迁移学习还需要特征空间适应，这使其比同构迁移学习更为复杂。

1.1.2.5　多源信息融合的优势

在军事或民事等应用上，尤其是一些复杂的应用场景中，单一信息源难以提供全面和准确的信息，这可能会产生以下几个问题。

（1）信息缺失：单一信息源可能无法提供某些重要信息，从而导致信息的不完整性和缺失。

（2）信息错误：单一信息源可能会提供错误或误导性的信息，从而导致错误的判断和决策。

（3）信息过载：单一信息源可能会提供大量的信息，从而导致信息过载和难以处理。

因此，与多源信息融合相比，单一信息源存在明显的不足。多源信息融合可以整合来自多个信息源的信息，从而提供更准确和全面的信息。多源信息融合可以通过多个信息源之间的互补性来弥补单一信息源的劣势，从而提高信息的质量和可靠性。其主要优势如下。

（1）提高信息准确性：通过整合不同数据源中的信息，可以提高信息的准确性。当单一传感器或数据源可能存在误差或不完整的信息时，多源信息融合可以通过对数据进行分析和筛选，消除单一信息源可能存在的偏差和缺陷。

（2）提高信息完整性：多源信息融合可以提高信息的完整性，即可以获得更全面的信息。通过整合不同来源的信息，可以获取更多的角度和视角，从而得到更全面和综合的信息。

（3）提高信息可靠性：通过多源信息融合，可以得到更可靠的信息。当多个传感器和数据源的信息相互独立时，可以通过交叉验证和一致性检查来确认信息的可靠性。

（4）提高资源利用效率：多源信息融合可以通过提高信息的准确性和可靠性来减少资源的浪费。当信息更准确和可靠时，可以更好地指导资源的分配和利用，从而提高资源利用的效率。

（5）提高信息共享和协同的能力：多源信息融合可以为不同的组织和部门提供共享信息的机会。通过多源信息融合，可以促进不同组织和部门之间的信息共享和互通，避免信息孤岛和重复建设，提高信息资源的利用效率和综合效益。

（6）提高决策精度和增强决策效果：多源信息融合可以提供更全面、准确的信息，为决策者提供更多的信息来源和角度，从而提高决策精度和增强决策效果。

（7）提高预测和预警能力：多源信息融合可以整合不同类型的传感器信息，通过对信息进行分析和筛选，可以帮助预测和预警系统更准确地进行预测和预警，提高预测和预警的能力和精度。

（8）提高安全防范能力：多源信息融合可以整合不同类型的信息，如视频监控、传感器数据、社交网络信息等，可以帮助安全防范系统更好地监控和检测潜在的安全威胁，提高安全防范的能力。

（9）提高情报分析能力：多源信息融合可以提供更全面、准确和有用的情报信息，可以帮助情报分析人员更好地了解局势、分析威胁和制定应对策略，提高情报分析的能力和效率。

综上所述，多源信息融合具有提高信息准确性、完整性、可靠性，提高资源利用效率，提高信息共享和协同的能力，提高决策精度和增强决策效果，提高预测和预警能力，提高预测和预警能力，提高安全防范能力，提高情报分析能力等优势。

1.1.2.6　多源信息融合的应用领域

本节对多源信息融合不同应用领域进行了分析，并从谷歌上统计了多源信息融合在不同应用领域的发文量及占比，统计时间为 2018 年 1 月 1 日至 2022 年 12 月 31 日，结果如图 1-19 所示。

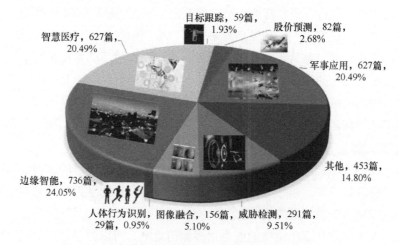

图 1-19　多源信息融合在不同应用领域的发文量及占比

（2018 年 1 月 1 日至 2022 年 12 月 31 日）

可以看出，多源信息融合的应用主要分为军事应用和民事应用两大类，下面进行具体阐述。

1. 军事应用

战场信息是动态且混乱的，在快速变化、不确定且信息泛滥的作战环境下，指挥人员难以凭借人力完成对原始信息的全面分析以进行战场态势评估，如分析、预判敌军的行为和意图。因此，基于多源信息融合的自动化信息处理方法，在现代战争系统中扮演着不可或缺的角色。

1）威胁检查

检测和阻止自杀式袭击或涉及简易爆炸装置的袭击一直是军方和其他团体的关注重点。通常使用扫描仪和其他设备、旅行记录、行为观察和情报来源等多种方式观察可疑人员。此类数据具有高复杂性，且通常容易出现定性的、主观的、模糊的情况，有时还存在自相矛盾，甚至具有欺骗性的信息。因此，在反恐、情报和执法等场景下，对具有不确定性的多源敏感信息进行融合以形成现实的、更具辨别力和收敛性的评估，是确保系统做出正确决策的有力保障。

2）地空观测

理论上，雷达可以检测任何类型的具有反射信号的飞行物，但对于一些隐形物体或飞行在雷达覆盖范围之外的物体而言，依靠单一雷达信号难以实现有效、全面、精准的地空观测，从而使得一些飞行目标可以在低空高速飞行，甚至具备了在短时间内投放致命武器的能力。当前，常见飞行器检测的地空观测方法已经取得一些进展，但仍存在自动化较低、通信延迟以及单一信源易受欺骗等问题，故而一些关键场所仍保留着人工目视的地空观测方式。对多个雷达信号进行融合能够有效地扩展雷达覆盖范围，从而获取更为全面的地空观测结果，而对雷达、多光谱、红外等异构多源信息的融合可以有效地避免单一信源易受欺骗。因此，基于多源信息融合的地空观测，成为保障国家领空安全的重要技术途径之一。

3）辅助认知

战场信息具有高混乱性和高时效性，指挥系统容易受到大量信息的轰炸，可能导致信息过载，从而影响系统快速有效地做出决策。因此，面向军事应用的自动化信息系统必须具有一个有效的界面客户端，将信息集中在当前任务上，从而减少人类操作员处理的信息量。然而，认知科学和认知工程领域的研究表明，人类必须是任何决策辅助设计过程中不可或缺的一部分，否则将导致人机之间的不信任，在机器发生故障时缺乏足够的准备，并最终导致整个系统性能下降。多源信息融合能够有效地解读大量战场信息，通过对其的合理组合、展示，帮助人类操作员在高压环境下快速理解当前态势，并通过信息的高效呈现形式，帮助操作员做出决定，同时避免系统为操作员做出决定而引起人机信任危机。典型军事辅助认知的应用场景是基于多源图像融合的飞行员战斗目标识别。

4）遥感和导航

基于多源信息融合的目标跟踪是自主机器人、军事应用和移动系统等领域的重要技术途径和目标任务。多源信息融合有助于收集更准确的跟踪信息，如在质量测量场景下使用多源信息融合改善跟踪数据，完成跟踪监测驾驶员当前状态信息与人类动作序列跟踪预测等任务。

5）士兵状态监测

一个强大的军事传感系统应该以多源融合的方式处理原始数据，包括分类、跟踪、决策、预测和优化。士兵作为物联网的重要组成部分，是战场上最灵活的信息节点，集成到士兵装备中的异构传感器为指挥中心提供了多维战场信息。

同时，作为一个相互依存、相互关联的实体群体，士兵们能利用可穿戴传感网络不断地沟通与协调，以共同制订计划和执行任务。可穿戴传感网络是军用智能设备的基本要素，具有信息弹性的传感模块，能在严格的资源约束下收集战场信息，并通过与设备中集成的其他模块配合实现数据传输和分析。作为现代物联网的组成部分之一，可穿戴传感网络可以实现人与物之间的信息交换，从而对人体和周围环境进行监测、分析和控制。

6）特定发射器识别

特定发射器识别的主要任务是识别雷达发射源。然而，由于存在许多不同发射器信号的相互耦合，无论是在军事现场还是在民用现场电磁环境都十分复杂，并且来自同一发射器的信号也会因相互干扰而变得难以测量，因此，如何从采集到的信号中区分出正确信息并得到合理结果是一个难题。多源信息融合一直是实现特定发射器识别的重要技术途径，基于 D-S 证据理论的量子力学方法，在对多源信息进行融合的同时，还考虑了雷达本身的工作性能，以模拟识别结果的可靠性。文献[19]在此基础上进一步融合了时空域信息，从而在多源信息融合过程中结合相关系数衡量的证据与雷达自身性能的影响之间的相互关系，充分考虑了时间因素对融合结果的影响，使结果更加可靠。

2. 民事应用

1）人体行为识别

在智能家居环境中的行为分析、环境辅助生活和自主监测等领域，人体行为识别具有重大的实用价值和研究意义。人体行为识别在一些场景下还需要实现对人体生理信号的检测识别，具有和相关医学诊断实时交互的可能性，从而使个人能够检测自己的健康状况，以实现早发现、早预防、早治疗的目标。早期的人体行为识别研究主要集中在使用单模态传感器、单传感器特征和分类器方面。虽然这些检测方法较为简单，但有时无法有效区分复杂的活动细节，且单个传感器数据容易受到数据不确定性和间接数据采集的影响。在人体行为识别任务中，采取对多个同质的或异质的弱分类器进行组合的方式可以提高分类器的鲁棒性、准确性和泛化性，并通过融合不同分类模型生成的输出来减少不确定性和歧义，以取得单独使用分类器时难以实现的更高性能。

2）股价预测

传统股价预测方法通常使用历史股票数据集来预测股票价格变动，然而这却忽视了互联网、数据库、聊天、电子邮件和社交网站等其他来源的丰富信息，从而使预测结果难以令人满意。与股票相关的信息可以分为两类，即定量的数值数据和定性的文本数据。定量的数值数据包括历史股价数据和经济数据，分析师通常会基于这些数据预测股价走势。而定量的股票市场数据无法传达有关公司财务状况的完整信息，如公司的经济状况、董事会、员工、财务状况、资产负债表、公司的年度收入报告、区域和政治数据、气候情况（如非自然灾害或自然灾害）等信息都包含在文本描述中，属于定性的文本数据。此外，股票市场信息是多层次且相互关联的，相比于传统的预测方法，通过对多源相关信息的综合分析，能获得影响股价走势所有因素的全局视图，从而做出最佳投资决策。因此，多源信息融合成为实现更高精度股价预测的关键技术和重要保障。

3）智慧医疗

慢性病数量的增加以及满足患者护理需求的医疗服务短缺，增加了医疗保健行业对创新的需求。不同的医学信号传达人类生理学不同方面的不同特征（例如，心率时间序列的低频和高频分量分别传达有关副交感神经和交感神经调节的信息），因此它们的融合可以提供比单一信号源更为稳健和可靠的监测结果。依靠单一模态信号难以区分许多疾病和症状，而多源信息融合技术使智慧医疗系统不仅可以分析人体不同模态的生理信息（如心电图、血压、动脉血压、声门图、脑电图、眼电图、肌电图、机械肌图、脑磁图、光电容积描记图等），还可以进行缺失数据插补、质量感知融合和改进感知体验。因此开展对多源信息融合方法的研究，成为构建智慧医疗系统的必由之路。

4）联网车辆

随着联网设备在交通、驾驶等领域的普及，基于联网设备的智能驾驶可以辅助用户避开障碍物和降低道路风险，使驾驶体验更加愉悦。联网车辆拥有自己的互联网，可与周围的其他设备共享数据，这使连接在集中式或分布式网络中的车辆可以共享感官信息。通过将从车载传感器接收的信息与来自相邻车辆的信息进行多源融合，联网车辆可以实现更准确、更全面的态势感知，从而为智能驾驶提供更准确的定位，避免出现灾难性后果。

1.1.3　问题与挑战

通过对信息融合的发展现状进行综述，可以看出信息融合研究主要建立在三大基础上：一是融合框架结构的构造，二是系统融合模型的建立，三是融合理论方法的提出。对一个好的融合系统来说，三者缺一不可。随着对未知领域认识的不断深入，人们对融合的精度和准确度、融合控制的鲁棒性和实时性、融合模型建立的合理性，以及融合管理高效性的要求也在不断提高。但随着大数据时代的到来，数据所呈现出的不完善、多粒度、异构、自治、多样、复杂、快速演化等特性，给传统融合系统的性能带来了巨大挑战。

1．信息的不完善

在面向各种复杂应用背景的时候，多传感器系统大量涌现，信息表示形式的多样性、海量信息处理的困难性、数据关联的复杂性，以及对信息处理及时性、准确性和可靠性的高要求都是前所未有的。特别是信息的不完善将严重影响人类对客观世界本质的认识。信息的不完善通常包括三个方面：不确定性，是指由于当前信息和知识水平的限制，对命题的真伪不能给出一个明确的判定，领域专家往往通过自己的主观意见来表达对命题的支持程度；不精确性，是指由于感知设备的物理局限性和工作人员的操作误差等，导致其测量值相对真实值有很大的误差；不完全性，是指由于当前技术和知识水平的限制，对未知环境的表示具有不充分性。

2．计算复杂度

证据理论等虽然提供了一种能够对多源信息进行有效建模、不确定性度量以及融合推理的框架，使其在解决不确定性决策问题中获得了广泛应用。但是，随着鉴别框架的增大，融合推理规则需要处理的信息粒焦元（包括单子焦元和复合焦元）的数目也会相应增加，进而导致融合规则的计算复杂度呈指数级增加；同时，鉴别框架的增大还会造成对应的超幂集空间中的复合焦元自身结构越来越复杂，使最终的融合决策结果难以给出清晰的解释，极大地限制了证据理论等在信息融合领域的发展。

3．基本概率赋值构造

在决策级融合的研究中，基本概率赋值通常作为已知条件，然而在实际应用中，如何构造目标的基本概率赋值成为信息融合过程中仍需解决的问题之一。

4．异构数据

多传感器提供的数据在属性上可以是同构的，也可以是异构的。虽然异构传感器提供的信息具有更强的多样性和互补性，但异构数据在时间上的不同步、数据率的不一致，以及测量维度的不匹配等特点，使得异构数据信息融合处理更加困难。

5．数据关联

数据关联问题广泛存在，需要解决单传感器在时间域上的关联问题及多传感器在空间域上的关联问题，才能确定来源于同一目标源的数据。

6．粒度

多传感器提供的数据可能处于不同粒度级别上，它们可以是稀疏的，也可以是稠密的，还可能分别处于数据级、特征级、决策级等不同的级别上，所以如何对不同粒度上的信息进行融合是亟待解决的问题。对现实系统中的多粒度异构信息进行有效建模，选择和发展新的具有广适性的多粒度信息融合理论方法将是解决大规模数据融合问题的有效途径。

1.2 多粒度信息融合概述

大数据时代数据所呈现出的多源、异构、自治、多样、复杂、快速演化等特性，给大数据融合决策带来了巨大挑战。信度函数理论（Belief Function Theory）作为一种不确定性推理融合方法，在大数据融合决策过程中起到至关重要的作用。然而，随着大数据决策问题中鉴别框架的规模增大，信度函数理论中融合规则的计算复杂度呈指数级增加。为此，本书拟在信度函数的框架下，从粒计算的角度出发，提出多粒度信息融合理论方法，并将其理论研究成果应用到行为识别等实际问题上。

1.2.1 背景与意义

传感器自身的多样性和精度限制，以及现实数据采集场景下的不确定性，使得信息系统中待融合数据呈现出不完善的特性，这里将具备不完善特性的信息称为不完善信息（Imperfection Information）。不完善信息的存在，给信息系统中的数据真实性和实用性带来了巨大的挑战。因此，有必要对不完善信息进行定义和划分。关于不完善信息的定义和划分有很多种，结合文献中关于不完善信息的定义，可以将不完善信息分为不确定信息（Uncertain Information）、不准确信息（Imprecision Information）以及多粒度信息（Multi-granularity Information）三类，具体如图 1-20 所示。

假设有一个清晰定义的命题，其对应的置信度赋值小于 1，且该命题的置信度赋值有且只有一个时，则认为该命题为不确定信息；当该命题对应的置信度为一个区间或者一个集合时，则可以认为该命题对应的是不准确信息；假设有一个命题空间 $F = \{S_1, S_2, \cdots, S_n\}$，其中包含 n 个命题，某个特定命题 S 可能是该命题空间中多个命题的组

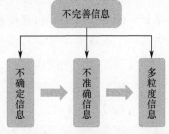

图 1-20　不完善信息的划分

合形式，其组合形式有经典的集合形式等。由多个子命题构成的特定命题 S 称为多粒度命题，多粒度命题的置信度可以是单值、区间、集合等，由多粒度命题和其对应的置信度组成的信息称为多粒度信息。通过以上讨论可以看出，不

确定信息、不准确信息都是多粒度信息的特殊情况，多粒度信息包含的信息形式越多，其融合处理的过程就越复杂。

从图 1-20 中可以看出，多粒度信息是不完善信息中最复杂的情况，其中包含了不确定信息、不精确信息。随着多源信息融合系统应用的环境日益复杂，需要融合的信息呈现多粒度化，严重影响了传统信息融合算法的精确决策。因此，如何针对多粒度信息进行合理建模，发展和研究新的多粒度信息融合理论方法，将成为解决现阶段多粒度信息定量和定性融合问题的有效途径之一。

1.2.2 发展现状

"粒度"一词最早来源于粒计算相关领域。信息粒度及其运算就是一种模拟人类思考和解决大规模复杂问题的结构化求解模式。针对信息粒的计算，本质上就是通过获取的关于求解问题的不同角度、不同层次的信息粒集合和多个粒结构，对复杂系统的数据进行分析，从中挖掘出可用的知识并形成有效的决策。粒计算作为一种方法论，从狭义的角度来看，该方法是一种将"粒"信息作为操作对象，在多个不同粒层上进行的逻辑运算和推理。从广义的角度来看，粒计算可以看成用"粒"的观点求解问题过程中所涉及的模型、理论以及方法的统称。多粒度信息的计算通常包括两个基本问题：一是知识的多粒度表示，二是多粒度信息的不确定性度量与推理。下面将从这两个方面对多粒度信息的计算进行阐述。

1. 知识的多粒度表示

知识的多粒度表示，本质上就是研究如何将获取的原始信息进行粒化，并对粒化后的信息粒进行联合求解。这里，知识的多粒度表示可以分为两个子部分：一是原始信息的初步粒化，二是基于产生的"粒结构"的问题粒度层面的求解。信息粒化的过程是模拟人脑对外界事物认知的过程，即首先从总体的、粗略的、大概的感知进行理解，通过获取的信息进一步细化和深入地理解，进而形成局部的、细致的对求解问题的感知。信息粒化的方式有很多，如自下而上的粒化（将细粒度信息映射为粗粒度信息）、自上而下的粒化（将粗粒度信息映射为细粒度信息）。不管依照哪种粒化方式，粒化的过程都将依据具体的粒化准则，面向求解问题构造不同的粒层信息，为下一步的基于"粒结构"的问题求解做准备。常见的粒化方法有模糊信息粒化、粗糙集近似粒化、商空间粒化和云模型粒化。多粒度表示的第二个子部分是基于"粒结构"问题的求解。该问题实质上是以"信息粒"为操作对象，以获取的不同"粒层"信息为重要载体，对原始问题进行推理和求解，以期获得求解问题的最佳粒结构表示。当需要解决的问题过于复杂时，往往需要联合多个不同的粒度空间进行联合求解。这里主要涉及粒层的寻优、粒层之间的切换和多粒度层次的联合计算。粒层的寻优本质上是针对需要解决的问题，选择多粒度空间中最佳的粒层作为信息的载体。粒层之间的切换所研究的问题是获取不同粒层的粒结构之间的映射关系，经典的方法有基于商空间理论的粒度层次切换以及不同粒度层次下确定性信息和不确定性信息之间的相互映射规律。多粒度层次的联合计算是将复杂任务分解到不同粒层上的多个子问题，然后在每个粒层上实现子问题的求解，最后联合不同粒层上的中间结果完成对原始复杂任务的求解。经过多年的研究和发展，国内外学者提出了许多粒计算的模型，如模糊集理论模型、粗糙集理论模型和商空间理论模型。从以上分析可以看出，粒计算中知识的多粒度表示部分所研究的问题更多是如何从定性的角度对知识进行多粒度表征。接下来，将介绍如何从定量的角度研究多粒度信息的计算问题，即多粒度信息的不确定性度量与推理。

2. 多粒度信息的不确定性度量与推理

随着客观世界各领域数据化程度的不断提高，急剧增长的数据规模给传统智能信息处理方法带来了巨大的挑战。由于数据来源的广泛性，大数据中所包含的各类不完善信息，如异构、不精确、不确定、冲突等信息，需要更加有效且可靠的推理和决策方法。经典信度函数理论（DST 和 DSmT）作为一种不确定性推理理论，能有效地将多源获取的多结构、多类型、多层次数据信息进行融合，从而消除多源信息之间可能存在的冗余和矛盾，降低其不确定性，获得对物体（目标）或环境的一致性描述。因为该理论能够为不完善信息的精确表达和融合提供朴实且有力的支撑，所以，信度函数理论在图像处理、无线室内定位、雷达目标分类、多目标决策、机器人环境感知、人体行为识别等领域均获得了广泛的应用。但是，随着求解问题的鉴别框架规模增大，基于信度函数理论中融合规则的计算复杂度会呈指数级增长，这已成为该理论在大数据信息处理领域广泛应用与发展的瓶颈。

为了突破信度函数理论的计算瓶颈，从实际融合问题的需要出发，用近似信源代替原始信源，从而达到对原始融合问题进行简化、提供决策问题的求解效率的目的。这种利用粒化近似的思想将原始大规模细粒度信源向粗粒度信源进行映射的粒层转换方法，已成为解决信度函数应用计算瓶颈问题的首选策略。

信度函数理论中经典多粒度近似转换方法大致可以分为以下三类。

（1）限制映射后信源中焦元的结构，保证粒层转换后只包含单子焦元。这种粒层转换通常称为贝叶斯转换或概率转换。比如，经典的"可转换信息度模型"中提出的概率转换方法,将复合焦元的信度按比例分配给单子焦元的方法,以及基于似然函数信度分配的概率转换方法。由此可见,概率转换作为一种粒层转换策略,特点在于这类方法既不关注焦元粒结构的动态变化过程,也不关注原始信源的多粒度模式发现。因而在映射之前,最终的信源粒结构已经固定(只包含单子焦元),这类方法的关注点是如何合理地将原始信源中各焦元的信度分配给单子焦元,从而保证映射前后信息损失最小。

(2)不限制最终信源中焦元的粒结构形式,更多的是以依赖进化寻优的方式寻找最佳多粒度结构,取代原始信源。比如,基于几何关系的概率转换策略以及通过直接忽略较小焦元信度赋值的影响,尽可能地缩减最终信源中保留的焦元的数目。另外,还有利用粒化鉴别框架的思想,先将鉴别框架中的焦元进行不同粗细程度的映射;然后利用快速的 Mobius 算法,产生焦元信任函数的上边界、下边界,在粒化的空间中通过经典融合方法实现融合,以降低计算的复杂度;最后通过反映射的方式将粒化后的结果进行细粒度映射。这种粗细粒度映射的方法直接体现了粒层转换在解决信度函数理论计算瓶颈问题时的作用。这类不限制最终信源中焦元粒结构的方式在一定程度上降低了粒化前后的信息损失;然而,这类方法在粒层映射过程中通常依赖优化算法,计算相对复杂,且信源多粒度模式的发现受优化算法中目标函数因素的影响。

(3)取代原始的证据源组合规则,借助特殊数据结构的粒层映射,并同步实现焦元信度更新。这种粒层映射方法主要依据特殊的分层结构来实现对不同粗细程度的焦元的操作。比如,基于图结构实现焦元的粗细表征与信度更新,这种策略在一定程度上降低了原始融合规则的计算复杂度,但是证据融合需要具有先后次序,且必须具有完整的具体路径,约束性太强。另外,还有基于树结构的分层递阶推理模型(见图1-21),该方法仅针对单子焦元赋值的情形,利用基于二叉树结构或三叉树结构的刚性分组技术对超幂集空间中单子赋值焦元进行硬性分组,实现细粒度超幂集空间向粗粒度超幂集空间映射,从而实现递归高效的推理算法。当鉴别框架中焦元数目不是很多时,该算法能够快速地获得非常可靠的近似融合结果;当焦元数目过多时,尽管解决了计算瓶颈问题,但融合精度会有所下降。除了单子焦元和合取焦元,关于混合焦元也具有信度赋值的情况,首先将混合焦元转化为统一表示形式;其次根据纯析取焦元平分原则进行平分信度赋值,并将新得到的或固有的合取焦元的信度赋值根据比例分配的原则分配到相应的单子焦元上;最后根据仅有单子焦元情形下的近似推理方法进行处理。尽管这样的处理取得了一系列成果,但由于解耦和刚性分组处理而使信息损失严重,影响了最终融合决策的准确性。

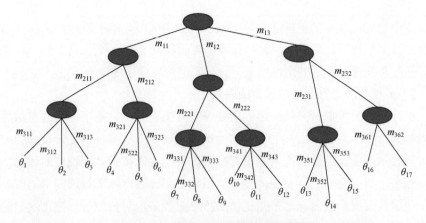

图 1-21 分层递阶推理模型示意图

3．多粒度信息融合与多标签学习、粒计算的联系

1）多粒度信息融合与多标签学习的联系

多标签学习（Multi-Label Learning）近年来在影像分类、多媒体图像标注、社交网络数据挖掘等许多场景中的广泛应用引起了学者的极大关注。受社会需求影响，越来越多的学者对多标签学习展开了深入研究。目前，多标签学习已成为人工智能领域的主要研究热点之一。不同于传统的单标签学习任务中每个样本只与一个类别信息有关，多标签学习需要输出多个标签信息，其中每个实例可以与一组标签相关联。由于标签之间存在相互关系，因此处理多标签学习问题比处理单标签学习问题更为复杂。图 1-22 展示了传统单标签数据与多标签数据的差异。

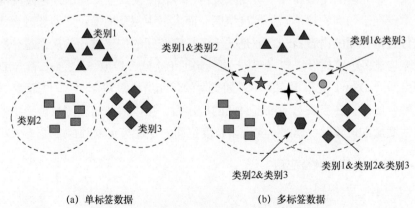

(a) 单标签数据   (b) 多标签数据

图 1-22 传统单标签数据与多标签数据的对比

从现有的多标签文献中能够看出，无论是经典的问题转换方法，还是算法转换策略，都是将多标签分类问题转换成一系列单标签的分类问题，从而可以

更加方便地应用现有的单标签学习算法解决分类问题。本书所述的多粒度信息融合方法则是利用信度函数理论中的单子焦元和复合焦元概念，实现对单标签、多标签的有效建模与不确定性度量，进而实现跨粒度层的融合推理。

2）多粒度信息融合与粒计算的联系

粒计算是大数据研究领域中的重要研究方向之一，它基于多粒度思想对求解问题进行多角度、深层次的分析与处理，以解决现实中特定复杂数据的知识发现与表示问题。粒计算通常是指对数据进行粒化以得到多个粒度的认知，并可以在多个粒度空间进行呈现的过程。粗粒度层一般意味着数据提供的信息量较少，细粒度层一般意味着数据提供的信息量较多。对论域进行粒化通常能够带来计算上的便利以及更加简洁的结果表示等诸多优点，使得解空间的搜索范围相对变小（粒度变大使总的粒度数量变少），这种粒度转换思维尤其适用于完成大规模数据分析任务。

目前，常见的粒计算的研究思路包括并行多粒度知识发现、序贯多粒度知识发现、多粒度认知以及多粒度学习等。这些粒计算方法来源于多个研究领域。比如，商空间理论强调复杂问题通过不同的粒度空间之间的映射关系可以找到合适的解决途径，即求解商集和商结构的过程；序贯三支决策通过粒度粗细变化对目标概念的边界域持续产生的影响解决三分类问题；多粒度粗糙集通过多个二元关系（由多个属性子集确定）的逻辑"与""或"组合运算对目标概念进行近似，即融合局部知识得到各种各样的全局知识；多粒度形式概念分析通过属性粒度树及其剪枝实现多粒度数据的跨粒度层知识发现；等等。

粒计算理论的侧重点在于对复杂数据中多粒度模式及空间的知识发现与构建，重点在于如何构建不同的粒度空间。而本书中提及的多粒度信息融合理论方法包含两方面的内容：一方面是关于多粒度空间的构建过程，从通过分层递阶策略构建多粒度树形结构，到基于粗糙集理论构建多粒度焦元空间，都与 DST 幂集空间或 DSmT 超幂集空间中不同类型的焦元结构很契合；另一方面是关于信度融合层面，在完成对多粒度空间的构建后，可以借助信度函数理论中的不确定性度量方式和融合规则，实现多粒度空间的定性与定量融合推理。

4．多粒度信息融合应用

1）人体行为识别

穿戴式人体传感器网络（Wearable Body Sensor Network，WBSN）作为一种新型传感器网络在健康监护、智慧城市等领域获得了广泛的应用，针对穿戴者的行为识别研究更是热点问题之一，通过对肢体行为的分析能有效评估被监护者的健康状况。为了能准确获取人体行为的相关数据，WBSN 通常会在身体的主要关节部位（如手腕、上臂、背部、下肢、脚踝等）部署各类传感器，如加速度传感器、惯性传感器、磁力传感器等。然而，在传感器测量过程中存在的噪声以及传感器自身精度的限制，或者人体行为本身的不确定性，使传感器感知到的行为数据本身存在不确定、不精确和多粒度特性。

由于穿戴式人体传感器网络中携带的传感器往往是异质的，因此如果需要融合这类异质传感器，通常采用特征级融合或者决策级融合。基于特征级融合算法的识别模型的优劣在很大程度上取决于特征选择的好坏。然而，特征选择往往针对特定的问题，如能够识别跑步动作的特征，而对躺下等动作不敏感。因此，目前特征级融合部分更侧重对特征选择的研究。决策级融合方法主要是通过将不同分类器的输出结果在决策层上进行融合，从而获得目标行为的最终类别。首先，根据特征选取方法选定目标行为动作的时域或者频域特征；其次，利用这些特征训练分类模型，可选择的模型种类很多，如 K-NN（K-Nearest Neighbor）、HMM（Hidden Markov Model）、SVM、决策树、神经网络等；最后，将不同模型输出的行为识别类型进行决策级融合，经典的决策级融合方法包括求和、投票法、计数法、最高秩、逻辑回归、投票与集成、贝叶斯推理以及 D-S 证据理论。其中，最常用的两种决策级融合方法是投票法（Majority Voting）和朴素贝叶斯方法（Naive Bayes）。投票法的主要思想是对所有分类器的输出类别进行统计，将出现最多的类别标签作为测试样本的预测类别。这种方法在简单决策场景中较为适用，但是，当不同类别出现相同票数或者极端情况下任何类别都没有获取投票时，投票法将无法做出最终的决策。朴素贝叶斯方法则利用决策规则将概率模型的输出进行融合，最终的决策结果是根据概率最大的原则确定测试样本的预测标签。这种方法的缺陷在于无法处理多粒度信息的决策问题，而在行为识别问题中，普遍存在的多粒度信息条件下的决策使得该方法难以适用。比如，细粒度行为步行（Walking）或者跑步（Running）和粗粒度信息下的动态行为（Dynamic Behavior）与静态行为（Static Behavior）。这些不同粒度层次的信息融合有助于实现更具鲁棒性的人体行为识别。

2）飞机目标识别

自动目标识别（Automatic Target Recognition，ATR）系统作为解决自动监视与侦察、精确制导和敌我身份识别等问题的重要工具，在现代战争中占据非常重要的地位，飞机目标识别是 ATR 的重要研究方向之一。早期的飞机目标识别主要是基于模板匹配、特征提取、传统机器学习以及信息融合算法实现的。在飞机姿态多变的情况下，很容易由于特征之间的区分度不够大，导致误识别的发生。此外，当飞机目标类别较多时，基于决策级的信息融合算法运算量呈指数级增长导致识别效率低。根据飞机类别的多层次特性，利用基于分层递阶思想的多粒度信息融合算法能够有效降低融合过程中的计算复杂度，并同时保证识别的精度。

3）群无人机感知系统可信安全评估

群无人机感知系统存在内在分布性、广泛联通性、异构性以及任务多样性等特性，结合考虑外在环境适应性，应当在不同参与实体之间建立全面、可靠、自适应的安全机制和信任评估模型，以适应环境变化和任务实施的需求。无人机实体以及智能传感器的自主自治、动态和不确定的表现模式，使得安全分析复杂化，需要新的系统任务和安全综合描述能力以及扩展性评价机制，实现跨域任务管理和安全评估，并对评估系统自身的健康状态进行评估。对不为系统所熟知的参与实体，进行能力和权限评估，解决实体之间可能存在的可信评估冲突。由于可信评估研究方面的单一性，大多数工作难以同时抵抗多种类、混合性的恶意攻击，对防范的全面性考虑不足。利用多粒度信息融合理论与方法，进行群无人机感知系统可信安全评估，有助于解决在不确定动态开放环境且资源受限条件下的群无人机感知系统可信安全评估不足的问题。

4）机器人场所感知

作为机器人系统不可或缺的一部分，环境感知技术与智能机器人的地图构建、定位导航、场景识别、人-机交互、任务规划等功能息息相关。场所认知技术（Place Cognition Technology）作为环境感知技术的一个分支，它继承了机器人环境感知的基本功能，但又对其提出了更高要求。随着人们生活水平的提高，室内居住环境中出现了众多形态各异的生活用品，并且一些功能性场所不再受物理隔断约束而存在一定的开放性，从而使室内场所呈现出功能复用现象。面对这些新形态的高复杂性室内场所环境，一些传统场所认知技术将会出现失效的情况。人类之所以能够敏锐地感知和理解所处环境，是因为除了丰富的常识性知识和高度发达的思维系统，优越的感觉器官和多粒度信息处理能力也是不可或缺的。例如，在粗粒度层次，场所可以分为浴室、卧室以及客厅等；在细粒度层次，场所包含台灯、床、枕头等目标，很明显，这些目标属于卧室，进而辅助我们做出准确的决策。对于机器人系统而言，综合利用多模态传感器，从不同的粒度处理多元化信息以实现对环境的实时感知、理解甚至学习。因此，多粒度信息融合方法是实现场所认知技术的关键之一。

1.2.3 问题与挑战

从以上关于多粒度信息融合发展现状的综述可以看出，在理论层面上，现有的信源多粒度模式发现策略更多的是在规定粒结构变化形式的基础上，着重从定量的角度探索和研究各类焦元（包括单子焦元、合取焦元、析取焦元）的信度分配方式。然而，从定性分析粒结构的变化和定量分析信度分配这两个角度进行多粒度融合方法的研究工作，并没有探讨现有的近似融合推理。考虑到信度函数理论中的焦元对象可以看成求解问题的基本粒子，不同信源可以看成求解问题的客观粒层，多粒度推理融合可以看成不同粒层结构的相互转化，这里将粒计算的相关理论方法与信度函数理论相结合，提出多粒度信息融合理论方法。然而，通过对多粒度信息融合理论方法的研究过程分析，发现存在如下亟待研究的问题：①现有的近似推理融合过程中，缺乏粒层转换机理方面的分析，导致融合决策准确性与计算效率两者难以兼顾；②如何能在多粒度信息融合的粒层转换过程中合理地度量该过程中粒空间的变化以及焦元粒信度赋值变化；③将粒计算理论中的等价粒空间构造方法与信度函数理论中的焦元信度分配相结合，进一步提出多粒度信息静态融合推理方法。

　　在应用层面上，截至目前，关于多粒度信息融合策略在实际中的应用较少，现有文献对此类问题的研究更多集中于理论方法和仿真算例，如何将提出的多粒度信息融合理论方法应用到多粒度目标识别问题上（上文所述的细粒度图像目标检测与识别、多粒度人体行为识别等问题），对于扩展多粒度信息融合理论方法有着重要意义。

1.3　本书知识体系

　　针对现有基于信度函数理论的多粒度融合方法存在的问题，结合已有的研究成果和基础，如贴近度函数、柔性分层递阶、跨鉴别框架多粒度证据源融合、多粒度折扣融合等方面，本书从粒计算的角度出发，重点介绍基于信度函数理论的多粒度信息推理融合方法，并利用实际案例说明多粒度信息融合方法的有效性。本书的主要内容和结构安排如下：第 1 章为绪论；第 2 章介绍基础理论；第 3 章阐述同鉴别框架下多粒度信息融合方法，重点介绍分层递阶的多粒度信息构造及解耦规则，实现信源跨粒层转化；第 4 章主要介绍异鉴别框架下多粒度信息融合方法；第 5 章重点介绍犹豫模糊信度融合方法；第 6 章重点介绍多粒度信息折扣融合方法；第 7 章重点介绍多粒度信息融合应用研究。

1.4　本章小结

　　本章对经典信息融合的概念、发展现状以及存在的问题与挑战进行了介绍；重点对多粒度信息融合进行了介绍，主要包括多粒度信息的基本概念、多粒度信息的获取方式及不确定性方式的度量、多粒度信息融合的应用研究；指出了当前多粒度信息融合研究存在的问题与挑战。

参 考 文 献

[1] 潘泉, 于昕, 程咏梅, 等. 信息融合理论的基本方法与进展[J]. 自动化学报, 2003 (4): 599-615.

[2] 韩崇昭, 郭军军. 基于贝叶斯理论框架的传感器选择算法[J]. 自动化学报, 2018, 44 (8): 1425-1435.

[3] Wald L. Some terms of reference in data fusion[J]. IEEE Transactions on Geoscience and Remote Sensing, 1999, 37(3): 1190-1193.

[4] 李雪, 李晓艳, 王鹏, 等. 结合双注意力与特征融合的孪生网络目标跟踪[J]. 北京邮电大学学报, 2022, 45(4): 116-122.

[5] Bowman C L, Morefield C L. Multisensor fusion of target attributes and kinematics[C]// 1980 19th IEEE Conference on Decision and Control Including the Symposium on Adaptive Processes, Albuquerque, NM, USA. IEEE, 1980: 837-839.

[6] Luo R C, Kay M G. Multisensor integration and fusion: issues and approaches[C]//Sensor Fusion. 1988 Technical Symposium on Optics, Electro-Optics, and Sensors, Orlando, FL, United States. Bellingham: SPIE, 1988, 931: 42-49.

[7] Pau L F. Sensor data fusion[J]. Journal of Intelligent and Robotic Systems, 1988, 1: 103-116.

[8] Steinberg A N, Bowman C L, White F E. Revisions to the JDL data fusion model[C]// Sensor fusion: Architectures, algorithms, and applications Ⅲ, Orlando, FL, United States. Bellingham: SPIE, 1999, 3719: 430-441.

[9] Llinas J, Bowman C, Rogova G, et al. Revisiting the JDL data fusion model Ⅱ[R]. Space and Naval Warfare Systems Command San Diego CA, 2004.

[10] Dasarathy B V. Decision fusion[M]. Los Alamitos: IEEE Computer Society Press, 1994.

[11] Dasarathy B V. Decision fusion strategies in multisensor environments[J]. IEEE Transactions on Systems, Man, and Cybernetics, 1991, 21(5): 1140-1154.

[12] Goodman I R, Mahler R P, Nguyen H T. Mathematics of data fusion[M]. Berlin: Springer Science & Business Media, 2013.

[13] Bedworth M, O′Brien J. The Omnibus model: a new model of data fusion[J]. IEEE Aerospace and Electronic Systems Magazine, 2000, 15(4): 30-36.

[14] 王炯琦. 信息融合估计理论及其在卫星状态估计中的应用[D]. 长沙: 国防科学技术大学, 2008.

[15] Thrun S. Probabilistic robotics[J]. Communications of the ACM, 2002, 45(3): 52-57.

[16] Dezert J, Smarandache F. Partial ordering of hyper-powersets and matrix representation of belief functions within DSmT[C]//International Conference on Information Fusion, Conference Proceedings, Cairns, Australia. Sunnyvale: Int Soc Information Fusion, 2003:1230-1238.

[17] Dubois D, Prade H. Possibility theory and data fusion in poorly informed environments[J]. Control Engineering Practice, 1994, 2(5): 811-823.

[18] Pawlak Z. Rough set theory and its applications[J]. Journal of Telecommunications and Information Technology, 2002, 3: 7-10.

[19] Jiang W, Cao Y, Yang L, et al. A time-space domain information fusion method for specific emitter identification based on Dempster-Shafer evidence theory[J]. Sensors, 2017, 17(9): 1972.

第 2 章

基础理论

　　本章介绍多粒度信息融合的理论基础。目前有很多解决多粒度信息融合的理论方法，如模糊集理论、随机理论、粗糙集理论、DST、DSmT 等，其中 DST、DSmT 和粗糙集理论能够有效地对多粒度信息进行建模与度量，故而成为当前研究多粒度信息融合的热点理论，也是本书的研究基础。因此，本章对 DST、DSmT 和粗糙集理论进行较为详细的介绍，同时也对与此相关的 DST 和处理非可靠多粒度证据源融合问题的折扣理论进行简要介绍。

2.1　Dempster-Shafer 证据理论

　　Dempster-Shafer（D-S）证据理论是一种用于不确定性推理的数学理论。它最初由 Arthur、Dempster 和 Glenn Shafer 在 20 世纪 60 年代提出，用于对有限的、不完备的信息进行推理和决策。它基于一种称为"信任度函数"的数学工具，用于将置信度分配给事实或假设。在 D-S 证据理论中，所有可能的证据分解为一组不相交的证据组合，称为"基本概率分配"。这些基本概率分配描述了不确定性证据之间的关系和相互作用。根据证据的不确定性，可以计算出每个基本概率分配的置信度，并进一步组合为更高级别的证据，以得出关于某个假设的最终结论。D-S 证据理论广泛应用于模式识别、数据挖掘、专家系统、风险评估、决策支持等领域，它可以更好地处理不完备或不一致的证据，并且在某些情况下可以提供更准确的推理和决策结果。

2.1.1　基本概念

　　D-S 证据理论是关于证据和可能性推理的理论，它主要处理证据加权和证据支持度问题，并且利用可能性推理来实现证据的组合。从数学角度来看，证据理论是概率论的一种推广[1]。

假设包含 n 个穷举和相互排斥焦元（Focal Element，FE）的鉴别框架（Framework of Discernment，FoD），即 $\Theta=\{\theta_1,\theta_2,\cdots,\theta_n\}$，这里 Θ 表示鉴别框架，$\theta_1,\theta_2,\cdots,\theta_n$ 表示鉴别框架中的焦元，它们互相排斥。也就是说，n 个焦元之间不存在公共交集部分，即 Shafer 模型，它对问题的描述是可以细分的，焦元之间的界限非常明确。因为鉴别框架中的焦元已经涵盖了对所有可能问题的描述，所以说这种假设是封闭的。

1. 命题（幂集）空间

幂集 2^{Θ} 由如下所有的子集构成。

（1）包含空集和鉴别框架中的所有焦元。

（2）如果子集 $A,B\in2^{\Theta}$，那么 $A\cup B\in2^{\Theta}$。

（3）除了（1）和（2）所包含的所有子集，不再包含其他子集。

2. 基本信度赋值

在 Shafer 模型中，对于鉴别框架 Θ，基本信度赋值（Basic Belief Assignment，BBA）$m(\cdot)$ 是从 2^{Θ} 到[0,1]区间值的一个映射，它满足以下条件。

（1）$m(\varnothing)=0$，$\varnothing$ 为空集。

（2）$\sum\limits_{A\in2^{\Theta}}m(A)=1$，$A\in2^{\Theta}$。

（3）$0\leqslant m(A)\leqslant1$，$A\in2^{\Theta}$。

3. 信任函数

设鉴别框架 Θ 为一个有限集，2^{Θ} 为 Θ 的幂集。信任函数 Bel 被定义为：从 2^{Θ} 到[0,1]区间值的一个映射，并且满足以下条件。

（1）$\mathrm{Bel}(\varnothing)=0$，$\varnothing$ 为空集。

（2）$\mathrm{Bel}(\Theta)=1$。

（3）$\mathrm{Bel}(A)=\sum\limits_{B\in2^{\Theta},B\subseteq A}m(B)$。

（4）对于 2^{Θ} 中任意 k 个元素 $X_1,X_2,\cdots,X_k$，有

$$\mathrm{Bel}(X_1\cup X_2\cup\cdots\cup X_k)\geqslant\sum_{i=1}^{k}\mathrm{Bel}(X_i)+\cdots+(-1)^{k-1}\mathrm{Bel}(X_1\cap X_2\cap\cdots\cap X_k)$$

4. 似然函数

根据信任函数定义中的第 4 个条件，对于 $X\subseteq\Theta$，有 $\mathrm{Bel}(X)+\mathrm{Bel}(\overline{X})\leqslant1$，

定义似然函数为

$$Pl(A) = \sum_{B \in 2^\Theta, B \cap A \neq \varnothing} m(B) = 1 - Bel(\overline{A}) \tag{2-1}$$

这里 Pl 为 Θ 上的似然函数。若将鉴别框架 Θ 看作可能性的集合，则信任函数表示对可能性的信任程度，而似然函数表示对可能性的不怀疑程度。

2.1.2　Dempster 组合规则

设 $Bel_1(\cdot)$ 和 $Bel_2(\cdot)$ 是两个独立（先验等可靠的）证据源 S_1 和 S_2 提供的信任函数，如果两个证据源具有相同的鉴别框架，那么组合后总的信任函数表示为 $Bel(\cdot) = Bel_1(\cdot) \oplus Bel_2(\cdot)$，它是通过以下 Dempster 组合规则融合两个源的信度赋值函数来获得的，即

$$m(\cdot) = \begin{cases} m(\varnothing) = 0 \\ m(C) = \dfrac{\sum\limits_{\substack{A,B \in 2^\Theta \\ A \cap B = C}} m_1(A)m_2(B)}{1 - k_{\text{conflict}}}, \ \forall (A \neq \varnothing) \in 2^\Theta \end{cases} \tag{2-2}$$

式中：$m(\cdot)$ 只有在分母不为零的情况下，才是一个信度赋值函数；k_{conflict} 为两个证据源之间的冲突因子，即 $k_{\text{conflict}} = \sum\limits_{\substack{A,B \in 2^\Theta \\ A \cap B = \varnothing}} m_1(A)m_2(B)$。

对于 M 个证据源 $S_i (i = 1, 2, \cdots, M)$，在 Θ 上提供基本概率赋值分别为 $m_1, m_2, \cdots, m_M$，Dempster 组合规则可定义为

$$m(\cdot) = m_1(\cdot) + m_2(\cdot) + \cdots + m_M(\cdot) = \begin{cases} m(\varnothing) = 0 \\ m(X_i) = \dfrac{\sum\limits_{\cap X_{ji} = X_i} \prod\limits_{j=1}^{M} m(X_{ji})}{1 - k_{m-\text{conflict}}}, \ \forall (X_i \neq \varnothing, X_{ji}) \in 2^\Theta \end{cases}$$

$$\tag{2-3}$$

式中：$k_{m-\text{conflict}} = \sum\limits_{\cap X_{ji} = \varnothing} \prod\limits_{j=1}^{M} m(X_{ji})$，为 M 个证据源之间的冲突因子。

无论是式（2-2）中的 k_{conflict}，还是式（2-3）中的 $k_{m-\text{conflict}}$ 都不能等于 1，这是因为：如果等于 1，或者无穷接近 1，上面的组合规则就会失效。也就是说，Dempster 组合规则对高度冲突信息源的处理将无能为力。

DST 在信息融合社团非常流行，因为它提供了一个非常好的数学模型来表示不确定性，而且把贝叶斯理论作为它的一个特例。尽管这种理论很吸引人，但也表现出一些缺陷和局限性。例如，Dezert 等[2]、Zadeh[3]、Dubois 和 Prade[4]，以及 Voorbraak[5]指出 Dempster 组合规则缺少完整的理论证明，更重要的是，当

冲突度因子接近 1，即两个证据源之间的冲突很高时，不能依赖 Dempster 组合规则得出组合结果。事实上，对于无穷鉴别元素的情况，Dempster 组合规则只能对少数命题进行赋值。如果一个证据源把它的所有信度赋值完全给了一个命题或者它的否命题，那么它的 "Igorance" 区间将永远消失[6]。而且随着基数的增加，焦元将获得一个不成比例的信度分配，这些缺陷在最近 20 年间已经引起了广泛的争议。为了克服 Dempster 组合规则的局限性，下面给出一些最流行的组合规则，所有规则都是在两个独立证据源，且等可靠的情况下给出的。

（1）析取组合规则

这个组合规则是由 Dubois[7,8]和 Prade[9]在 1988 年提出的，它满足交换律和结合律，这里用 $m_\vee(\cdot)$ 表示组合后的信度赋值，即

$$m_\vee(\cdot) = \begin{cases} m_\vee(\varnothing) = 0 \\ m_\vee(A) = \sum\limits_{\substack{X,Y \in 2^\Theta \\ X \cup Y = A}} m_1(X)m_2(Y), \ \forall(A \neq \varnothing) \in 2^\Theta \end{cases} \quad (2\text{-}4)$$

这个组合规则反映了析取一致原则，即在知道一个证据源 S_1 或 S_2 是错的，但又不知道是哪一个错了的情况下，优先选择这个规则。

（2）Murphy 组合规则

这个组合规则[10]满足交换律，但不满足结合律，这里用下标 M 来表示。它是两个源信度赋值 m_1 和 m_2 凸组合的一种特殊情况，是由两个与信度赋值 m_1 和 m_2 关联的信度函数进行简单的算术平均而得的：

$$\mathrm{Bel}_M(A) = \frac{1}{2}[\mathrm{Bel}_1(A) + \mathrm{Bel}_2(A)], \ \forall(A \neq \varnothing) \in 2^\Theta \quad (2\text{-}5)$$

（3）Smets 组合规则

这个组合规则[11,12]满足交换律和结合律，相当于非归一化的 Dempster 组合规则，但是它们又允许对空集赋正的小于 1 的信度赋值，也就是说，$m(\varnothing) \neq 0$。因此，Smets 组合规则如下：

$$m_S(\cdot) = \begin{cases} m_S(\varnothing) = k_{\mathrm{conflict}} = \sum\limits_{\substack{X,Y \in 2^\Theta \\ X \cap Y = \varnothing}} m_1(X)m_2(Y) \\ m_S(A) = \sum\limits_{\substack{X,Y \in 2^\Theta \\ X \cap Y = A}} m_1(X)m_2(Y), \ \forall(A \neq \varnothing) \in 2^\Theta \end{cases} \quad (2\text{-}6)$$

2.1.3　优缺点

证据理论具有以下优点。

（1）证据理论具有比较强的理论基础，既能处理随机性导致的不确定性，又能处理模糊性导致的不确定性。

（2）证据理论可以依靠证据的积累，不断地缩小假设集，即证据理论具有当证据增加时使受限假设集模型化的能力。

（3）证据理论能将"不知道"和"不确定"区分开。

（4）证据理论不需要先验概率和条件概率。

（5）证据理论可以综合不同专家或数据源的知识和数据。

证据理论的主要缺点如下。

（1）证据理论具有潜在的指数爆炸问题。

（2）证据理论的应用场景多种多样，每种应用场景所适合的方法各不相同，因此没有统一的获取基本概率分配的方法。

（3）证据间的严重冲突会导致证据理论得到错误的融合结果。

（4）在推理链较长时，使用证据理论很不方便。这是因为在应用证据理论时，必须首先把每个相应的步骤和证据的信度函数变换成一个一般的识别框架，然后应用 Dempster 组合规则。当推理步骤增加时，由于最后结果的信度函数的焦元结构的复杂性也相应增加，因此 Dempster 规则的递归应用十分困难。

（5）Dempster 组合规则具有组合灵敏性，有时基本概率赋值一个很小的变化都可能导致结果发生很大的变化。此外，使用 Dempster 组合规则，要求证据是独立的，因此有时使用起来很不方便。

2.2 Dezert-Smarandache 理论

Dezert-Smarandache 理论（DSmT）[13-15]是由美国学者 Smarandache 和法国学者 Dezert 于 2003 年提出的基于 Dempster-Shafer 理论的更加朴素的信息融合推理框架。该算法可以看成 D-S 证据推理的扩展，但其包含的基本思想不同于 D-S 证据推理。DSmT 算法可以静态地或动态地融合不确定的、不精确的以及高冲突的信息，具有较广阔的应用前景。

2.2.1 基本概念

在 DSmT 理论中，鉴别框架（Frame of Discernment，FoD）Θ 代表命题空间，该命题空间包含了须求解问题的基础信息粒。然后，基于该鉴别框架 Θ 生成的超幂集能够根据自身的定义，通过交并集运算生成不同粗细程度的信息粒。一般而言，信息粒之间的交集运算会生成细粒度信息，而并集运算能够生成粗粒度信息，从而使基于鉴别框架生成的超幂集空间能够恰到好处地满足各问题的需求。在接下来的定义中，假设鉴别框架 Θ 是一个包含 n 个穷举焦元粒的有限集，数学表示为 $\Theta=\{\theta_1,\theta_2,\cdots,\theta_n\}$。这里，每个焦元 $\theta_i(i=1,2,\cdots,n)$ 都代表一个信息粒。如果 $\Theta=\{\theta_1,\theta_2,\cdots,\theta_n\}$ 事先不是一个封闭的集合，那么，总可以将第 $n+1$ 个信息粒元素 θ_{n+1} 加入新的鉴别框架中，组成新的鉴别框架：$\Theta'=\{\theta_1,\theta_2,\cdots,\theta_n,\theta_{n+1}\}$。因此，为了不失一般性，通常假设所有的融合规则都基于一个闭合的框架 $\Theta=\{\theta_1,\theta_2,\cdots,\theta_n\}$，即该框架集合是一个有限集，且该集合中的元素是穷尽的。首先对 DSmT 理论中的子集命题概念进行回顾。

1. 子集命题

Shafer 认为，子集命题指的具体例子是元素 θ 在空间 Θ 中真实可能性的大小，命题 $P_\theta(A)$ 的具体定义如下：$P_\theta(A)$ 的定义是指 θ 的真实值取决于空间 Θ 中的子集 A。根据这一定义，任何命题 $P_\theta(A)$ 都一一对应于空间 Θ 中的子集 A。这种等价关系在 DSmT 理论中非常有用，因为该等价定义将命题的逻辑运算与（$\wedge$）、或（$\vee$）、条件（$\Rightarrow$）、非（$\neg$）直接转化为集合理论中的交集运算（$\bigcap$）、并集运算（$\bigcup$）、包含运算（$\subseteq$）和补集运算 $c(\cdot)$。具体地，如果命题 $P_\theta(A)$ 和 $P_\theta(B)$ 分别对应于空间 Θ 中的子集 A 和 B，那么 $P_\theta(A)\bigcap P_\theta(B)$ 等价于 $A\bigcap B$，$P_\theta(A)\bigcup P_\theta(B)$ 等价于 $A\bigcup B$。当且仅当 $P_\theta(A)\Rightarrow P_\theta(B)$ 时，A 是 B 的子集（$A\subseteq B$）。在空间 Θ 中，当且仅当 $P_\theta(A)=\neg P_\theta(B)$ 时，A 是 B 的补集，即 $A=c_\Theta(B)$。换言之，子集运算与命题运算的等价关系如表 2-1 所示。

表 2-1　子集运算与命题运算的等价关系

运　算	子　集	命　题
交集/与	$A\bigcap B$	$P_\theta(A)\bigcap P_\theta(B)$
并集/或	$A\bigcup B$	$P_\theta(A)\bigcup P_\theta(B)$
子集/条件	$A\subseteq B$	$P_\theta(A)\Rightarrow P_\theta(B)$
补集/非	$A=c_\Theta(B)$	$P_\theta(A)=\neg P_\theta(B)$

2. 命题范式

在 DSmT 中，考虑的命题或子集都应当是标准范式，无论是析取运算还是合取运算，其在布尔代数中都是唯一且最简单的。比如，$X=A\bigcap B\bigcap(A\bigcup B\bigcup C)$ 并不是标准范式，但可以对其进行简化，$X=A\bigcap B$ 为范式。

3. 超幂集 $D^\Theta \triangleq (\Theta,\bigcup,\bigcap)$

假设鉴别框架为 $\Theta=\{\theta_1,\theta_2,\cdots,\theta_n\}$，该框架为含有 n 个穷尽元素的有限集。超幂集 D^Θ 的定义：①$\varnothing,\theta_1,\theta_2,\cdots,\theta_n\in D^\Theta$；②如果 $A,B\in D^\Theta$，那么，$A\bigcap B\in D^\Theta$，同时，$A\bigcup B\in D^\Theta$；③没有其他元素属于 D^Θ，除非这些元素是通过规则①和规

则②获得的。

因此，简便起见，用 $D^\Theta=\{\Theta,\cup,\cap\}$ 来表示超幂集空间。D^Θ 是鉴别框架 Θ 中的元素通过并集和交集运算获得的。接下来，将说明超幂集空间 D^Θ 是如何构建的。可以看到，超幂集空间中的信息粒结构相比原始鉴别框架中的信息粒结构要复杂得多，其表征信息的能力越强，对多粒度信息的描述也就越精确。

如果 $\Theta=\{\varnothing\}$，那么，$D^\Theta=\{\alpha_0\triangleq\varnothing\}$，且 $|D^\Theta|=1$。

如果 $\Theta=\{\theta_1\}$，那么，$D^\Theta=\{\alpha_0\triangleq\varnothing,\alpha_1\triangleq\theta_1\}$，且 $|D^\Theta|=2$。

如果 $\Theta=\{\theta_1,\theta_2\}$，那么，$D^\Theta=\{\alpha_0,\alpha_1,\alpha_2,\alpha_3,\alpha_4\}$，且 $|D^\Theta|=5$，其中：$\alpha_0\triangleq\varnothing$，$\alpha_1\triangleq\theta_1\cap\theta_2$，$\alpha_2\triangleq\theta_1$，$\alpha_3\triangleq\theta_2$，$\alpha_4\triangleq\theta_1\cup\theta_2$。

如果 $\Theta=\{\theta_1,\theta_2,\theta_3\}$，则 $D^\Theta=\{\alpha_0,\alpha_1,\cdots,\alpha_{18}\}$，且 $|D^\Theta|=19$，完备超幂集空间中的元素组成如表 2-2 所示。

表 2-2 鉴别框架 $\Theta=\{\theta_1,\theta_2,\theta_3\}$ 对应的完备超幂集空间中的元素组成

$\alpha_0\triangleq\varnothing$	$\alpha_1\triangleq\theta_1\cap\theta_2\cap\theta_3$	$\alpha_2\triangleq\theta_1\cap\theta_2$	$\alpha_3\triangleq\theta_1\cap\theta_3$	$\alpha_4\triangleq\theta_2\cap\theta_3$	$\alpha_5\triangleq(\theta_1\cup\theta_2)\cap\theta_3$
$\alpha_6\triangleq(\theta_1\cup\theta_3)\cap\theta_2$	$\alpha_7\triangleq(\theta_2\cup\theta_3)\cap\theta_1$	$\alpha_8\triangleq\theta_1$	$\alpha_9\triangleq\theta_2$	$\alpha_{10}\triangleq\theta_3$	$\alpha_{11}\triangleq(\theta_1\cap\theta_2)\cup\theta_3$
$\alpha_{12}\triangleq(\theta_1\cap\theta_3)\cup\theta_2$	$\alpha_{13}\triangleq(\theta_2\cap\theta_3)\cup\theta_1$	$\alpha_{14}\triangleq\theta_1\cup\theta_2$	$\alpha_{15}\triangleq\theta_1\cup\theta_3$	$\alpha_{16}\triangleq\theta_2\cup\theta_3$	$\alpha_{17}\triangleq\theta_1\cup\theta_2\cup\theta_3$
$\alpha_{18}\triangleq(\theta_1\cap\theta_2)\cup(\theta_1\cap\theta_3)\cup(\theta_2\cap\theta_3)$					

4．广义信任函数与似然函数

对于一般性的鉴别框架 Θ，如果有一个给定的证据源，定义一个映射函数 $m(\cdot)$：$D^\Theta\to[0,1]$，该函数满足：

$$m(\varnothing)=0,\quad \sum_{A\in D^\Theta}m(A)=1 \tag{2-7}$$

式中：$m(A)$ 为焦元 A 的信度赋值。

与 DST 理论中的信任函数和似然函数类似，DSmT 理论中的广义信任函数和广义似然函数的定义如式（2-8）所示：

$$\mathrm{Bel}(A)=\sum_{\substack{B\subseteq A\\B\in D^\Theta}}m(B),\quad \mathrm{Pl}(A)=\sum_{\substack{B\cap A\neq\varnothing\\B\in D^\Theta}}m(B) \tag{2-8}$$

这些定义与 DST 理论中经典的信任函数定义相兼容。也就是说，如果将超幂集空间 D^Θ 转化为幂集空间 2^Θ，那么，广义信度函数与经典信度函数是保持一致的。此外，当焦元 $A\in D^\Theta$ 时，其对应的信任函数 $\mathrm{Bel}(A)$ 与似然函数 $\mathrm{Pl}(A)$ 存在关系 $\mathrm{Bel}(A)\leqslant\mathrm{Pl}(A)$；当利用自由模型 $\mathrm{Model}^f(\Theta)$ 解决问题时，$\mathrm{Pl}(A)=1,\ \forall A\neq\varnothing\in D^\Theta$。

DSmT 实际上可以看作概率论和 DST 的一种广义化，表 2-3 给出三者的主要区别。

表 2-3　DSmT 与概率论、DST 的主要区别

理　　论	基本信度/概率赋值	焦 元 关 系
概率论	$m(\theta_1) + m(\theta_2) = 1$	θ_1 和 θ_2 互斥
DST	$m(\theta_1) + m(\theta_2) + m(\theta_1 \bigcup \theta_2) = 1$	θ_1 和 θ_2 互斥
DSmT	$m(\theta_1) + m(\theta_2) + m(\theta_1 \bigcup \theta_2) + m(\theta_1 \bigcap \theta_2) = 1$	θ_1 和 θ_2 相容

由表 2-3 可知，概率论和 DST 具有相同的鉴别框架焦元，且它们是互斥的、穷举的；对于 DSmT，鉴别框架之间的焦元仅仅是穷举的，约束条件变弱了。当然，三者都处于封闭的鉴别空间下。对于开放的鉴别空间，Smets 教授的 TBM 模型和 Smarandache 教授的 UFT 模型已经加以考虑，这里不再讨论；另外，三者的融合空间是完全不同的，DSmT 的融合空间更细致、更周全。

2.2.2　自由模型及混合模型

DSmT 作为概率论的一种广义不确定性理论，将以自由模型、混合模型以及证据源组合规则为基础：首先利用自由模型或者混合模型对待求解问题进行数学建模，然后利用基本信度赋值对信息粒进行不确定性度量，最后利用融合推理规则对所有证据源进行结合，并作为最终决策的依据。

1. 自由模型

DSmT 理论考虑的基础模型是自由 DSm 模型，标记为 $\mathrm{Model}^f(\Theta)$，这一模型考虑的鉴别框架 Θ 中有 n 个穷举的元素 θ_i，其中，$i \in (1, \cdots, n)$。与 Shafer 模型（元素相互排斥）不同的是，这 n 个穷举的元素可以相互重叠。这一模型比 Dempster-Shafer 理论中 Shafer 模型更接近现实情况，因为在实际案例中很难找到完全相互排斥的绝对案例，像自然语言中的高/矮、冷/热、胖/瘦等，这些概念之间的区别都是无法精确衡量的。所以，之前在 Dempster- Shafer 理论中介绍的 Shafer 模型就无法对这一类重叠概念进行建模，而 DSmT 理论的融合框架抛弃了完全排斥的约束，能够更加准确地描述现实情况。图 2-1 显示的是 $\mathrm{Model}^f(\Theta)$ 的韦恩图。

2. 混合模型

进一步推广自由模型 $\mathrm{Model}^f(\Theta)$ 的适用范围，若鉴别框架 Θ 中的焦元是动态调整的，那么这种动态调整使某些焦元之间是相互重叠的，而有些焦元之间是完全排斥的，如图 2-1（c）所示，这种模型在 DSmT 中被称为混合 DSm 模型

Model(Θ)。在该模型中，焦元之间的动态调整使鉴别框架中的存在性约束和互斥性约束都是可以变化的。很明显，DSmT 理论中提及的混合模型在本质上包含了 Dempster-Shafer 理论中的 Shafer 模型和 DSmT 理论中的 $\text{Model}^f(\Theta)$：当约束条件为模型中的焦元都相互排斥时，该混合模型就转化为 Shafer 模型；当约束条件为模型中的焦元都相互重叠时，该模型转化为自由 DSm 模型。因此，无论是 Shafer 模型还是自由 DSm 模型，都是混合模型的特殊情况，混合模型 Model(Θ) 具有一般性。

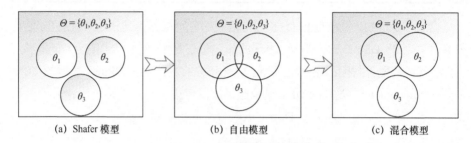

(a) Shafer 模型　　　　(b) 自由模型　　　　(c) 混合模型

图 2-1　$\text{Model}^f(\Theta)$ 的韦恩图

 2.2.3　融合推理规则

1. 经典组合规则

当在经典 DSmT 模型下处理信息融合问题时，$\text{Bel}_1(\cdot)$ 和 $\text{Bel}_2(\cdot)$ 分别为同一鉴别框架 Θ 下两个独立的证据源 S_1 和 S_2 的信任函数，与之相关联的广义基本信度赋值分别为 $m_1(\cdot)$ 和 $m_2(\cdot)$，其经典组合规则（DSmC）为

$$\forall C \in D^\Theta, m^f_{M(\Theta)}(C) \equiv m(C) = \sum_{\substack{A,B \in D^\Theta \\ A \cap B = C}} m_1(A)m_2(B) \qquad (2\text{-}9)$$

由于超幂集 D^Θ 在并集和交集算子下封闭，式（2-9）给出的经典组合规则能保证融合后的信度赋值 $m(\cdot)$ 恰好是一个广义的基本信度赋值，也就是说，$m(\cdot): D^\Theta \mapsto [0,1]$。这里，$m^f_{M(\Theta)}(\varnothing)$ 在封闭空间都假设其恒为零，除非在开放空间可以规定其不为零。

2. 混合组合规则

在融合问题中，如果考虑到已知的实际约束，那么经典模型是不成立的，在这种情况下，必须选择混合模型，两个证据源之间的混合组合规则（DSmH）如下：

$$m_{M(\Theta)} \cong \phi(A)[I_1 + I_2 + I_3] \qquad (2\text{-}10)$$

式中：$I_1 = \sum\limits_{\substack{X_1, X_2 \in D^\Theta \\ (X_1 \cap X_2) = A}} m_1(X_1) m_2(X_2)$ 为在经典模型下，通过其经典组合规则获得的

组合结果；$I_2 = \sum\limits_{\substack{X_1, X_2 \in \phi \\ [\mu(X_1) \bigcup \mu(X_2) = A] \vee \\ (\mu(X_1) \bigcup \mu(X_2) \in \phi) \vee (A = I_t)}} m_1(X_1) m_2(X_2)$ 表示将与相对空集和绝对空集相

关联的信度质量 $m_1(X_1) m_2(X_2)$ 两者的乘积分配到所有使 $u(X_1) \bigcup u(X_2) = A$ 的集 A 上，即总的或相关的未知（Ignorance）集上，这里 $u(\cdot)$ 是一个计算幂集中的 各个元素对应的最大未知集函数；$I_3 = \sum\limits_{\substack{X_1, X_2 \in D^\Theta \\ (X_1 \bigcup X_2) = A \\ (X_1 \cap X_2) = \varnothing}} m_1(X_1) m_2(X_2)$ 表示将所有焦元在

相对空集 $X_1 \cap X_2 = \varnothing$，而 $X_1 \bigcup X_2 = A$ 下的 $m_1(X_1) m_2(X_2)$ 分配到非空集合 A 上。 当然，这里的 $\phi(A)$ 是一个特征非空函数。也就是说，如果 $A \notin \varnothing$，那么 $\phi(A) = 1$； 否则，$\phi(A) = 0$。

3．比例冲突重新分配规则

F. Smarandache 和 J. Dezert[15]在现有融合规则冲突分配的基础上，提出了多 个版本的比例冲突重新分配融合规则（Proportional Conflict Redistribution Rule， PCR），并命名为 PCR1～PCR5。这些版本融合规则的主要区别在于其对融合过 程中冲突信度的分配方式：PCR1 融合规则在计算出所有的冲突信度之后，根据 相应非空集合元素的列信度之和，将冲突信度分配给所有的非空集合；在 PCR1 的基础上，PCR2 是将冲突信度按照非空集合元素的列信度之和，将冲突信度分 配给参与冲突的非空集合；PCR3 对焦元自身给出了相应的限制条件，即要求焦 元之间至少有一个非空集合，且其列信度赋值不能为零，之后根据列信度之和 按比例对冲突信度进行分配；PCR4 是 PCR2 和 PCR3 的结合版本，将部分冲突 分配给与冲突相关的所有集合；而 PCR5 依照部分冲突分配给与冲突相关的所 有集合原则，给出了数学表征上最准确的比例冲突分配规则。Moras 等[16]在 PCR1～PCR5 规则的基础上，提出了广义的比例冲突分配规则 PCR6。相比于之 前的版本，PCR6 的信度计算更为精确，但带来的问题是计算过程极其复杂，且 在融合过程中采取两两证据源按照次序融合时，PCR6 规则与 PCR5 规则等价。 因而，综合考虑融合结果的精确度和计算的复杂性，本书运用比例冲突分配融 合规则时，默认采用 PCR6。

针对两组证据源融合的 PCR6 组合规则，$\forall X \in D^\Theta \setminus \{\varnothing\}$ 时，有

$$m_{\text{PCR6}}(X) = m_{12}(X) + \sum\limits_{\substack{Y \in D^\Theta \setminus \{X\} \\ X \cap Y = \varnothing}} \left[\frac{m_1(X)^2 m_2(Y)}{m_1(X) + m_2(Y)} + \frac{m_2(X)^2 m_1(Y)}{m_2(X) + m_1(Y)} \right] \qquad (2\text{-}11)$$

式中：$m_{12}(X) \triangleq \sum\limits_{\substack{X_1,X_2 \in D^\Theta \\ X_1 \cap X_2 = X}} m_1(X_1)m_2(X_2)$，且式（2-11）中的分数项分母不为零；

若分母为零，则分数项将被抛弃。

为了说明融合计算过程，利用一个简单的算例来详细论述融合的计算过程。

例 2.1　假设有两组多粒度证据源 $m_1(\cdot)$ 和 $m_2(\cdot)$，其共享同一鉴别框架为 $\Theta=\{\theta_1,\theta_2,\theta_3\}$，且这两组证据源对应的不完备超幂集空间为 $D^\Theta_{\text{Incomplete}} = \{\theta_1,\theta_2,\theta_3,$ $\theta_1 \bigcup \theta_2\}$，$m_1(\cdot)$ 和 $m_2(\cdot)$ 中各焦元的基本概率赋值分别为

$$m_1(\theta_1)=0.1, \ m_1(\theta_2)=0.4, \ m_1(\theta_3)=0.2, \ m_1(\theta_1 \bigcup \theta_2)=0.3$$
$$m_2(\theta_1)=0.5, \ m_2(\theta_2)=0.1, \ m_2(\theta_3)=0.3, \ m_2(\theta_1 \bigcup \theta_2)=0.1$$

证据源 $m_1(\cdot)$ 依照概率最大决策原则，支持 θ_2，同时，证据源 $m_2(\cdot)$ 支持 θ_1。可以看到，两组证据源对应的决策结果不一致，即存在冲突情况。接下来，分别利用不同的经典多粒度证据源融合方式，对这两组多粒度证据源进行融合。这里，讨论的融合规则包括经典 DSmC 规则、Dempster-Shafer 规则（记为 DS 规则）、Smets 规则、混合 DSmH 规则、PCR6 规则。

1）经典 DSmC 规则

$$
\begin{aligned}
m_{\text{DSmC}}(\theta_1) &= m_1(\theta_1) \cdot m_2(\theta_1) + m_1(\theta_1) \cdot m_2(\theta_1 \bigcup \theta_2) + m_2(\theta_1) \cdot m_1(\theta_1 \bigcup \theta_2) \\
&= 0.1 \times 0.5 + 0.1 \times 0.1 + 0.5 \times 0.3 \\
&= 0.21
\end{aligned}
$$

$$
\begin{aligned}
m_{\text{DSmC}}(\theta_2) &= m_1(\theta_2) \cdot m_2(\theta_2) + m_1(\theta_2) \cdot m_2(\theta_1 \bigcup \theta_2) + m_2(\theta_2) \cdot m_1(\theta_1 \bigcup \theta_2) \\
&= 0.4 \times 0.1 + 0.4 \times 0.1 + 0.1 \times 0.3 \\
&= 0.11
\end{aligned}
$$

$$m_{\text{DSmC}}(\theta_3) = m_1(\theta_3) \cdot m_2(\theta_3) = 0.06$$

$$m_{\text{DSmC}}(\theta_1 \bigcup \theta_2) = m_1(\theta_1 \bigcup \theta_2) \cdot m_2(\theta_1 \bigcup \theta_2) = 0.03$$

$$
\begin{aligned}
m_{\text{DSmC}}(\theta_1 \bigcap \theta_2) &= m_1(\theta_1) \cdot m_2(\theta_2) + m_2(\theta_1) \cdot m_1(\theta_2) \\
&= 0.1 \times 0.1 + 0.5 \times 0.4 = 0.21
\end{aligned}
$$

$$
\begin{aligned}
m_{\text{DSmC}}(\theta_1 \bigcap \theta_3) &= m_1(\theta_1) \cdot m_2(\theta_3) + m_2(\theta_1) \cdot m_1(\theta_3) \\
&= 0.1 \times 0.3 + 0.5 \times 0.2 = 0.13
\end{aligned}
$$

$$
\begin{aligned}
m_{\text{DSmC}}(\theta_2 \bigcap \theta_3) &= m_1(\theta_2) \cdot m_2(\theta_3) + m_2(\theta_2) \cdot m_1(\theta_3) \\
&= 0.4 \times 0.3 + 0.1 \times 0.2 = 0.14
\end{aligned}
$$

$$
\begin{aligned}
m_{\text{DSmC}}(\theta_3 \bigcap (\theta_1 \bigcup \theta_2)) &= m_1(\theta_3) \cdot m_2(\theta_1 \bigcup \theta_2) + m_2(\theta_3) \cdot m_1(\theta_1 \bigcup \theta_2) \\
&= 0.2 \times 0.1 + 0.3 \times 0.3 = 0.11
\end{aligned}
$$

按照 DST 的定义，若焦元为空集，则其对应的信度赋值为冲突信度。这里，为了说明冲突信度的计算方法，依据 DSmC 规则计算的结果，假定 $\theta_3 \triangleq \varnothing$，则其冲突信度为

$$K_{12} = m_{\text{DSmC}}(\theta_3) + m_{\text{DSmC}}(\theta_1 \bigcap \theta_2) + m_{\text{DSmC}}(\theta_1 \bigcap \theta_3) +$$
$$m_{\text{DSmC}}(\theta_2 \bigcap \theta_3) + m_{\text{DSmC}}(\theta_3 \bigcap (\theta_1 \bigcup \theta_2))$$
$$= 0.06 + 0.21 + 0.13 + 0.14 + 0.11$$
$$= 0.65$$

通过对比相关文献中给出的经典融合方法，可以发现在不同的组合规则中，其最大的区别就在于冲突信度 K_{12} 的分配方式。

2）Dempster-Shafer 规则

该规则本质上是通过归一化的方式来消除冲突对最终结果的影响，其具体计算式如下：

$$m_{\text{DS}}(\varnothing) = 0$$
$$m_{\text{DS}}(\theta_1) = m_{12}(\theta_1) / [1 - K_{12}] = 0.21 / [1 - 0.65] = 0.60$$
$$m_{\text{DS}}(\theta_2) = m_{12}(\theta_2) / [1 - K_{12}] = 0.11 / [1 - 0.65] = 0.3143$$
$$m_{\text{DS}}(\theta_1 \bigcup \theta_2) = m_{12}(\theta_1 \bigcup \theta_2) / [1 - K_{12}] = 0.03 / [1 - 0.65] = 0.0857$$

3）Smets 规则

Smets 规则较为简单，认为空集是存在的，并将冲突信度都定义为空集的信度赋值，其融合结果为

$$m_{\text{Smets}}(\varnothing) = K_{12} = 0.65$$
$$m_{\text{Smets}}(\theta_1) = 0.21$$
$$m_{\text{Smets}}(\theta_2) = 0.11$$
$$m_{\text{Smets}}(\theta_1 \bigcup \theta_2) = 0.03$$

4）DSmH 规则

$$m_{\text{DSmH}}(\varnothing) = 0$$
$$m_{\text{DSmH}}(\theta_1) = m_1(\theta_1) \cdot m_2(\theta_1) + m_1(\theta_1) \cdot m_2(\theta_1 \bigcup \theta_2) + m_2(\theta_1) \cdot m_1(\theta_1 \bigcup \theta_2) +$$
$$m_1(\theta_1) \cdot m_2(\theta_3) + m_2(\theta_1) \cdot m_1(\theta_3)$$
$$= m_{\text{DSmC}}(\theta_1) + m_{\text{DSmC}}(\theta_1 \bigcap \theta_3)$$
$$= 0.34$$
$$m_{\text{DSmH}}(\theta_2) = m_1(\theta_2) \cdot m_2(\theta_2) + m_1(\theta_2) \cdot m_2(\theta_1 \bigcup \theta_2) +$$
$$m_2(\theta_2) \cdot m_1(\theta_1 \bigcup \theta_2) +$$
$$m_1(\theta_2) \cdot m_2(\theta_3) + m_2(\theta_2) \cdot m_1(\theta_3)$$
$$= m_{\text{DSmC}}(\theta_2) + m_{\text{DSmC}}(\theta_2 \bigcap \theta_3)$$
$$= 0.25$$
$$m_{\text{DSmH}}(\theta_1 \bigcup \theta_2) = [m_1(\theta_1 \bigcup \theta_2) \cdot m_2(\theta_1 \bigcup \theta_2)] +$$
$$[m_1(\theta_1 \bigcup \theta_2) \cdot m_2(\theta_3) + m_2(\theta_1 \bigcup \theta_2) \cdot m_1(\theta_3)] +$$
$$[m_1(\theta_1) \cdot m_2(\theta_2) + m_2(\theta_1) \cdot m_1(\theta_2)] + [m_1(\theta_3) \cdot m_2(\theta_3)]$$
$$= m_{\text{DSmC}}(\theta_1 \bigcup \theta_2) + m_{\text{DSmC}}(\theta_3 \bigcap (\theta_1 \bigcup \theta_2)) + m_{\text{DSmC}}(\theta_1 \bigcap \theta_2) + m_{\text{DSmC}}(\theta_3)$$
$$= 0.41$$

5）PCR6 规则

$$m_{\mathrm{PCR6}}(\theta_1) = m_1(\theta_1) \cdot m_2(\theta_1) + m_1(\theta_1) \cdot m_2(\theta_1 \bigcup \theta_2) + m_2(\theta_1) \cdot m_1(\theta_1 \bigcup \theta_2) +$$

$$\frac{m_1^2(\theta_1) \cdot m_2(\theta_2)}{m_1(\theta_1) + m_2(\theta_2)} + \frac{m_2^2(\theta_1) \cdot m_1(\theta_2)}{m_2(\theta_1) + m_1(\theta_2)} +$$

$$\frac{m_1^2(\theta_1) \cdot m_2(\theta_3)}{m_1(\theta_1) + m_2(\theta_3)} + \frac{m_2^2(\theta_1) \cdot m_1(\theta_3)}{m_2(\theta_1) + m_1(\theta_3)}$$

$$= 0.21 + \frac{0.1^2 \times 0.1}{0.2} + \frac{0.5^2 \times 0.4}{0.9} + \frac{0.1^2 \times 0.3}{0.4} + \frac{0.5^2 \times 0.2}{0.7} = 0.4050$$

$$m_{\mathrm{PCR6}}(\theta_2) = m_1(\theta_2) \cdot m_2(\theta_2) + m_1(\theta_2) \cdot m_2(\theta_1 \bigcup \theta_2) + m_2(\theta_2) \cdot m_1(\theta_1 \bigcup \theta_2) +$$

$$\frac{m_1^2(\theta_2) \cdot m_2(\theta_1)}{m_1(\theta_2) + m_2(\theta_1)} + \frac{m_2^2(\theta_2) \cdot m_1(\theta_1)}{m_2(\theta_2) + m_1(\theta_1)} +$$

$$\frac{m_1^2(\theta_2) \cdot m_2(\theta_3)}{m_1(\theta_2) + m_2(\theta_3)} + \frac{m_2^2(\theta_2) \cdot m_1(\theta_3)}{m_2(\theta_2) + m_1(\theta_3)}$$

$$= 0.11 + \frac{0.4^2 \times 0.5}{0.9} + \frac{0.1^2 \times 0.1}{0.2} + \frac{0.4^2 \times 0.3}{0.7} + \frac{0.1^2 \times 0.2}{0.3} = 0.2791$$

$$m_{\mathrm{PCR6}}(\theta_3) = m_1(\theta_3) \cdot m_2(\theta_3) +$$

$$\frac{m_1^2(\theta_3) \cdot m_2(\theta_1)}{m_1(\theta_3) + m_2(\theta_1)} + \frac{m_2^2(\theta_3) \cdot m_1(\theta_1)}{m_2(\theta_3) + m_1(\theta_1)} +$$

$$\frac{m_1^2(\theta_3) \cdot m_2(\theta_2)}{m_1(\theta_3) + m_2(\theta_2)} + \frac{m_2^2(\theta_3) \cdot m_1(\theta_2)}{m_2(\theta_3) + m_1(\theta_2)} +$$

$$\frac{m_1^2(\theta_3) \cdot m_2(\theta_1 \bigcup \theta_2)}{m_1(\theta_3) + m_2(\theta_1 \bigcup \theta_2)} + \frac{m_2^2(\theta_3) \cdot m_1(\theta_1 \bigcup \theta_2)}{m_2(\theta_3) + m_1(\theta_1 \bigcup \theta_2)}$$

$$= 0.2 \times 0.3 + \frac{0.2^2 \times 0.5}{0.7} + \frac{0.3^2 \times 0.1}{0.4} + \frac{0.2^2 \times 0.1}{0.3} + \frac{0.3^2 \times 0.4}{0.7} + \frac{0.2^2 \times 0.1}{0.3} + \frac{0.3^2 \times 0.3}{0.6}$$

$$= 0.2342$$

$$m_{\mathrm{PCR6}}(\theta_1 \bigcup \theta_2) = m_1(\theta_1 \bigcup \theta_2) \cdot m_2(\theta_1 \bigcup \theta_2) +$$

$$\frac{m_1^2(\theta_1 \bigcup \theta_2) \cdot m_2(\theta_3)}{m_1(\theta_1 \bigcup \theta_2) + m_2(\theta_3)} + \frac{m_2^2(\theta_1 \bigcup \theta_2) \cdot m_1(\theta_3)}{m_2(\theta_1 \bigcup \theta_2) + m_1(\theta_3)}$$

$$= 0.3 \times 0.1 + \frac{0.3^2 \times 0.3}{0.6} + \frac{0.1^2 \times 0.2}{0.3} = 0.0817$$

从这 5 组融合规则的计算过程中可以发现，所有的融合推理过程主要分为两个步骤。第一步是根据融合后的多粒度证据源中包含的目标焦元获取其对应的等价信息粒，这里等价的规则是根据交集运算判定，因而目标焦元的等价粒都是成对出现的。比如，当目标焦元为 θ_1 时，其等价的粒空间中包含 $\{\{m_1:\theta_1; m_2:\theta_1\}; \{m_1:\theta_1; m_2:\theta_1 \bigcup \theta_2\}; \{m_1:\theta_1 \bigcup \theta_2; m_2:\theta_1\}\}$。也就是说，如果 m_1 中

的焦元 θ_1 与 m_2 中的焦元 θ_1 的交集等于 θ_1，就认为等价粒空间中包含这组信息粒对，以此类推。此外，将两组证据源中焦元交集为空集的构成冲突粒空间，如 $\{m_1:\theta_1, m_2:\theta_2\}=\varnothing$。这里针对冲突粒空间，又可以将其进一步划分：目标焦元参与的冲突粒空间为自身冲突粒空间，目标焦元未参与的冲突粒空间为相对冲突粒空间。这种根据交集运算，获取目标焦元的粒空间的方式可以理解为定性的粒计算过程，而对应的第二步则为定量的焦元信度度量的过程。第二步是根据粒空间中信息粒的组成，结合各焦元在各自证据源中的信度赋值，进行相乘和求和运算，获取目标焦元的最终信度赋值。

下面依据以上讨论的两个步骤，分析上述 5 种融合方法各自的特点：在 DSmC 融合规则中，由于其超幂集空间中规定了合取焦元的存在性，因此可以发现，其没有冲突粒空间，目标焦元信度赋值的更新直接通过相关焦元进行交叉相乘求和获取；Dempster-Shafer 规则将焦元 θ_3 与所有合取焦元都定义为空集，由这些焦元构成的冲突粒空间对应的信度赋值为冲突信度，该规则将总的冲突信度平均分配给所有目标焦元 θ_1、θ_2、$\theta_1\cup\theta_2$；Smets 规则相对更简单，直接将冲突信度给予空集；DSmH 规则将目标焦元对应的等价粒空间和自身冲突粒空间中获取的信度进行求和运算，用于最终的目标焦元的信度；而 PCR6 规则相对复杂，在等价粒空间对应的信度基础上，根据各自焦元在冲突信度中所包含的比例尽可能地精确分配其所参与的冲突。

2.2.4　优缺点

1. DSmT 的主要优点

（1）依据自然界原理和假设，DSmT 给出了解决融合问题的任何模型的混合组合规则。DSmT 能处理各种混合模型（包括 Shafer 模型和自由 DSmT 模型）中不精确的、不可靠的、潜在高冲突的信源融合问题，尤其是当信源间的冲突变大和由于模糊的、相对不精确的元素特性，框架中的问题的精度无法达到规定要求时，DSmT 能够脱离 D-S 证据理论框架的局限性来解决复杂的静态或动态融合问题。

（2）DSmT 主要的创新是在框架中加入了冲突信息。DSmT 提出保留证据冲突项作为信息融合的焦元，可以很好地解决证据矛盾时的证据组合问题。DSmT 还提出了超幂集 D^Θ 的概念。超幂集 D^Θ 是通过对鉴别框架 Θ 中的元素进行并（$\cup$）和交（$\cap$）的运算产生的集合，需要满足三个条件。由于在集合中包含交的运算，因此鉴别框架保留了矛盾焦元。

（3）由于 DSmT 保留了矛盾焦元，不需要将其概率赋值函数进行平均分配，因此该规则不需要像原始的 D-S 证据理论那样进行归一化。

2．DSmT 的主要缺点

（1）与 D-S 证据理论相比，DSmT 虽然可以很好地解决证据矛盾时的证据组合问题，但是在很多情况下，DSmT 框架中的主焦元的赋值函数难以快速收敛。

（2）DSmT 增加了矛盾焦元，致使推理过程的计算量大大增加，计算也较为复杂。随着鉴别框架的维数变高，需要更大的计算量；当 $n > 10$ 时，DSmT 在数学上目前还是不可解问题。

（3）当 U 的势增加时，经典 DSmT 组合规则对于 D^U 的大量元素的计算和存储代价很大。

2.3 粗糙集理论

2.3.1 基本概念

在基于粗糙集理论的研究及应用中，信息系统常被用来刻画结构化的数据，也称知识表达系统，一般将其刻画为一张二维数据表，其中行元素表示所研究的对象，而列元素表示描述对象的特征（也称属性），其定义方式如下。

定义 2.1[17]　设四元组 $S = (U, \mathrm{AT}, V, f)$ 为一个信息系统，其中，$U = \{x_1, x_2, \cdots, x_n\}$ 为非空有限对象集合（也称论域）；$\mathrm{AT} = \{a_1, a_2, \cdots, a_m\}$ 为非空有限属性集合；$V = \bigcup_{a \in \mathrm{AT}} V_a$ 为值域，其中，V_a 表示属性 a 的值域，而 $f : U \times \mathrm{AT} \to V$ 叫作系统函数，即对任意的 $x \in U$ 和 $a \in \mathrm{AT}$，有 $f(x, a) \in V_a$。特别地，一个信息系统 S 叫作决策系统，如果其属性由条件属性集 C 和决策属性集 D 组成，并且满足条件 $\mathrm{AT} = C \cup D$ 且 $C \cap D = \phi$，一般将决策信息系统记为 $S = (U, C \cup D, V, f)$。

信息系统中不同对象的特征可能会存在相同的情况，如何将这类具有相同特征的对象划分到一起，即如何将论域中的对象关于其特征进行聚类，需要构造一个关于属性集的不可分辨关系。

定义 2.2　设 $S = (U, \mathrm{AT}, V, f)$ 为一个信息系统，取 $A \subseteq \mathrm{AT}$，则论域 U 上关于属性集 A 的不可分辨关系 R_A 为[20]

$$R_A = \{(x, y) \in U \times U : f(x, a) = f(y, a), \forall a \in A\} \quad (2\text{-}12)$$

对于任意的 $x, y \in U$，如果 $(x, y) \in R_A$，则称 x 和 y 关于属性集 A 是不可分辨的。由式（2-12）不难发现，不可分辨关系 R_A 是一个二元关系，且满足自反性、对称性和传递性，因此 R_A 是一个等价关系，它能构成论域 U 的一个划分记为

U/R_A，其中包含对象 x 的等价类为

$$[x]_{R_A} = \{y \in U : (x,y) \in R_A\} \tag{2-13}$$

等价类 $[x]_{R_A}$ 也可以记为 $R_A(x)$ 或 $[x]_A$，利用不可分辨关系 R_A 可以将论域 U 划分为一些互不相交的等价类，而等价类 $[x]_A$ 在粗糙集理论中被称为基本知识粒。因此，利用等价关系对论域进行划分的过程也称知识粒化，这为粗糙集理论的建立提供了基础。

2.3.2　经典粗糙集模型

1. Pawlak 粗糙集模型

波兰著名学者 Pawlak 基于对象之间的不可分辨性，将论域中的不可分辨的对象聚类称为基本知识。在此基础上，通过下近似、上近似运算对论域中的不确定性进行刻画，进一步得到概念的分类以及决策规则等，并广泛应用于不精确、不完全数据的研究中。Pawlak 粗糙集模型可以由以下方式得到。

定义 2.3　设 $S = (U, \mathrm{AT}, V, f)$ 为一个信息系统，对于任意对象集 $X \in \zeta(U)$，X 称为目标概念，则其关于任意的属性集 $A \subseteq \mathrm{AT}$ 的下近似、上近似定义如下[21]：

$$\begin{cases} \underline{R_A}(X) = \{x \in U : [x]_A \subseteq X\} \\ \overline{R_A}(X) = \{x \in U : [x]_A \bigcap X \neq \varnothing\} \end{cases} \tag{2-14}$$

对于任意目标概念 X，如果 $\underline{R_A}(X) = \overline{R_A}(X)$，则称 X 是论域 U 中的 R_A 精确集或 R_A 可定义集；否则，称 X 是论域 U 中的 R_A 粗糙集或 R_A 不可定义集。基于式（2-14），可以进一步定义 X 的正域 $\mathrm{pos}_A(X)$、负域 $\mathrm{neg}_A(X)$ 和边界域 $\mathrm{bnd}_A(X)$ 如下：

$$\begin{cases} \mathrm{pos}_A(X) = \underline{R_A}(X) \\ \mathrm{neg}_A(X) = U - \overline{R_A}(X) \\ \mathrm{bnd}_A(X) = \overline{R_A}(X) - \underline{R_A}(X) \end{cases} \tag{2-15}$$

式中：$\mathrm{pos}_A(X)$ 为关于属性集 A、论域 U 中所有肯定属于目标概念 X 的元素的集合，即由正域中的元素导出的规则为确定属于目标概念 X 的规则；$\mathrm{neg}_A(X)$ 为关于属性集 A、论域 U 中所有肯定不属于目标概念 X 的元素的集合，即 $\mathrm{neg}_A(X)$ 中的元素对应的规则为确定不属于目标概念 X 的规则；$\mathrm{bnd}_A(X)$ 为关于属性集 A、论域 U 中所有不能判断是否可确定属于目标概念 X 的元素的集合，即与 $\mathrm{bnd}_A(X)$ 相对应的规则为可能属于目标概念 X 的规则。边界域 $\mathrm{bnd}_A(X)$ 可以用来刻画概念集 X 在信息系统中关于属性集 A 的不确定性，边界域越大说明其精确性越低。为了度量概念集 X 在论域 U 中关于属性集 A 的不确定性，可

通过以下方式定义近似精度：

$$\alpha_A(X) = \frac{\left| \underline{R_A}(X) \right|}{\overline{R_A}(X)} \qquad (2\text{-}16)$$

式中：$|\cdot|$ 为集合的势或者基数。显然，$0 \leqslant \alpha_A(X) \leqslant 1$，且当 $\alpha_A(X) = 1$ 时，X 是关于 A 的精确集或可定义集。与近似精度相对应的 $\rho_A(X) = 1 - \alpha_A(X)$ 称为粗糙度，且 $\rho_A(X)$ 的值越大，概念集 X 在论域 U 中关于属性集 A 的不确定性越大。

2. 多粒度粗糙集模型

前面介绍了经典粗糙集模型，并在此基础上通过引入基本知识粒和概念集之间的包含度，对几类广义粗糙集模型进行了简单介绍。这些粗糙集模型都是基于一个不可区分关系对论域的划分所建立的，即在一个粒度空间中对模型进行了扩张。在实际应用中，有时候需要同时考虑多个粒度结构，即有多个二元关系需要同时考虑，那么在此情况下如何建立广义粗糙集模型呢？研究人员对决策过程中人们的风险偏好进行考虑，分别基于"求同存异"和"求同排异"两种不同的融合策略，对经典的粗糙集模型进行扩展，建立了乐观多粒度粗糙集模型和悲观多粒度粗糙集模型。乐观多粒度粗糙集是基于"求同存异"的信息融合策略建立的，即在需要用多个粒度结构来近似刻画目标概念集时，采取一种具有乐观风险偏好的决策策略：决策可在各个粒度空间下进行，而不与其他粒度空间下的决策相互冲突。简单来说，就是在多个粒度框架下进行近似刻画时，某一元素只要在任一粒度结构下划分到下近似集中，则该元素就可以定义为下近似集中的元素。下面给出该模型的具体定义。

定义 2.4 设 $S = (U, \mathrm{AT}, V, f)$ 为一个多粒度信息系统，其中，$A_1, A_2, \cdots,$ $A_m \in A$ 为 m 个粒度，对于任意对象集 $X \in \zeta(U)$，X 称为目标概念，则 X 关于 $A_1, A_2, \cdots, A_m \in A$ 的下近似集、上近似集定义如下[23]：

$$\sum_{i=1}^{m} \underline{A_i^O}(X) = \left\{ x \in U : \bigvee_{i=1}^{m} ([x]_{A_i} \subset X) \right\} \qquad (2\text{-}17)$$

$$\overline{\sum_{i=1}^{m} A_i^O}(X) = \sim \sum_{i=1}^{m} \underline{A_i^O}(\sim X) \qquad (2\text{-}18)$$

式中：$[x]_{A_i}$ 为由第 i 个粒度结构所诱导的基本知识粒，而一个粒度结构是由属性集所诱导的二元关系所刻画的，因此有任意的 $A_i \subseteq \mathrm{AT}$。由式（2-18）可知，乐观多粒度粗糙集的下近似集，是所有在任意粒度结构下满足基本知识粒包含于概念集的元素构造；上近似集则是基于下近似算子对概念集的补运算所刻画的，式（2-18）还可以描述为

$$\overline{\sum_{i=1}^{m} A_i^{O}}(X) = \left\{ x \in U : \bigwedge_{i=1}^{m} ([x]_{A_i} \bigcap X \neq \varnothing) \right\} \qquad (\text{2-19})$$

即其上近似集由所有在任意粒度结构下与概念集相交非空的元素组成。基于式（2-17）和式（2-18），可以按照经典粗糙集模型中定义不同粗糙集区域的方式，得到乐观多粒度粗糙集模型中的各个区域。

与乐观多粒度粗糙集模型相对应，另一个通过采取"求同排异"的信息融合策略所建立的悲观多粒度粗糙集模型，即在决策过程中采取一种悲观风险偏好的决策策略。在通过多个粒度对概念集进行近似刻画时，需要同时满足所有粒度结构下的决策方式，不同粒度下的决策存在分歧时都被视为不满足条件，其模型定义如下。

定义 2.5 设 $S = (U, \text{AT}, V, f)$ 为一个多粒度信息系统，其中，$A_1, A_2, \cdots,$ $A_m \in A$ 为 m 个粒度，对于任意对象集 $X \in \zeta(U)$，X 称为目标概念，则 X 关于 $A_1, A_2, \cdots, A_m \in A$ 的悲观多粒度下近似集、上近似集定义如下：

$$\underline{\sum_{i=1}^{m} A_i^{P}}(X) = \left\{ x \in U : \bigwedge_{i=1}^{m} ([x]_{A_i} \subseteq X) \right\} \qquad (\text{2-20})$$

$$\overline{\sum_{i=1}^{m} A_i^{P}}(X) = \sim \underline{\sum_{i=1}^{m} A_i^{P}}(\sim X) \qquad (\text{2-21})$$

式（2-20）表明：悲观多粒度粗糙集的下近似集中的对象，在任意粒度结构下均满足基本知识和目标概念集之间的包含关系。同样地，其上近似集也是基于下近似算子对概念集的补集的刻画所定义的，式（2-21）也可以描述为

$$\overline{\sum_{i=1}^{m} A_i^{P}}(X) = \left\{ x \in U : \bigvee_{i=1}^{m} ([x]_{A_i} \bigcap X \neq \varnothing) \right\} \qquad (\text{2-22})$$

即其上近似集中的元素只需在某一粒度下与概念集相交非空。这两个多粒度粗糙集模型都是 Pawlak 粗糙集模型的扩张模型，当粒度数 $m = 1$ 时或者 m 个粒度下具有相同的粒度结构时，对任意的 $A_i, A_j \in A$ 都有 $[x]_{A_i} = [x]_{A_j}$，且对任意的 $x \in U$ 都成立。此时，乐观多粒度粗糙集模型和悲观多粒度粗糙集模型都将退化为一般的粗糙集模型。

2.3.3 决策规则

DST 理论和 DSmT 理论在处理不确定信息时具有一定优势，但在大多数情况下，基本概率/信度分配（BPA/BBA）是主观确定的。在粗糙集理论中，证据的基本可信度分配可以根据决策表中的适量典型事例计算得到，具有较强的客观性。

决策表是一类特殊的信息系统和知识表达系统，它与一般信息系统的不同之处在于其增加了决策属性。一个决策表中的决策属性可能有一个或多个，当只有一个决策属性时称为单一决策，具有多个决策属性时称为多决策。接下来以决策表为例，介绍属性的基本可信度的获取方法。

定义 2.6（证据信任度） 对于决策表 $S = (U, C \cup D, V, f)$，C 和 D 分别表示条件属性和决策属性，$U / D = \{Y_1, Y_2, \cdots, Y_n\}$，对于给定的证据 x，在条件属性 c 下得到的证据信任度为[22]

$$\mu_i(X) = \max \left(\frac{|[x]_c \cap Y_i|}{|[x]_c|} \right) \quad (2\text{-}23)$$

可以发现，证据信任度的定义与粗糙集近似精度的定义有着对应关系。证据信任度越大，则证据 x 由条件属性 c 提供的支持该决策的证据的可信度就越大，可以得到计算基本可信度分配的公式：

$$m(d_i / x) = \max \left(\frac{|[x]_c \cap Y_i|}{|[x]_c|} \right) \quad (2\text{-}24)$$

其中，$i = 1, 2, \cdots, n$；$Y_i = \{y \mid y \in U \wedge y_D = d_i\}$；$d_i \in V_D$。

对上述基本可信度分配进行验证：

$$m(\varnothing / x) = \frac{|[x]_a \cap \varnothing|}{|[x]_a|} = 0 \quad (2\text{-}25)$$

$$\sum_{d_i \in V_D} m(d_i / x) = \sum_{i=1}^{n} \left(\frac{|[x]_a \cap Y_i|}{|[x]_a|} \right) = \frac{\sum_{i=1}^{n} |[x]_a \cap Y_i|}{|[x]_a|} = \frac{|[x]_a|}{|[x]_a|} = 1 \quad (2\text{-}26)$$

可见，上述方法满足基本可信度分配定义要求。证据信任度充分利用了决策表中的信息，能够有效避免丢失信息，因而该方法更加符合实际。

例 2.2 假定有一个决策表信息系统（见表 2-4），论域 $U = \{x_1, x_2, x_3, x_4, x_5, x_6\}$，条件属性集 $C = \{a, b, c\}$，决策属性集 $D = \{0, 1\}$，给定证据 $x = \{0, 1, 2\}$，计算证据 x 对应各条件属性的基本可信度分配。

表 2-4　决策表信息系统

U	a	b	c	D
x_1	0	1	1	1
x_2	1	0	1	1
x_3	1	0	2	0
x_4	1	2	0	1
x_5	0	2	1	0
x_6	1	1	2	1

依据表 2-4，根据决策属性 D 对论域进行划分，得到如下等价类：

$$\text{IND}(D) = \{\{x_1, x_2, x_4, x_6\}, \{x_3, x_5\}\}$$

则令 $Y_1 = \{x_1, x_2, x_4, x_6\}, Y_2 = \{x_3, x_5\}$。

证据 x 对应各条件属性的等价类如下：

$$[x]_a = \{x_1, x_5\}, [x]_b = \{x_1, x_6\}, [x]_c = \{x_3, x_6\}$$

则条件属性 a 的基本可信度分配为

$$m_1\{\{0\}/x\} = \frac{|[x]_a \cap Y_1|}{|[x]_a|} = \frac{|\{x_1\}|}{|\{x_1, x_5\}|} = \frac{1}{2}$$

$$m_1\{\{1\}/x\} = \frac{|[x]_a \cap Y_2|}{|[x]_a|} = \frac{|\{x_5\}|}{|\{x_1, x_5\}|} = \frac{1}{2}$$

条件属性 b 的基本可信度分配为

$$m_2\{\{0\}/x\} = \frac{|[x]_b \cap Y_1|}{|[x]_b|} = \frac{|\{x_1, x_6\}|}{|\{x_1, x_6\}|} = 1$$

$$m_2\{\{1\}/x\} = \frac{|[x]_b \cap Y_2|}{|[x]_b|} = \frac{|\{\varnothing\}|}{|\{x_1, x_6\}|} = 0$$

条件属性 c 的基本可信度分配为

$$m_3\{\{0\}/x\} = \frac{|[x]_c \cap Y_1|}{|[x]_c|} = \frac{|\{x_6\}|}{|\{x_3, x_6\}|} = \frac{1}{2}$$

$$m_3\{\{1\}/x\} = \frac{|[x]_c \cap Y_2|}{|[x]_c|} = \frac{|\{x_3\}|}{|\{x_3, x_6\}|} = \frac{1}{2}$$

在获取各条件属性的基本可信度分配之后，采用 DST 理论或 DSmT 理论相关规则进行融合，进而做出决策。

2.3.4　优缺点

粗糙集理论是一种用于数据挖掘和知识发现的数学工具，它可以处理不完备或不精确的数据，同时能够发现数据之间的规律和关系。它的主要优点和缺点如下。

1. 优点

（1）可以处理不完备或不精确的数据：粗糙集理论可以处理存在缺失或不确定性的数据，因为它不需要完全准确的数据。

（2）可以处理冗余信息压缩：粗糙集理论基于数据推理，不需要先验信息，具有处理数据关联的能力。

（3）简单易懂：相对其他数据挖掘算法，粗糙集理论算法的数学原理比较简单，易于理解和应用。

（4）可以发现数据的内在规律：粗糙集理论可以发现数据之间的规律和关系，有助于人们更好地理解数据和从中获取知识。

2. 缺点

（1）处理数据的时间和空间复杂度较高：由于粗糙集理论需要处理大量的数据，因此其时间和空间复杂度较高，可能需要较长的计算时间和大量的计算资源。

（2）可能存在过度拟合问题：在处理一些复杂数据时，粗糙集理论可能会出现过度拟合问题，进而导致算法产生的模型过于复杂，难以解释和使用。

（3）依赖数据的质量和选择：粗糙集理论的应用效果与数据的质量和选择有很大的关系，如果数据质量较差或者数据选择不当，就可能会影响算法的准确性和稳定性。

（4）难以处理连续数据：由于粗糙集理论是一种基于离散数据的算法，因此对连续数据的处理可能会存在一定的困难。

2.4 模糊集理论

2.4.1 基本概念

模糊集理论是一种用于处理现实世界中不确定性和模糊性的数学工具。它由 Zadeh 于 1965 年提出，并且在人工智能、控制系统、决策分析等领域有着广泛的应用。与传统的布尔集合只有"是"或"否"两种成员关系不同，模糊集合允许一个元素具有介于 0 和 1 的隶属度，表示其对该集合的归属程度。

假设要描述一个人的"高矮"属性，如果使用传统的布尔集合，这个人只能归类为"高"或"矮"。但是，在现实生活中，人的身高存在连续的变化，并且很难准确地划分高矮的边界。因此，可以使用模糊集合来描述这个概念，将每个人的身高与"高"和"矮"两个模糊集合联系起来，并根据每个人的身高计算他们在这些模糊集合中的隶属度。

下面以描述一个人的"高矮"属性为例，介绍它的几个基本概念。

（1）模糊集：在上述例子中，"高"和"矮"这两个属性可以定义为两个模糊集 H 和 S。

（2）隶属函数：用于描述每个元素对一个模糊集中的隶属度，通常以数学函数形式表示，可以是线性函数、非线性函数或者逻辑函数。在上述例子中，可以使用三角形隶属函数来描述"高"和"矮"这两个模糊集合，具体而言，

对于一个身高为 $x\,\mathrm{cm}$ 的人，其在"高"模糊集合中的隶属度可以表示为

$$\mu_H(x) = \max(0, 1 - |x - 180| / 20)$$

式中：函数 $\max$ 用于限制隶属度在 $[0,1]$；$1 - |x - 180| / 20$ 为身高为 $x\,\mathrm{cm}$ 的人在"高"这个模糊集合中的隶属度，其离"高"这一点（身高为 $180\mathrm{cm}$）越远，隶属度越低。

（3）模糊运算：将模糊集合进行合并、交集和补集等操作，产生新的模糊集。在上述例子中，有两个模糊集合"高" H 和"矮" S。一个身高为 $x\,\mathrm{cm}$ 的人，它们的隶属度分别为 $h(x)$ 和 $s(x)$，它们的并集、交集和补集可以分别表示为

$$H \bigcup S : \max(\mu_H(x), \mu_S(x))$$
$$H \bigcap S : \min(\mu_H(x), \mu_S(x))$$
$$\overline{H} : 1 - \mu_H(x)$$

（4）模糊关系：表达模糊集合之间的关系，如模糊相似度和模糊包含关系等。

（5）模糊控制：模糊控制是一种用于控制系统的方法，它利用模糊集理论来处理输入和输出之间的关系。只要将输入和输出分别表示为模糊集，利用模糊集合成规则库，就可以实现对系统的控制。例如，在温度控制系统中，可以将输入信号（温度）表示为一个模糊集，然后将模糊集合成规则库，并根据规则库输出控制信号（加热或降温）。

（6）模糊聚类：将数据点按照它们的相似性分成若干个群组，每个群组对应一个模糊集合。

（7）模糊推理：使用模糊集合和模糊关系进行推理，获取模糊结论，可应用于模糊控制、模式识别和决策分析等领域。

2.4.2　经典模糊逻辑

与传统的布尔集合对应的逻辑是二值逻辑。二值逻辑是基于真假二元概念的逻辑，即认为一个命题只有两个可能的取值：真或假。在二值逻辑中，每个命题都有一个明确的真值或假值。

而与模糊集理论对应的模糊逻辑是一种多值逻辑，它允许命题具有连续的、可变的真值范围，而不仅仅是真或假两个取值。模糊逻辑可以处理不确定性问题和模糊性问题，因为它允许命题的真值在 0 和 1 之间任意变化。模糊逻辑通常用于模糊控制、模糊推理、模糊匹配等领域。

经典模糊逻辑是一种基于模糊集合理论的推理方法，它将模糊概念应用到逻辑推理中。在经典模糊逻辑中，每个命题都有一个隶属度函数，表示该命题

的真实程度。这个隶属度函数通常是一个介于 0 和 1 的实数值，表示命题成立的概率或可能性。

经典模糊逻辑使用模糊推理规则对命题进行推理。这些规则通常采用一些简单的算术运算，如取最大值、取最小值等，并可以通过组合这些规则来处理复杂的推理问题。经典模糊逻辑广泛应用于控制系统、人工智能、机器学习等领域，以解决数据的不确定性和复杂性带来的挑战。

经典模糊逻辑是最简单的和最常用的模糊推理方法之一。它采用隶属度函数表示命题成立的概率或可能性，并使用一些简单的算术运算（如取最大值、取最小值）进行推理。

模糊推理系统又称模糊系统，是模糊推理的重要工具和实现途径，主要包括四个部分：输入模糊化、模糊规则、模糊逻辑推理机和反模糊化输出。

（1）输入模糊化处理是进行模糊推理的第一步，其目的是将不确定的或模糊的输入变量转换为模糊集合。这通常包括两个步骤：论域划分和隶属度函数定义。论域划分将输入变量范围分成几个显式的、互不重叠的子集，而隶属度函数将每个子集与一个隶属度值相关联，反映了该变量在该子集中的归属程度。

（2）模糊规则是模糊系统的核心部分，其目的是将人类专家知识和经验转换为计算机可处理的形式。模糊规则通常采用"if…then…"形式描述，其中前件是条件语句（如"if temperature is high"），后件是结论语句（如"then air conditioning should be turned on"）。通过使用多条规则来描述不同的输入输出情况，模糊推理系统可以进行复杂的推理。

（3）模糊逻辑推理机是模糊推理系统的核心组成部分，执行基于模糊规则的推理。它将输入变量的模糊集映射到输出变量的模糊集，并且可以处理不确定性关系和非线性关系。模糊逻辑推理机通常采用模糊推理方法（如模糊交、模糊并、模糊推理等）根据模糊输入和模糊规则生成模糊输出。

（4）反模糊化输出是将模糊结果转换为实际值的过程。反模糊化方法根据具体问题采用不同的技术，如加权平均法、中心最大值法、单峰曲线拟合法等。这些技术把模糊结果映射回到实际取值范围内，以便进行实际应用。

2.4.3 犹豫模糊推理

犹豫模糊推理是扩展了经典模糊逻辑的一种推理方法，由 Torra 在 2010 年首次提出，考虑了命题多义性和模糊性的不确定性，并且可以处理存在多个可能的隶属度函数的情况。

定义 2.7　设非空集合 $X = \{x_1, x_2, \cdots, x_m\}$，则从 X 到 $[0,1]$ 的一个子集的函数称为犹豫模糊集，记作

$$h_A(X) = \{\langle x, h_A(x)\rangle | x \in X\} \qquad (2\text{-}27)$$

式中：$h_A(x)$ 为区间 $[0,1]$ 的一个有限子集，表示 $x \in X$ 隶属集合 A 的可能程度，也称犹豫模糊元。

下面介绍犹豫模糊元的部分算法，设 $h_1(x)$、$h_2(x)$ 为两个犹豫模糊元，则

（1）$h_1(x)^c = \bigcup\limits_{\gamma_1 \in h_1(x)} \{1 - \gamma_1\}$；

（2）$h_1(x) \bigcup h_2(x) = \bigcup\limits_{\gamma_1 \in h_1(x), \gamma_2 \in h_2(x)} \max\{\gamma_1, \gamma_2\}$；

（3）$h_1(x) \bigcap h_2(x) = \bigcup\limits_{\gamma_1 \in h_1(x), \gamma_2 \in h_2(x)} \min\{\gamma_1, \gamma_2\}$；

（4）$h_1(x)^\lambda = \bigcup\limits_{\gamma_1 \in h_1(x)} \{\gamma_1^\lambda\}$；

（5）$\lambda h_1(x) = \bigcup\limits_{\gamma_1 \in h_1(x)} \{1 - (1 - \gamma_1)^\lambda\}$；

（6）$h_1(x) \oplus h_2(x) = \bigcup\limits_{\gamma_1 \in h_1(x), \gamma_2 \in h_2(x)} \{\gamma_1 + \gamma_2 - \gamma_1\gamma_2\}$；

（7）$h_1(x) \otimes h_2(x) = \bigcup\limits_{\gamma_1 \in h_1(x), \gamma_2 \in h_2(x)} \{\gamma_1\gamma_2\}$。

式中：λ 为非负实数；γ_1、γ_2 为元素的隶属度，属于区间 $[0,1]$。

在犹豫模糊推理中，一个变量可能属于多个模糊集合，每个模糊集合都有一个权重。这些权重的和不一定等于 1，因为可以对这些权重进行归一化处理。所以，可以将每个变量的值表示为一个权重向量，其中每个元素表示该变量从属于各个模糊集合的权重。

在进行犹豫模糊推理时，每个变量的权重向量都是不确定的，因此需要定义一些规则来处理这种不确定性。常见的方法是使用 $\max - \min$ 组合规则，即对每个规则应用 $\max - \min$ 原则来计算其输出变量的权重向量。这样，在输出结果上也会得到一个权重向量，表示该结果属于各个模糊集合的权重。

总的来说，犹豫模糊推理提供了一种有效的方法来处理多个模糊变量的不确定性，并可以将这些变量组合起来进行推理，得到一个具有一定权重的输出结果。

犹豫模糊推理具有以下特点。

（1）多隶属度函数：每个命题可以有多个隶属度函数，用于描述不同的语境、角度或含义。

（2）加权平均：通过对多个隶属度函数进行加权平均，得到最终的隶属度函数。这种加权平均可以使用多种方法完成，如基于指数加权、基于聚类分析等。

（3）可解释性：犹豫模糊推理可以给出更详细和全面的推理结果，帮助用户更好地理解和解释推理过程。

（4）更精确：通过考虑多个隶属度函数，犹豫模糊推理可以更准确地处理复杂的推理问题，并提高推理结果的准确性和鲁棒性。

经典模糊逻辑与犹豫模糊推理异同点如下。

相同点：二者都是基于模糊集合理论的推理方法，旨在解决现实世界中存在的不确定性和模糊性问题。

不同点：相对于经典模糊逻辑，犹豫模糊推理采用了多隶属度函数和加权平均的方法，可以更全面、更准确地处理复杂的推理问题。同时，犹豫模糊推理也需要更复杂的算法和计算资源。

2.4.4　优缺点

模糊推理是一种处理不确定性和模糊信息的有效方法，它有以下优点。

（1）能够处理模糊、不确定和复杂的问题，适用范围广。

（2）提供了一种处理含糊语言和模糊数据的有效工具，可以将自然语言转换为机器可读的形式。

（3）对于现实世界中存在的不确定性因素，模糊推理能够提供更加合理的解决方案。

（4）模糊推理可以与其他技术（如神经网络、遗传算法等）结合使用，提高其效果和准确度。

模糊推理存在以下一些缺点。

（1）模糊推理需要考虑大量的变量和规则，难以直接应用于复杂大系统。

（2）模糊推理的计算成本较高，在处理大量数据时需要较长的时间。

（3）如果规则制定不当，就会导致推理结果不准确或不可靠。

（4）对于某些应用中需要精确计算的问题，模糊推理无法提供完全准确的答案。

综上所述，虽然模糊推理有一些缺点，但其优点在实际应用中往往能够体现，特别是对于非精确性要求高的问题，模糊推理具有一定的优势。

2.5　本章小结

本章主要对经典的 D-S 证据理论、DSmT 理论、粗糙集理论和模糊集理论进行了介绍。首先，介绍了 D-S 证据理论中的 Shafer 模型、信任函数、似然函数以及 Dempster 组合规则；然后，介绍了 DSmT 理论中的超幂集空间、经典和混合模型，并着重介绍了经典 DSmC、混合 DSmH 以及 PCR 三种常见的组合规则，通过算例分析，总结了各种组合规则之间的优缺点；最后，介绍了粗糙集理论中的上/下近似、粗糙度概念，给出了一种证据可信度分配获取方法，并介绍了多粒度粗糙集中的乐观与悲观两种融合方法，为粗糙集理论与 DST/DSmT 理论的结合提供了依据。此外，本章还简要介绍了模糊集的相关基础知识。本章的理论知识可为后续的多粒度信息融合理论方法提供理论支撑。

参 考 文 献

[1] Shafer G. A mathematical theory of evidence[M]. Princeton: Princeton University Press, 1976.

[2] Dezert J, Wang P, Tchamova A. On the validity of Dempster-Shafer theory[C]. 2012 15th International Conference on Information Fusion.Singapore: IEEE, 2012: 655-660.

[3] Zadeh L A. Review of a mathematical theory of evidence[J]. AI Magazine, 1984, 5(3): 81.

[4] Dubois D, Prade H. On the unicity of Dempster rule of combination[J]. International Journal of Intelligent Systems, 1986, 1(2): 133-142.

[5] Voorbraak F. On the justification of Dempster's rule of combination[J]. Artificial Intelligence, 1991, 48(2): 171-197.

[6] Pearl J. Reasoning with belief functions: An analysis of compatibility[J]. International Journal of Approximate Reasoning, 1990, 4(5-6): 363-389.

[7] Dubois D, Prade H. A set-theoretic view of belief functions[M]. Berlin: Springer, 2008: 375-410.

[8] Dubois D, Prade H. Representation and combination of uncertainty with belief functions and possibility measures[J]. Computational Intelligence, 1988, 4(3): 244-264.

[9] Smets P. Belief functions: The disjunctive rule of combination and the generalized Bayesian theorem[J]. International Journal of Approximate Reasoning, 1993, 9(1): 1-35.

[10] Murphy C K. Combining belief functions when evidence conflicts[J]. Decision Support Systems, 2000, 29(1): 1-9.

[11] Klawonn F, Smets P. The dynamic of belief in the transferable belief model and specialization-generalization matrices[C]. Uncertainty in artificial intelligence. San Francisco: Elsevier, 1992: 130-137.

[12] Smets P, Kennes R. The transferable belief model[M]. Berlin: Springer, 2008.

[13] Dezert J, Smarandache F. On the generation of hyper-powersets for the DSmT[M]. NewYork: Infinite Study, 2003.

[14] Comtet L. Advanced Combinatorics: The art of finite and infinite expansions[M]. Berlin: Springer, 2012.

[15] Smarandache F, Dezert J. On the consistency of PCR6 with the averaging rule and its application to probability estimation[C]. Proceedings of the 16th International

Conference on Information Fusion.Istanbul: IEEE, 2013: 1119-1126.

[16] Moras J, Dezert J, Pannetier B. Grid occupancy estimation for environment perception based on belief functions and PCR6[C]. Proceedings of the SPIE Defense & Security. Baltimore：SPIE, 2015: 432-445.

[17] Smets P. Data fusion in the transferable belief model[C]. Proceedings of the third International Conference on Information Fusion. Paris: IEEE, 2000(21): 21-33.

[18] Lefevre E, Colot O, Vannoorenberghe P. Belief function combination and conflict management[J]. Information Fusion, 2002, 3(2): 149-162.

[19] Pawlak Z. Rough set theory and its applications[J]. Journal of Telecommunications and Information Technology, 2002: 7-10.

[20] Pawlak Z. Rough sets: Theoretical aspects of reasoning about data[M]. Berlin: Springer, 1991.

[21] Kryszkiewicz M. Rough set approach to incomplete information systems[J]. Information Sciences, 1998, 112(1/2/3/4): 39-49.

[22] Pawlak Z, Skowron A. Rough membership functions: a tool for reasoning with uncertainty[J]. Banach Center Publications, 1993, 28(1): 135-150.

[23] Qian Y, Liang J. Rough set method based on multi-granulations[C]. 2006 5th IEEE International Conference on Cognitive Informatics. Beijing: IEEE, 2006: 297-304.

第 3 章

同鉴别框架下多粒度信息融合方法

3.1 引言

为了解决在同一鉴别框架下多粒度信息融合的计算瓶颈问题，很多专家学者在 D-S 或 DSmT 框架下进行了不少尝试。例如，Gordon 和 Shortliffe[1]提出了一种证据组合近似推理方法，这种方法主要分三步来实现，尽管可以避免产生幂集空间的非单子集及其组合运算的麻烦，但由于第三步仍然需要考虑不同约束情况下，逐步组合不一致信息，随着鉴别框架中的焦元数目的增加，其计算量仍然较大。Shafer 和 Logan[2]改进了 Gordon 和 Shortliffe 的方法，这是因为当冲突比较高时，用 Gordon 和 Shortliffe[1]的方法，效果不是太好，但 Shafer 和 Logan[2]的算法不能处理证据 $C_A \bigcup \{A^O\}$，这里 A 表示幂集空间中的元素，C_A 表示 A 的子集，A^O 表示 A 的补集。Shafer、Shenoy 和 Mellouli[3]为了改善文献[1]的缺点，提出了一种定性马尔可夫树算法，但他们也指出该算法通过减小鉴别框架来降低计算，导致其最大拆分计算呈指数级增长。Bergsten 和 Schubert[4]提出了证据的无环直达图，但由于证据要求具有先后次序，且必须具有完整的具体路径，故约束性太强。Tessem B 通过忽略信度赋值比较小的焦元，尽可能地缩减鉴别框架中的焦元个数，但这种方法似乎使信息损失严重。Denoeux 和 Yaghlane[5]通过给出不同粒度层级的鉴别焦元，粗化鉴别框架，然后通过利用快速的 Möbius 转化算法，产生信任函数的上下边界。这种方法通过粗化鉴别框架，能够有效地降低其计算量，且能保证其组合的真实值在一个范围内，但由于不精确信息的进一步处理非常麻烦，而且需要同时计算上下边界，因此其计算量也很大。

针对经典信度函数理论的计算瓶颈问题，本章提出同鉴别框架下的多粒度信息融合方法。该方法借助二叉树分层递阶结构，实现多粒度信息的高效融合。具体而言，该融合方法首先对证据源中可能存在的合取焦元、析取焦元和混合焦元进行解耦研究，然后在同一粒度空间下，实现快速分层递阶的多粒度信息融合。

3.2 单子焦元融合策略

李新德等[6]对 DST 和 DSmT 中的计算瓶颈问题进行了深入研究，仅针对单子焦元赋值情形，提出了一种分层递阶快速多粒度推理融合方法。经过实验证明其方法大大提高了计算效率，而且能保证融合结果与老方法的高度相似性。本节仅对单子焦元赋值情形下的分层递阶快速多粒度推理融合方法进行简单的介绍。

3.2.1 单子焦元分组

假设两个信息源 S_1 和 S_2（鉴别框架相同，即 $\Theta = \{\theta_1, \theta_2, \cdots, \theta_n\}$，其中 $\theta_1, \theta_2, \cdots, \theta_n$ 表示鉴别框架中的焦元），各个焦元互相排斥，即 $\theta_i \bigcap \theta_j = \varnothing$，对其超幂集空间（Hyper-Power Set）D^Θ 进行聚类分组，映射到新的超幂集空间 $\Omega = \{\Theta_1, \Theta_2, \cdots, \Theta_k\}$，即新、老超幂集空间元素之间存在映射关系 $p(\cdot)$，使得 $p(\Theta^k) = \{X_i, X_i \in D^\Theta\}$。因此存在一个映射函数 $\varphi(\cdot)$，使得 $\varphi(m(\Theta_k)) = \sum m(\{X_i, X_i \in D^\Theta\})$。这里采用二叉树分组技术进行单子赋值焦元刚性分组，并对每个信息源的各个分组下的单子焦元信度赋值分别求和。

1. 非零赋值的单子焦元二叉树分组

假设仅超幂集空间中单子焦元有信度赋值，其他非单子焦元赋值为零，由此可以看出，这里超幂集空间中的单子赋值焦元集合 $S_c \subseteq \Theta$。

首先假设超幂集空间中单子赋值焦元集合为 $S_c = \{\theta_1, \theta_2, \cdots, \theta_n\}$，其中 n 表示集合中单子赋值焦元个数。针对 k 个证据源 $S_1, S_2, \cdots, S_k$ 对 $S_c = \{\theta_1, \theta_2, \cdots, \theta_n\}$ 中的单子焦元赋信度赋值为矩阵 M：

$$M = \begin{bmatrix} m_{11} & m_{12} & \cdots & m_{1n} \\ m_{21} & m_{22} & \cdots & m_{2n} \\ \vdots & \vdots & \ddots & \vdots \\ m_{k1} & m_{k2} & \cdots & m_{kn} \end{bmatrix}$$

若 n 为偶数，将超幂集空间中单子赋值焦元集合 $S_c = \{\theta_1, \theta_2, \cdots, \theta_n\}$ 中前面的

$n/2$ 个焦元聚为一组，后面的 $n/2$ 个焦元聚为另一组，分别对其信度赋值求和，得

$$m_k({}_l\Theta_1) = \sum_{i=1}^{n/2} m_{ki}, \ l = 1 \tag{3-1}$$

$$m_k({}_l\Theta_2) = \sum_{i=n/2+1}^{n} m_{ki}, \ l = 1 \tag{3-2}$$

式中：下标 k 为第 k 个证据源；下标 i 为第 i 个单子焦元；${}_l\Theta_1$、${}_l\Theta_2$ 分别为第 l 级粗化单子焦元，这里 ${}_l\Theta_1 = \{\theta_1, \theta_2, \cdots, \theta_{n/2}\}$，${}_l\Theta_2 = \{\theta_{n/2+1}, \theta_{n/2+2}, \cdots, \theta_n\}$。若 n 为奇数，将前面 $[n/2]+1$ 个焦元聚为一组（这里函数 $[\cdot]$ 表示取整函数），将后面的 $[n/2]$ 个焦元聚为另一组。然后，将归一化后的每个信息源中前后两组焦元的信度赋值分别求和，得

$$m_k({}_l\Theta_1') = \sum_{i=1}^{[n/2]+1} m_{ki}, \ l = 1 \tag{3-3}$$

$$m_k({}_l\Theta_2') = \sum_{i=[n/2]+2}^{n} m_{ki}, \ l = 1 \tag{3-4}$$

其中，${}_l\Theta_1' = \{\theta_1, \theta_2, \cdots, \theta_{[n/2]+1}\}$，${}_l\Theta_2' = \{\theta_{[n/2]+2}, \theta_{[n/2]+3}, \cdots, \theta_n\}$。然后将第一级分组得到的 ${}_l\Theta_1'$ 和 ${}_l\Theta_2'$ 中的焦元，在分别归一化之后，根据第一级分组原理，依次可得 l 级分组结果。树的深度（l 级）取决于初始超幂集空间中非零单子赋值焦元个数 n，以及最终分组中焦元的最少保留个数（2 个或 3 个）。

2. 部分零赋值的单子焦元分组

假设超幂集空间中单子赋值焦元集合为 $S_c = \{\theta_1, \theta_2, \cdots, \theta_n\}$，其中 n 表示集合中单子赋值焦元个数。k 个证据源 $S_1, S_2, \cdots, S_k$ 将 $S_c = \{\theta_1, \theta_2, \cdots, \theta_n\}$ 中的单子焦元赋信度赋值为矩阵 $\boldsymbol{M}$。如果矩阵 $\boldsymbol{M}$ 中某一个或几个行向量中有两个或两个以上单子焦元被赋值为零，但每个列向量中至少有一个元素不为零，那么，首先，将超幂集空间中（信度质量矩阵 $\boldsymbol{M}$）某些被赋值为零的元素分别对应的列向量聚为一组 z_1。具体算法如下：假设 $\boldsymbol{M}$ 中任意三行 i、j、h 包含两个及两个以上赋值为零的元素（可以扩展到 $k-1$ 行），其中第 i 行存在焦元为零赋值的 $m_{i\xi_1}, m_{i\xi_2}, \cdots, m_{i\xi_q}, \xi_1 \neq \xi_2 \neq \cdots \neq \xi_q \in \{1, 2, \cdots, n\}$，第 j 行存在焦元为零赋值的 $m_{j\gamma_1}, m_{j\gamma_2}, \cdots, m_{j\gamma_q}, \gamma_1 \neq \gamma_2 \neq \cdots \neq \gamma_q \in \{1, 2, \cdots, n\}$，第 h 行存在焦元为零赋值的 $m_{h\omega_1}, m_{h\omega_2}, \cdots, m_{h\omega_q}, \omega_1 \neq \omega_2 \neq \cdots \neq \omega_q \in \{1, 2, \cdots, n\}$，这里 $i \neq j \neq h \in \{1, 2, \cdots, k\}$。如果 $\xi_m \neq \gamma_n \neq \omega_z \in \{1, 2, \cdots, n\}$，那么把 ξ、ω、γ 分别对应的列向量聚为一组 z_1，得到该分组各列信度赋值的平均赋值为

$$m_\xi = \frac{\sum_{i=1}^{k} m_{i\xi}}{k}, \quad \xi = \{\xi_1, \xi_2, \cdots, \xi_p, \cdots, \xi_q\} \tag{3-5}$$

$$m_\gamma = \frac{\sum_{i=1}^{k} m_{i\gamma}}{k}, \quad \gamma = \{\gamma_1, \gamma_2, \cdots, \gamma_p, \cdots, \gamma_q\} \tag{3-6}$$

$$m_\omega = \frac{\sum_{i=1}^{k} m_{i\omega}}{k}, \quad \omega = \{\omega_1, \omega_2, \cdots, \omega_p, \cdots, \omega_q\} \tag{3-7}$$

如果 ξ、γ、ω 中有重复的，则合并相同的列。首先将 m_ξ、m_γ 和 m_ω 三者之和，即 $\sum_{i=1}^{z_1} m_i = m_\xi + m_\gamma + m_\omega$ 作为该分组 z_1 的总权重，然后将其他各列的元素划为一组 z_2，其所占的总权重为 $1 - \sum_{i=1}^{z_1} m_i$，再利用二叉树对 z_2 进行分组处理，并对该组数据 k 个证据源分别进行归一化处理，最后利用 DSmT+PCR5 融合规则进行融合，把得到的融合结果乘以 $\left(1 - \sum_{i=1}^{z_1} m_i\right)$。

3.2.2 融合规则

1．PCR5 融合

当在经典 DSmT 模型下处理信息融合问题时，$\mathrm{Bel}_1(\cdot)$ 和 $\mathrm{Bel}_2(\cdot)$ 分别为同一鉴别框架 Θ 下两个独立证据源 S_1、S_2 的信任函数，与之相关联的广义基本信度赋值分别为 $m_1(\cdot)$ 和 $m_2(\cdot)$，其组合规则为

$$\forall A \in D^\Theta, m_{M(\Theta)}^f(A) \equiv m(A) = \sum_{\substack{X_i, X_j \in D^\Theta \\ X_i \cap X_j = A}} m_1(X_i) m_2(X_j) \tag{3-8}$$

由于超幂集 D^Θ 在并集和交集算子下封闭，因此，式（3-8）给出的经典组合规则能保证融合后的信度赋值 $m(\cdot)$ 恰好是一个广义的基本信度赋值，也就是说，$m(\cdot): D^\Theta \mapsto [0,1]$。这里 $m_{M(\Theta)}^f(\phi)$ 在封闭空间都假设为 0，除非在开放空间可以规定其不为 0。

PCR5 考虑到冲突的规范形式，把部分冲突质量分配到卷入冲突的所有元素上。从数学意义上讲，它是目前最精确的冲突质量重新分配规则。PCR5 也满足 VBA 的中立属性，其两组证据源的重新分配规则如下：

当 $k = 2$ 时，$\forall X \in D^\Theta \setminus \{\varnothing\}$，有

$$m_{\mathrm{PCR5}}(X) = m_{12}(X) + \sum_{\substack{Y \in D^\Theta / X \\ X \cap Y = \varnothing}} \left[\frac{m_1(X)^2 m_2(Y)}{m_1(X) + m_2(Y)} + \frac{m_2(X)^2 m_1(Y)}{m_2(X) + m_1(Y)} \right] \tag{3-9}$$

式（3-8）和式（3-9）中卷入的所有元素都是规范形式 $m_{12}(\cdot)$ 和 $m_{12\cdots k}(\cdot)$ 分别对应着的两个和两个以上证据源合取一致的组合结果。

2．归一化处理

由于初始超幂集空间中所有赋值单子焦元信度赋值之和为 1，通过二叉树焦元聚类分组，分组后的焦元信度赋值之和不为 1。因此，为了分层递阶地运用 DSmT 组合规则和 PCR5 冲突重新分配规则，这里需要对分组后的焦元进行信度赋值归一化处理。

假设经过二叉树分组之后，获得粗化的焦元 $_l\Theta'_1$ 和 $_l\Theta'_2$，如第一级分组，即当 $l=1$ 时，若 n 为偶数，$_l\Theta'_1=\{\theta_1,\theta_2,\cdots,\theta_{n/2}\}$，$_l\Theta'_2=\{\theta_{n/2+1},\theta_{n/2+2},\cdots,\theta_n\}$；若 n 为奇数，$_l\Theta'_1=\{\theta_1,\theta_2,\cdots,\theta_{[n/2]+1}\}$，$_l\Theta'_2=\{\theta_{[n/2]+2},\theta_{[n/2]+3},\cdots,\theta_n\}$，然后根据式（3-1）～式（3-4），分别获得各级粗化焦元的信度赋值 $m_k(_l\Theta'_1)$ 和 $m_k(_l\Theta'_2)$。接着对粗化焦元 $_l\Theta'_1$ 和 $_l\Theta'_2$ 中包含单子焦元的信度赋值归一化处理，其递推公式如下：

$$_lm_{_l\Theta'_{1,2},k}(\theta_i)=\frac{_lm_k(\theta_i)}{m_k(\Theta'_{1,2})} \tag{3-10}$$

式中：下标 k 为证据源的个数；$_l\Theta'_{1,2}$ 为二叉树第 l 级分组后得到的两个粗化焦元 $_l\Theta'_1$ 和 $_l\Theta'_2$ 的结果；$_lm_k(\theta_i)=m_k(\theta_i)$，其左下标 l 决定 $_l\Theta'_{1,2}$ 中 θ_i 的个数。

3．DSmT 分层递阶近似推理融合算法的流程图

DSmT 分层递阶近似推理融合算法的流程图如图 3-1 所示，其主要步骤如下。

（1）首先判断超幂集空间中的单子焦元个数 n 是否大于或等于 3。若是，则转入第二步；否则，转入第四步。

（2）判断是否有超过 2 个零赋值焦元。若是，将所有赋值为零的单子焦元归为一组，根据部分零赋值的单子焦元分组融合处理方法进行处理；否则，转入第三步。

（3）对焦元进行二叉树分组，并统计归一化的每个信息源中各个分组的焦元信度赋值之和，把该和作为粗粒度焦元的信度赋值，然后转入第四步。

（4）利用 DSmT 和 PCR5 进行粗粒度信息的融合，并将融合结果作为父、子节点的连接权值，然后转入第五步。

（5）判断是否到达树的深度。若是，计算超幂集空间中的每个单子焦元 $m(\theta_i)$，并结束程序。例如，二叉树分层推理融合示意图如图 3-2 所示，焦元 θ_1 的信度赋值 $m(\theta_1)=m_{11}\cdot m_{211}\cdot m_{311}\cdot m_{411}$。否则，转入第六步。

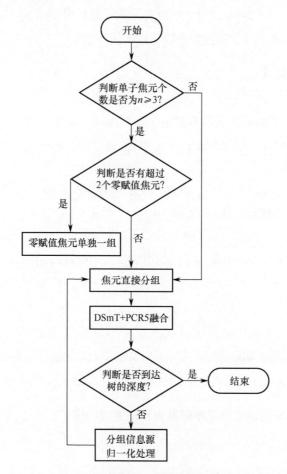

图 3-1　DSmT 分层递阶近似推理融合算法的流程图

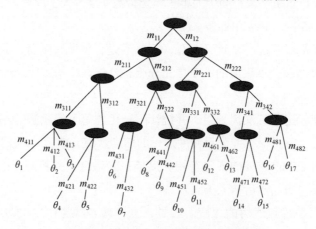

图 3-2　二叉树分层推理融合示意图

（6）对每个信息源对应的各个分组焦元进行归一化处理，转入第三步。

3.2.3　算例分析

为了说明新方法的优点，这里从融合结果的相似性、高效性、冲突敏感性以及鲁棒性四个方面与老方法进行对比分析。

1. 相似性

假设 $S_C = \{\theta_1, \theta_2, \theta_3, \theta_4, \theta_5, \theta_6, \theta_7, \theta_8, \theta_9, \theta_{10}\}$，对两个信息源 S_1 和 S_2 分别进行信度赋值如表 3-1 所示。为了充分验证算法的相似性，在保证 S_2 中各个焦元及其信度赋值不变的情况下，S_1 中各个焦元位置不变，但其信度赋值依次向后移，即从表 3-1 中的初始焦元赋值情况可知，S_1 中 θ_1 的信度赋值为 0.1，对应 S_2 中的 0.05；后移一次之后，S_1 中 θ_1 的信度赋值为 0.04，S_2 中 θ_1 的信度赋值为 0.05，S_1 中 θ_2 的信度赋值为 0.1，S_2 中 θ_2 的信度赋值为 0.21，可以获得 10 种不同的焦元信度赋值情况。采用新、老方法进行融合，并且为了比较两个证据源之间新、老方法融合结果之间的相似性，这里通过 Euclidean 相似度函数 $N_E(m_1, m_2)$ 来描述。

$$N_E(m_1, m_2) = 1 - \frac{1}{\sqrt{2}} \sqrt{\sum_{i=1}^{D^\Theta} (m_1(X_i) - m_2(X_i))^2}$$

通过计算得出，最低相似度为 0.9348，最高相似度为 0.9758。因此可以得出高相似性的结论，即新方法的结果是完全可以信赖的。

表 3-1　两个证据源对 S_C 的初始焦元赋值情况

焦 元 序 号		1	2	3	4	5	6	7	8	9	10
证据源	S_1	0.1	0.3	0.03	0.07	0.2	0.14	0.06	0.02	0.04	0.04
	S_2	0.05	0.21	0.04	0.06	0.1	0.24	0.13	0.07	0.06	0.04

2. 高效性

新方法是否能解决 DSmT 运算的瓶颈问题，在保证结果相似度很高的基础上，其高效性指标是至关重要的。尽管从理论分析的角度得出了新方法比老方法效率高的结论，但为了充分验证这个结论，下面融合两个证据源的具体算例。当超幂集空间中的焦元个数不同时，比较其加、乘、除运算次数以及整体运行时间，如表 3-2 所示。

从表 3-2 中的比较结果可以看出，新方法的高计算效率是显而易见的，而二叉树的效果尤其明显，进一步分析得到：在同一层其分叉越多，计算量越大；就降低计算量而言，二叉树是最好的分层方法。

表 3-2　运行效率比较

超幂集空间中焦元个数/个	方　　法	加运算（＋）次数/次	乘运算（×）次数/次	除运算（÷）次数/次	运行时间/ms
10000	老方法	399953796	399963796	199976898	3688
	二叉树	335344	166532	82958	15
	三叉树	260724	155583	83882	62
20000	老方法	1599901648	1599921648	799950824	14672
	二叉树	709510	340888	165714	16
	三叉树	574778	333670	178224	94
30000	老方法	3599846872	3599876872	1799923436	33625
	二叉树	1085018	520204	244394	31
	三叉树	843766	480924	252234	469
50000	老方法	9999701168	9999751168	4999850584	93706
	二叉树	1950442	877918	429000	47
	三叉树	1493368	845091	437782	609

3. 冲突敏感性

假设 $S_C = \{a, b, c, d\}$，对两个信息源 S_1 和 S_2 分别进行如下信度赋值：

$$S_1 : m_1(a) = x - \varepsilon, \quad m_1(b) = \varepsilon, \quad m_1(c) = 1 - x - \varepsilon, \quad m_1(d) = \varepsilon$$

$$S_2 : m_2(a) = \varepsilon, \quad m_2(b) = y - \varepsilon, \quad m_2(c) = \varepsilon, \quad m_2(d) = 1 - y - \varepsilon$$

这里笔者通过二叉树的方式进行焦元聚类。假设 $\varepsilon = 0.01$，为了保证每个焦元的信度赋值大于 0，设 $x, y \in [0.02, 0.98]$，为了比较新、老方法所得结果的相似性，根据 Euclidean 证据支持贴近度函数，当 x、y 分别在 $[0.02, 0.98]$ 区间变化时，其 Euclidean 相似度变化如图 3-3 所示。其中最小相似度是 0.7110，当信度质量矩阵

$$M_1 = \begin{bmatrix} 0.1000 & 0.0100 & 0.8800 & 0.0100 \\ 0.0100 & 0.8800 & 0.0100 & 0.1000 \end{bmatrix} \text{ 或者 } M_2 = \begin{bmatrix} 0.8800 & 0.0100 & 0.1000 & 0.0100 \\ 0.0100 & 0.1000 & 0.0100 & 0.8800 \end{bmatrix}$$

时，得到最小相似度。对于 M_1，通过新、老方法融合的结果为

$$M_{r_1} = \begin{bmatrix} 0.2204 & 0.2796 & 0.2796 & 0.2204 \\ 0.0161 & 0.4839 & 0.4839 & 0.0161 \end{bmatrix}$$ ；对于 M_2，通过新、老方法融合的结果

为 $M_{r_2} = \begin{bmatrix} 0.2796 & 0.2204 & 0.2204 & 0.2796 \\ 0.4839 & 0.0161 & 0.0161 & 0.4839 \end{bmatrix}$，$M_{r_i}(i=1,2)$ 的第一行为新方法的融合

结果，第二行为老方法的结果。可见，当信息源存在较高的冲突时，对新方法的融合结果具有一定的影响，但与老方法的融合结果之间的相似度依然很高。当然，这种影响也不容忽视，从当前笔者的研究现状看，合理的排序能有效地降低新方法对冲突的敏感性。另外，通过计算，笔者也发现一个重要的规律，

即相似度越高，其超幂集空间中信度赋值比较大的焦元与老方法中对应的焦元越一致，即对应一致排序的焦元数目越多（比较容易证明）。

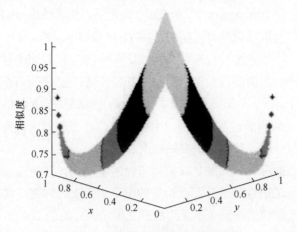

图 3-3　新方法对冲突的敏感性

4．鲁棒性

为了验证新方法的鲁棒性，前面的例子都是两个证据源，这里给出多源同步融合的实例。在表 3-3 中列出 5 个证据源对 $S_C = \{\theta_1, \theta_2, \theta_3, \theta_4, \theta_5, \theta_6, \theta_7, \theta_8, \theta_9, \theta_{10}\}$ 的初始焦元赋值情况，当同步改变 5 个证据源焦元及其赋值的次序时，采用老方法，其结果是不变的；当赋值次序变化时，其对新方法的结果略有影响，但仍然保持与老方法结果之间的高相似性（相似度最低为 0.9766，最高为 0.9867），体现了新方法具有很好的鲁棒性。

表 3-3　5 个证据源对 S_C 的初始焦元赋值情况

焦元序号		1	2	3	4	5	6	7	8	9	10
证据源	S_1	0.1	0.25	0.05	0.1	0.16	0.15	0.07	0.04	0.06	0.02
	S_2	0.07	0.3	0.02	0.07	0.18	0.16	0.1	0.05	0.04	0.01
	S_3	0.08	0.24	0.02	0.06	0.12	0.2	0.15	0.06	0.04	0.03
	S_4	0.12	0.34	0.01	0.05	0.15	0.13	0.1	0.04	0.05	0.01
	S_5	0.06	0.28	0.05	0.08	0.14	0.22	0.08	0.03	0.05	0.01

3.3　复合焦元融合策略

在现实中，并不是所有的融合例子都属于贝叶斯这种情况，即仅单子焦元进行赋值的情况，往往还存在合取焦元具有信度赋值的情况，但合取焦元包含的单子焦元是可分的。例如，假设 A 和 B 是两个最终可分的鉴别目标，即

$A \bigcap B = \varnothing$，但由于传感器识别精度有限，或者缺少有效的分类方法，起初很难鉴别分开 A 和 B，于是必须对 $A \bigcap B$ 进行信度建模，即赋信度给 $A \bigcap B$，本书称之为合取焦元。尽管在 Smets 等[7]的 TBM 模型下，也曾给出 $m(\varnothing) \neq 0$ 的假设，但与本书定义的合取焦元是有区别的。在 TBM 模型中，Smets 等把所有其他不可预测、不可估计的焦元的信度赋值统一归到 $m(\varnothing)$。在 DSmT 模型下，除了前面提到的合取焦元的情形，还存在 $A \bigcap B = \varnothing$ 的情况，在这里 $A \bigcap B$ 是独立于 A 和 B 的，针对这种情况，不能简单地按本节提出的方法把 $A \bigcap B$ 的信度赋值预先分配到 A 和 B 上，必须探讨其他的解决办法。在这种合取焦元背景下，如何把合取焦元预先进行处理，是本节研究的重点。

本节针对上面存在的问题，在前期研究的基础上，首先通过比例分配的原则，把合取焦元的信度赋值分配到相应的单子焦元上，即完成解耦过程，然后借助仅单子焦元赋值的情形下所采用的二叉树刚性分组的 DSmT 分层递阶快速多粒度推理融合方法，实现合取焦元赋值情形下的快速多粒度推理算法。

3.3.1 合取焦元解耦规则

为便于利用仅单子焦元的分层递阶多粒度推理融合方法，需要将具有信度赋值的合取焦元进行解耦。根据单子焦元信度赋值所占的比重，把合取焦元的信度赋值重新分配到相关的单子焦元上，可以有效地进行解耦。

1. 一般情形

假设鉴别框架 Θ 中有 n 个焦元，即 $\Theta = \{\theta_1, \theta_2, \cdots, \theta_n\}$，其超幂集空间中单子焦元和部分合取焦元具有信度赋值，即 $m(\theta) = 0, \theta \in P^{\Theta}$。这里 $P^{\Theta} = \{\theta_1, \theta_2, \cdots, \theta_n, \theta_i \bigcap \theta_j \cdots \theta_k, \cdots, \theta_l \bigcap \theta_g \cdots \theta_h\}, \{i, j, k, l, g, h\} \in [1, 2, \cdots, n]$，$P^{\Theta} < D^{\Theta}$。给定 k 个独立证据源 $S_1, S_2, \cdots, S_k$，对 P^{Θ} 中的元素分别进行信度赋值，为 $\{m_i(\theta) \neq 0\}, \theta \in P^{\Theta}$，$i \in [1, 2, \cdots, k]$，$\theta_i \in P^S = \{\theta_1, \theta_2, \cdots, \theta_n\}, i \in [1, 2, \cdots, n]$，$\theta^C \in P^C = \{\theta_i \bigcap \theta_j \cdots \theta_k, \cdots, \theta_l \bigcap \theta_g \cdots \theta_h\}$。为了清楚地给出解耦公式，这里预先定义一个解耦函数 $\chi(\cdot)$。

定义 3.1 若一个焦元或者命题 θ^C 是合取焦元或者是不确定命题，即由 $\Theta = \{\theta_1, \theta_2, \cdots, \theta_n\}$ 中部分或全部单子焦元通过交运算生成，那么解耦函数：

$$\chi(\theta^C) = \{\theta_i, \cdots, \theta_j\}, \quad \theta_i \supset \theta^C \tag{3-11}$$

例如，$\theta^C = \theta_i \bigcap \theta_j \bigcap \theta_k, i, j, k \in [1, 2, \cdots, n]$，那么 $\chi(\theta^C) = \{\theta_i, \theta_j, \theta_k\}$。于是，其解耦公式为

$$m_{AF}(\theta_i) = m(\theta_i) + \sum_{\theta^C \in P^C} \frac{m(\theta_i) m(\theta^C)}{\sum\limits_{\theta_i \supset \theta^C, \theta_j \in \chi(\theta^C)} m(\theta_j)} \tag{3-12}$$

定理 3.1　式（3-12）给出的解耦公式保持了归一化特性，即 $\sum m_{AF}(\theta_i)=1$。

证明：已知解耦前 $\sum m(\theta_i)+\sum m(\theta^C)=1$，因为 $\displaystyle\sum_{\theta^C\in P^C}\sum_{\theta_i\supset\theta^C,\theta_j\in\chi(\theta^C)}\frac{m(\theta_i)m(\theta^C)}{\sum m(\theta_j)}=$

$\sum m(\theta^C)$，所以 $\displaystyle\sum m_{AF}(\theta_i)=\sum m(\theta_i)+\sum_{\theta^C\in P^C}\sum_{\theta_i\supset\theta^C,\theta_j\in\chi(\theta^C)}\frac{m(\theta_i)m(\theta^C)}{\sum m(\theta_j)}=1$，于是结论

成立。

2. 特殊情形

假设鉴别框架 Θ 中有 n 个焦元，即 $\Theta=\{\theta_1,\theta_2,\cdots,\theta_n\}$，其超幂集空间中部分单子焦元和部分合取焦元具有信度赋值，即 $m(\theta)\neq0,\ \theta\in P^\Theta$，这里：$P^\Theta=\{P^S,P^C\}$，　$P^S=\{\theta_i,\theta_j,\cdots,\theta_m\}$，　$P^C=\{\theta_i\cap\theta_j\cap\cdots\cap\theta_k,\cdots,\theta_i\cap\theta_g\cdots\cap\theta_h\}$，$\{i,j,k,l,g,h\}\in[1,2,\cdots,n]$，$P^\Theta<D^\Theta$，于是 P^C 中的卷入合取焦元的单子可能在 P^S 中找不到对应项（其单子焦元赋值为 0）。针对这种情况，其解耦公式定义如下：

$$m_{AF}(\theta_i)=\begin{cases}m(\theta_i)+\displaystyle\sum_{\theta^C\in P^C}\sum_{\theta_i\supset\theta^C,\theta_j\in\chi(\theta^C)}\frac{m(\theta_i)m(\theta^C)}{\sum m(\theta_j)},& m(\theta_i)\neq0\\[4mm]0,& m(\theta_i)=0\end{cases}\quad(3\text{-}13)$$

显然，式（3-12）和式（3-13）可以合并。

3.3.2　析取焦元解耦规则

在 3.2 节中，主要针对存在合取焦元的情形进行了多粒度处理。然而，这种假设依然建立在 DSmT 模型的完全排他性约束下，尽管与 Shafer 模型的解释相同，但由于传感器精度或者信息源不充分，导致对目标的识别具有模糊性。目标之间不具有确切的边界，有必要对目标之间的模糊信息建模，而 Shafer 没对此问题进行初始建模，只是把在组合过程中产生的冲突进行归一化处理，这样必然导致信息建模缺失。在 Smets 的 TBM 模型中，通过开放空间，使 $m(\varnothing)>0$，把一切没有考虑到的情况都归于 $m(\varnothing)$，尽管这种模型比 Shafer 模型更合理，但毕竟太笼统，对后期信息的处理不是很有利。众所周知，无论是 Shafer 模型，还是 TBM 模型，或者是 DSm 模型，都考虑了析取焦元的建模问题，但析取焦元和合取焦元的耦合情况（混合焦元），只有 DSm 模型给予考虑。同样在完全排他性的约束下，由于在文献[9]、[10]中，都以单子焦元的分层递阶处理方式为基础，即把合取焦元转化为单子焦元，然后进行分层处理。当遇到析取焦元，甚至是混合焦元时，如何处理这种多粒度推理问题，是本部分研究的重点。

如何将具有信度赋值的析取焦元或者混合焦元进行解耦，以便能够利用仅单子焦元的分层递阶多粒度推理方法？如果根据析取焦元的"或者"特性，如 $A \bigcup B$，那么意味着或者 A 或者 B，从概率的角度讲，各占 50%。将析取焦元的信度赋值重新分配到相关的单子焦元上，可以有效地进行解耦。

假设鉴别框架 Θ 中有 n 个焦元，即 $\Theta = \{\theta_1, \theta_2, \cdots, \theta_n\}$，其超幂集空间中单子焦元和部分析取焦元具有信度赋值，即 $m(\theta) \neq 0, \theta \in P^\Theta$，这里：

$P^\Theta = \{\theta_i \bigcup \theta_j \bigcup \cdots \bigcup \theta_k, \cdots, \theta_l \bigcup \theta_g \bigcup \cdots \bigcup \theta_h\}$，$\{i, j, k, l, g, h\} \in [1, 2, \cdots, n]$，$P^\Theta < D^\Theta$。给定 k 个证据源 $S_1, S_2, \cdots, S_k$，对 P^Θ 中的元素分别进行信度赋值，为 $\{m_i(\theta) \neq 0\}$，$\theta \in P^S, i \in [1, 2, \cdots, k]$，$\theta_i \in P^S = \{\theta_1, \theta_2, \cdots, \theta_n\}, i \in [1, 2, \cdots, n]$，$\theta^u \in P^u = \{\theta_i \bigcup \theta_j \cdots \theta_k, \cdots, \theta_l \bigcup \theta_g \cdots \bigcup \theta_h\}$。为了清楚地给出解耦公式，这里预先定义一个解耦函数 $\aleph(\cdot)$。

定义 3.2 若一个焦元或者命题 θ^U 是析取焦元，即由 $\Theta = \{\theta_1, \theta_2, \cdots, \theta_n\}$ 中部分或全部单子焦元通过并运算生成，那么解耦函数满足

$$\aleph(\theta^U) = \{\theta_i, \cdots, \theta_j\} \qquad (3\text{-}14)$$

例如，$\theta^U = \theta_i \bigcup \theta_j \bigcup \theta_k, i, j, k \in [1, 2, \cdots, n]$，那么 $\aleph(\theta^U) = \{\theta_i, \theta_j, \theta_k\}$。

定义 3.3 假设由解耦函数 $\aleph(\cdot)$ 解耦后，生成的单子焦元集合为 R，R 中包含的单子焦元个数为 z，则称 z 为解耦函数 $\aleph(\cdot)$ 的长度。

于是，其解耦公式为

$$m_{AF}(\theta_i) = m(\theta_i) + \sum_{\theta^U \in P^U} \frac{m(\theta^U)}{z} \qquad (3\text{-}15)$$

式（3-15）给出的解耦公式保持了归一化特性，即 $\sum m_{AF}(\theta_i) = 1$。

证明：已知解耦前 $\sum m(\theta_i) + \sum_{\theta^U \in P^U} m(\theta^U) = 1$，因为 $\sum \sum_{\theta^U \in P^U} \frac{m(\theta^U)}{z} = \sum m(\theta^U)$，所以 $\sum m_{AF}(\theta_i) = \sum m(\theta_i) + \sum \sum_{\theta^U \in P^U} \frac{m(\theta^U)}{z} = 1$，于是结论成立。

3.3.3 混合焦元解耦规则

假设鉴别框架 Θ 中有 n 个焦元，即 $\Theta = \{\theta_1, \theta_2, \cdots, \theta_n\}$，其超幂集空间中部分合取焦元具有信度赋值，即 $m(\theta) \neq 0, \theta \in P^H$，这里：

$P^H = \{\theta_i \bigcap \theta_j \bigcap \theta_g \bigcup \cdots \bigcap \theta_k, \cdots, \theta_i \bigcap \theta_m \bigcup \cdots \bigcup \theta_h\}$，$\{i, j, k, l, g, h\} \in [1, 2, \cdots, n]$，$P^H < D^\Theta$。针对这种情况，首先需要将混合焦元转化成统一形式 $A \bigcup B \bigcup C$，A、B、C 分别表示合取焦元或者单子焦元。

由焦元 X_i 交运算和并运算的任意组合所构成的混合焦元，可以最大限度地转化为 $\cup$ 的形式，且结果唯一。混合焦元的解耦首先将转化成统一形式的混合焦元按照式（3-15）进行析取焦元集的解耦，然后将得到的合取焦元按照式（3-12）进行再次解耦。

3.3.4　融合求解过程

针对一个复杂的幂集空间，空间中既包含单子焦元、合取焦元、析取焦元，又包含混合焦元，其系统融合求解过程分如下三步。

（1）将混合焦元转化成统一形式，连同幂集空间中固有的析取焦元，通过式（3-15）对其进行初步解耦，得到合取焦元和单子焦元。

（2）对所有的合取焦元（包括幂集空间固有的合取焦元和步骤 1 新产生的合取焦元）按照式（3-12）进行解耦。

（3）按照 3.3.2 节中给出的仅单子焦元的二叉树分层递阶处理办法进行融合处理。

3.3.5　时间复杂度分析

首先来研究文献[8]方法的计算复杂度，这里取两个证据源的情况，超幂集空间中单子和非单子同时赋值的焦元集合 $P^{\Theta}=\{\theta_1,\theta_2,\cdots,\theta_n,\theta_i\bigcap\theta_j\cdots\theta_k,\cdots,$ $\theta_l\bigcap\theta_g\cdots\theta_h\}$，$\{i,j,k,l,g,h\}\in[1,2,\cdots,n]$，$P^{\Theta}<D^{\Theta}$，其中包含 n 个单子焦元和 k 个非单子焦元，通过式（3-9）进行组合计算。假设一次乘积运算的复杂度用 K 表示，加运算复杂度用 Σ 表示，除运算复杂度用 Ψ 表示，经典 DSmT 组合规则和 PCR5 重新分配规则计算复杂度为

$$[K+(4K+2\Psi+4\Sigma)(n+k-1)](n+k) \tag{3-16}$$

用新方法最后得到的都是单子的信度赋值，为了比较新、老方法的计算复杂度，考虑到老方法可能得到非单子信度赋值，于是在比较前需按合取焦元解耦的方式进行处理，记解耦计算的复杂度为 Δ，则总的计算复杂度 $O(n)$ 为

$$O(n)=[K+(4K+2\Psi+4\Sigma)(n+k-1)](n+k)+\Delta \tag{3-17}$$

其中，复杂度 Δ 的计算依赖合取焦元的复杂程度，其取值范围为 $4k[(K+\Psi+\Sigma),2nk(K+\Psi+\Sigma)]$。

下面分析本节所提出方法的计算复杂度。首先分析只有 n 个单子焦元的情形，这里采用算法递归分析的方法。为便于描述，假设 n 是 2 的 q 次幂（如果 n 为大于 2 的 q 次幂，小于 2 的 $q+1$ 次幂，那么其计算复杂度在 q 次幂和 $q+1$ 次幂之间），则树的深度 $l=q-1$，忽略判断语句计算的复杂度（其对该算法计算

复杂度影响很小）。当 $l=1$ 时，其计算复杂度为

$$4\left(\frac{n}{2}-1\right)\varSigma+10K+4\varPsi+8\varSigma+4\left(\frac{n}{2}\right)\varPsi \tag{3-18}$$

当 $l=2$ 时为

$$2\left[4\left(\frac{n}{2}-1\right)\varSigma+10K+4\varPsi+8\varSigma\right]+8\left(\frac{n}{4}\right)\varPsi \tag{3-19}$$

当 $l=3$ 时为

$$4\left[4\left(\frac{n}{8}-1\right)\varSigma+10K+4\varPsi+8\varSigma\right]+16\left(\frac{n}{8}\right)\varPsi \tag{3-20}$$

因此，可以得到 l 级递归表达式为

$$2^{l-1}\left[4\left(\frac{n}{2^l}-1\right)\varSigma+10K+4\varPsi+8\varSigma\right]+2^{l+1}\left(\frac{n}{2^l}\right)\varPsi \tag{3-21}$$

最后一级 $(l+1)$ 计算复杂度为

$$2^l(10K+4\varPsi+8\varSigma) \tag{3-22}$$

将各级求和，并加上各级连接权重的乘积运算，得到

$$(2n(l-1)+4)\varSigma+(2^{l+1}-1)[10K+4\varPsi+8\varSigma]+2nl\varPsi+nlK \tag{3-23}$$

由于 $l=\log_2^n-1$，代入式（3-23）得

$$(2(\log_2^n-2)n+4)\varSigma+(n-1)(10K+4\varPsi+8\varSigma)+$$
$$2(\log_2^n-1)n\varPsi+n(\log_2^n-1)K \tag{3-24}$$

然后，考虑合取焦元的情形，其解耦计算复杂度不变，也记为 $\varDelta$。因此，新方法总的计算复杂度为

$$(2(\log_2^n-2)n+4)\varSigma+(n-1)(10K+4\varPsi+8\varSigma)+$$
$$2(\log_2^n-1)n\varPsi+n(\log_2^n-1)K+\varDelta \tag{3-25}$$

比较式（3-17）和式（3-25），以及式（3-15）和式（3-22）可知，式（3-16）的计算复杂度是关于 n 的线性关系与平方关系 n^2 之和，而式（3-25）的计算复杂度主要是关于 $n\log_2^n$ 的线性函数。因此与老方法相比，新方法的计算效率得到了显著提高。

3.3.6 算例分析

1. 计算效率

假设给定 5 个证据源 $S_1 \sim S_5$，$P^\Theta=\{\theta_1,\theta_2,\theta_3,\theta_4,\theta_5,\theta_6,\theta_7,\theta_8,\theta_9,\theta_{10},\theta_1\bigcap\theta_2,$
$\theta_5\bigcap\theta_6\bigcap\theta_7,\theta_1\bigcap\theta_5\bigcap\theta_9\bigcap\theta_{10}\}$，对于每个证据源，对 P^Θ 中的焦元随机进行信度赋

值（这里所赋值均是非零值）。新、老方法的运算符号统计如表 3-4 所示。由此可见，新方法的计算效率高于老方法，随着焦元数目的增加，这种优势更加明显。

表 3-4　新、老方法的运算符号统计

方　　法	加（次数）	乘（次数）	除（次数）
老方法	2525	2557	1257
新方法	681	517	349

2．信息损失

假设给定两个证据源 S_1 和 S_2，$P^{\Theta} = \{\theta_1, \theta_2, \cdots, \theta_{20}, \theta_1 \bigcap \theta_5 \bigcap \theta_{10} \bigcap \theta_{20}\}$，对于每个证据源，对 P^{Θ} 中的焦元随机进行信度赋值（这里所赋值均是非零值）。为了将新、老方法进行对比，进行 1000 次试验，每次试验随机产生 1 组证据源，根据欧氏距离计算其信息损失，直到得到本次试验的信息损失平均值为止，结果如图 3-4 所示。信息损失随着实验次数的增加而逐渐趋于稳定值 0.26。

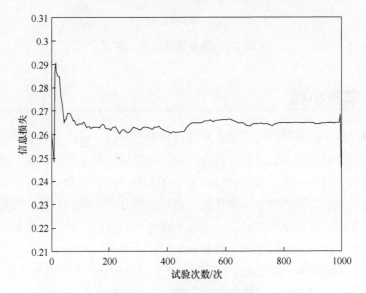

图 3-4　信息损失计算结果

3．相似度计算

假设给定 5 个证据源 $S_1 \sim S_5$，$P^{\Theta} = \{\theta_1, \theta_2, \theta_3, \theta_4, \theta_5, \theta_6, \theta_7, \theta_8, \theta_9, \theta_{10}, \theta_1 \bigcap \theta_2, \theta_5 \bigcap \theta_6 \bigcap \theta_7, \theta_1 \bigcap \theta_5 \bigcap \theta_9 \bigcap \theta_{10}\}$，对于每个证据源，对 P^{Θ} 中的焦元随机进行信度赋值（这里所赋值均是非零值）。进行 1000 次试验，每次试验给 P^{Θ} 赋值，计算新、老方法的相似度，采用欧氏距离评估。实验结果如图 3-5 所示，可以发现最低

相似度为 0.90 左右，而最高相似度为 0.94 左右，其平均值在 0.93 左右稳定。由此可见，新方法保持了较高的相似度。

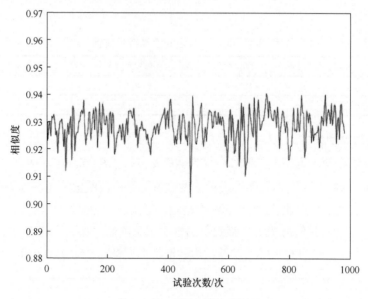

图 3-5　融合结果的相似度

3.4　本章小结

　　本章提出了同鉴别框架下的多粒度信息融合方法。首先，对单子焦元，提出了二叉树分层递阶多粒度融合推理方法，通过分别对零赋值和非零赋值的单子焦元进行二叉树分组，采用 PCR5 组合规则对分组后的焦元进行融合，并进行归一化处理；然后，对于合取焦元，通过比例分配的原则，把合取焦元的信度赋值分配到相应的单子焦元上，完成解耦过程；最后，针对析取焦元和混合焦元，设计了相应的解耦函数，将析取焦元和混合焦元的信度赋值重新分配给单子焦元，并借助单子焦元赋值情形下的二叉树分层递阶多粒度融合推理方法，实现合取焦元、析取焦元以及混合焦元的快速多粒度推理。

参 考 文 献

[1] Gordon J, Shortliffe E H. A method for managing evidential reasoning in a hierarchical hypothesis space[J]. Artificial Intelligence, 1985, 26(3): 323-357.

[2] Shafer G, Logan R. Implementing Dempster's rule for hierarchical evidence[J]. Artificial Intelligence, 1987, 33(3): 271-298.

[3] Shafer G, Shenoy P P, Mellouli K. Propagating belief functions in qualitative Markov trees[J]. International Journal of Approximate Reasoning, 1987, 1(4): 349-400.

[4] Bergsten U, Schubert J. Dempster's rule for evidence ordered in a complete directed acyclic graph[J]. International Journal of Approximate Reasoning, 1993, 9(1): 37-73.

[5] Denoeux T, Yaghlane A B. Approximating the combination of belief functions using the fast moebius transform in a coarsened frame[J]. International Journal of Approximate Reasoning, 2002, 31(1-2): 77-101.

[6] 李新德, Dezert J, 黄心汉, 等. 一种快速分层递阶 DSmT 近似推理融合方法(A)[J]. 电子学报, 2010, 38(11): 2566-2572.

[7] Smets P, Kennes R. The transferable belief model[M]. Berlin: Springer, 2008.

[8] Smarandache F, Dezert J. Advances and Applications of DSmT for Information Fusion (Collected works)[J]. Collected Works, 2006 (2): 117-125.

[9] Barros A K, Cichocki A, Ohnishi N. Extraction of statistically dependent sources with temporal structure[C]. Sixth Brazilian Symposium on Neural Networks. Brazil: IEEE, 2000: 61-65.

[10] 罗志增, 王人成. 具有触觉和肌电控制功能的仿生假手研究[J]. 传感技术学报, 2005(1): 23-27.

第 4 章

异鉴别框架下多粒度信息融合方法

4.1 引言

对多粒度证据源的研究，都默认共享同一个鉴别框架，这也是参考 DSmT 理论中多粒度证据源融合的前提条件。在已有文献中，对绝大多数多粒度信息融合的研究，基本上基于同一鉴别框架下的假设，对异鉴别框架下的多粒度信息融合的研究相对较少。然而，在实际问题中，例如，基于多传感器融合的综合识别问题中，每个传感器自身的鉴别框架往往是不同的，或者，不同时刻下鉴别框架呈现动态变化。也就是说，由多传感器提供的多粒度证据源信息通常无法共享同一个鉴别框架。因此，如何对处于不同鉴别框架下的多粒度证据源进行融合，在解决实际问题时就显得尤为重要。

文献中关于异鉴别框架下的多粒度证据源融合策略主要有两种。第一种是直接扩展方法[1]。扩展方法的思想简单且直接，它首先假设对于不同鉴别框架下的多粒度证据源都共享一个默认的大鉴别框架，该大鉴别框架是各证据源对应的所有鉴别框架的并集；然后通过填"0"的方式，将所有多粒度证据源进行扩展，从而使新的扩展多粒度证据源都处于相同的大鉴别框架下；最后利用经典的多粒度融合方法进行多粒度证据源的融合。第二种是条件更新法[2,3]。该方法不同于之前的扩展方法，Premaratne 等从贝叶斯理论的角度出发，通过挑选相关（或者感兴趣）焦元的方式来定向更新处于不同鉴别框架下的焦元的信度赋值。但是，这种方法的性能表现受其更新权重公式中两组参数的直接影响，参数的选择直接影响其更新信度赋值的正确与否。

受粗糙集理论中关于利用等价规则进行域空间划分的思想启发，本章提出了一种新的异鉴别框架下的多粒度证据源的融合算法。该融合算法主要包括两个主要步骤：①基于设定的等价规则，构建关于目标焦元的等价粒空间结构；②根据获取的等价粒空间中的焦元的信度赋值，对目标焦元的信度进行更新。下面详细介绍异鉴别框架下多粒度信息融合算法的实现步骤。

4.2 基于等价关系的融合方法

4.2.1 等价粒空间构建

为了说明如何根据等价关系构建焦元的相关粒空间结构，本节首先在同一个鉴别框架 $\Theta=\{\theta_1,\theta_2,\cdots,\theta_n\}$ 下进行讨论。等价规则操作的对象是处于超幂集 $D^\Theta=\{\Theta,\cup,\cap\}$ 中的焦元粒，这里用 $U=\{u_1,u_2,\cdots,u_{|D^\Theta|}\}$ 表示，U 空间中包含了问题空间中所有需考虑的焦元。那么，如何评价该多粒度空间中各焦元之间的等价关系呢？这需要根据定义的等价规则进行判定，比如，在依据信度赋值的大小判定两个焦元是否等价时，只要 $m(u_1)=m(u_2)$，就可以认为焦元 u_1 和焦元 u_2 在信度赋值评判条件下是等价的。类似地，这里给出一个通用的等价定义。

定义 4.1　假设有 R 条等价规则，则由 $r\in R$ 规则获取的等价空间构造如下：

$$\mathrm{IND}(R)\triangleq\{(u_{i_1},u_{i_2})\in U\times U\mid\forall r\in R,r(u_{i_1})=r(u_{i_2})\} \tag{4-1}$$

式中：如果 $(u_{i_1},u_{i_2})\in\mathrm{IND}(R)$，那么称在规则 R 下，信息粒焦元组合 u_{i_1} 和 u_{i_2} 是不可分的，或称为等价粒子，根据不同的等价规则就能将多粒度空间 $U=\{u_1,u_2,\cdots,u_{|D^\Theta|}\}$ 分为不同的粒空间结构。下面给出一个简单的例子说明等价规则是如何划分空间的。

例 4.1　考虑一个子集空间 $U=\{u_1,u_2,\cdots,u_{10}\}$，该空间中有 10 个信息粒，每个信息粒对应一个定量单值信度，从而构成一个归一化的基本概率赋值，具体如下：

$$m(u_1)=0.0156,m(u_2)=0.0874,m(u_3)=0.0156$$
$$m(u_4)=0.0874,m(u_5)=0.0874,m(u_6)=0.2354$$
$$m(u_7)=0.2354,m(u_8)=0.2354,m(u_9)=0.0002$$
$$m(u_{10})=0.0002$$

假设这里定义的等价规则如下：

$$R:u_{i_1}\equiv u_{i_2},\quad m(u_{i_1})=m(u_{i_2}) \tag{4-2}$$

那么，基于此等价规则，就能够将 U 空间划分为

$$U(R)=\{\{u_1,u_3\},\{u_2,u_4,u_5\},\{u_6,u_7,u_8\},\{u_9,u_{10}\}\}$$

假设粒空间 $U=\{u_1,u_2,\cdots,u_{10}\}$ 中，前 5 组为单子焦元，后 5 组为复合焦元，按照焦元的组合性质，又可以对该粒空间进行新的划分：$U(R')=\{\{u_1,u_2,u_3,$

$u_4, u_5,\}, \{u_6, u_7, u_8, u_9, u_{10}\}\}$。因此，定义不同的等价规则就能获得对于原始 U 空间的新粒空间结构。以上讨论都是基于单一空间 U 下的等价划分的，当考虑的融合问题本身自带多个独立粒空间时，比如，在多粒度信息融合问题中，每个证据源都处于自身的子集空间，这些子集空间可能相同，也可能不相同，需要根据所要求解的目标焦元 T，利用各个子集空间，求出该目标焦元的等价粒空间。下面将通过例 4.2 进行问题的说明。

例 4.2 假设在行为识别任务中，三组独立传感器提供三组不同的鉴别框架：$\Theta_1 = \{a_1, a_2, a_3\}$，$\Theta_2 = \{b_1, b_2\}$ 和 $\Theta_3 = \{c_1, c_2\}$，分别代表目标行为的类型，测试对象的健康状态和年龄特征。如果观测到的行为 T 属于 6 种不同的目标种类，分别标记为 $\Theta_T \triangleq \{T_1, T_2, T_3, T_4, T_5, T_6\}$，其中，每个行为都由三类信息综合表示，即 $T \triangleq (a_{i_1}, b_{i_2}, c_{i_3})$，比如：

$$T_1 = (a_1, b_1, c_1), \; T_2 = (a_1, b_2, c_1), \; T_3 = (a_2, b_2, c_2)$$
$$T_4 = (a_3, b_2, c_1), \; T_5 = (a_3, b_1, c_1), \; T_6 = (a_2, b_1, c_2)$$

有三组穿戴式传感器（信息源）在某一时刻监控到未知行为，其各自对应的基本信度赋值如下：

$$m_1(a_1) = 0.1, \; m_1(a_3) = 0.2, \; m_1(a_1 \cup a_2) = 0.3, \; m_1(a_1 \cup a_2 \cup a_3) = 0.4$$
$$m_2(b_1) = 0.2, \; m_2(b_2) = 0.3, \; m_2(b_1 \cup b_2) = 0.5$$
$$m_3(c_1) = 0.8, \; m_3(c_2) = 0, \; m_3(c_1 \cup c_2) = 0.2$$

可以看出，$m_1(\cdot)$、$m_2(\cdot)$、$m_3(\cdot)$ 提供了基于各自鉴别框架的粒空间子集。提供的三组粒结构分别为

$$U_1 = \{a_1, a_3, a_1 \cup a_2, a_1 \cup a_2 \cup a_3\}$$
$$U_2 = \{b_1, b_2, b_1 \cup b_2\}$$
$$U_3 = \{c_1, c_2, c_1 \cup c_2\}$$

为了能从给定的多粒度证据源中计算出每个目标焦元的信度赋值，这里首先设定等价规则，构建关于目标焦元的兼容域粒空间和不兼容域粒空间。

定义 4.2（兼容域粒空间） 考虑 $e(e \geqslant 2)$ 个证据源提供 e 个鉴别子空间：$U_1, U_2, \cdots, U_e$。关于目标焦元 $T = (t_{i_1}, t_{i_2}, \cdots, t_{i_e})$，其兼容域粒空间定义为

$$U_{1,2,\cdots,e}^{CD}(T) \triangleq \{(u_{i_1}, u_{i_2}, \cdots, u_{i_e}) \in U_1 \times U_2 \times \cdots \times U_e \mid \forall u_{i_j} \in U_j, u_{i_j} \bigcap t_{i_j} = t_{i_j}, t_{i_j} \in T, j = 1, 2, \cdots, e\}$$

（4-3）

兼容域本质上是一种等价规则，这种等价规则是为了能在空间 $U \triangleq U_1 \times U_2 \times \cdots \times U_e$ 中寻找与目标焦元 $T = (t_{i_1}, t_{i_2}, \cdots, t_{i_e})$ 等价的基本粒子，由这些粒子构成的空间称为关于目标焦元 T 的兼容域粒空间。这些粒子在兼容域粒空间中相对于目标焦元 T 是等价的。

与关于 T 的兼容域粒空间定义相对应，可以给出关于目标焦元 T 的不兼容域粒空间的定义，不兼容域的定义主要受到传统证据理论中合取焦元的定义的启发。

定义 4.3（不兼容域粒空间）　考虑目标焦元 $T = (t_{i_1}, t_{i_2}, \cdots, t_{i_e})$ 和 $e(e \geqslant 2)$ 组由 e 组证据源提供的子集空间 $U_1, U_2, \cdots, U_e$。关于 T 的不兼容域粒空间 $U_{1,2,\cdots,e}^{IcD(T)}(\varnothing)$ 的定义为

$$U_{1,2,\cdots,e}^{IcD(T)}(\varnothing) \triangleq \{(u_{i_1}, u_{i_2}, \cdots, u_{i_e}) \in U_1 \times U_2 \times \cdots \times U_e \mid \exists u_{i_j} \in U_j, u_{i_j} \bigcap t_{i_j} = \varnothing\} \quad (4\text{-}4)$$

该不兼容域的定义主要是从 $U \triangleq U_1 \times U_2 \times \cdots \times U_e$ 空间中寻找 i_e 维组合对象。在这些 i_e 维组合对象中，只要有元素与目标焦元对应位置的元素交集为空集，就认为该 i_e 维组合对象为关于目标焦元 $T = (t_{i_1}, t_{i_2}, \cdots, t_{i_e})$ 不兼容域粒空间中的基本粒子，这些粒子在该空间中相对于目标焦元 T 是等价的。

根据定义 4.2 和定义 4.3，可以计算出例 4.2 中目标焦元的兼容域粒空间和不兼容域粒空间。考虑到 U_1 中包含 4 个焦元，U_2 中包含 3 个焦元，U_3 中包含 3 个焦元，则其笛卡尔乘积 $U_1 \times U_2 \times U_3$ 中将会包含 $4 \times 3 \times 3$ 个组合元素。如果需要计算的目标焦元是 $T_1 = (a_1, b_1, c_1)$，那么，可以获得关于 T 的兼容域粒空间 $U_{1,2,3}^{CD}(T_1)$ 的元素组成，如表 4-1 所示。

表 4-1　兼容域粒空间 $U_{1,2,3}^{CD}(T_1)$ 的元素组成

(a_1, b_1, c_1)	$(a_1, b_1 \cup b_2, c_1)$	$(a_1, b_1, c_1 \cup c_2)$	$(a_1, b_1 \cup b_2, c_1 \cup c_2)$
$(a_1 \cup a_2, b_1, c_1)$	$(a_1 \cup a_2, b_1 \cup b_2, c_1)$	$(a_1 \cup a_2, b_1, c_1 \cup c_2)$	$(a_1 \cup a_2, b_1 \cup b_2, c_1 \cup c_2)$
$(a_1 \cup a_2 \cup a_3, b_1, c_1)$	$(a_1 \cup a_2 \cup a_3, b_1 \cup b_2, c_1)$	$(a_1 \cup a_2 \cup a_3, b_1, c_1 \cup c_2)$	$(a_1 \cup a_2 \cup a_3, b_1 \cup b_2, c_1 \cup c_2)$

而关于目标焦元 T 的不兼容域粒空间 $U_{1,2,3}^{IcD(T_1)}(\varnothing)$ 元素的构成就是 $U_{1,2,3}^{IcD(T_1)}(\varnothing) = U_1 \times U_2 \times U_3 - U_{1,2,3}^{CD}(T_1)$。以上关于目标焦元的兼容域定义和不兼容域定义，可以根据具体问题设定不同的等价规则，对原始粒空间进行不同的划分。比如，在实际问题中，传感器对目标采集到的特征数据往往存在丢失的情况，造成获取的信息不完全。假设例 4.2 中的目标 $T_1 = (a_1, b_1, c_1)$ 由于某时刻下第三维的特征丢失，用符号 "?" 来标记，即 $T_1' = (a_1, b_1, ?)$，那么，在已知三组 BBA 的情况下，将兼容域粒空间的定义做如下扩展，即可计算 T_1' 可能出现的概率。

定义 4.4（丢失信息下的兼容域定义）　考虑 $e \geqslant 2$ 个证据源提供 e 个鉴别子空间：$U_1, U_2, \cdots, U_e$。关于目标焦元 $T = (t_{i_1}, t_{i_2}, \cdots, ?, \cdots, t_{i_e})$，其兼容域粒空间定义为

$$U_{1,2,\cdots,e}^{\prime CD}(T) \triangleq \{(u_{i_1}, u_{i_2}, \cdots, u_{i_e}) \in U_1 \times U_2 \times \cdots \times U_e \mid, \forall u_{i_j} \in U_j, u_{i_j} \bigcap t_{i_j} = t_{i_j}$$

$$\text{或 } u_{i_j} \to ?, j = 1, 2, \cdots, e\} \quad (4\text{-}5)$$

式中：$u_{i_j} \to ?$ 为 U_j 空间中的任意元素 u_{i_j} 都能取代目标焦元 T 第 j 维的特征，第

j 维的特征为丢失的信息。换言之，$u_{i_j} \to ?$ 实际上是 $u_{i_j} \bigcap ? \equiv u_{i_j}$，$j = 1, 2, \cdots, e$。

回顾例 4.2，假设目标焦元 $T = (a_1, b_1, ?)$，按照式（4-5），可以得到丢失信息下的兼容域粒空间为

$$U'^{CD}_{1,2,3}(T) = \begin{cases} (a_1, b_1, c_1), (a_1, b_1 \bigcup b_2, c_1), (a_1, b_1, c_1 \bigcup c_2), (a_1, b_1 \bigcup b_2, c_1 \bigcup c_2), \\ (a_1 \bigcup a_2, b_1, c_1), (a_1 \bigcup a_2, b_1 \bigcup b_2, c_1), (a_1 \bigcup a_2, b_1, c_1 \bigcup c_2), \\ (a_1 \bigcup a_2, b_1 \bigcup b_2, c_1 \bigcup c_2), (a_1 \bigcup a_2 \bigcup a_3, b_1, c_1), (a_1 \bigcup a_2 \bigcup a_3, b_1 \bigcup b_2, c_1), \\ (a_1 \bigcup a_2 \bigcup a_3, b_1, c_1 \bigcup c_2), (a_1 \bigcup a_2 \bigcup a_3, b_1 \bigcup b_2, c_1 \bigcup c_2), (a_1, b_1, c_2), \\ (a_1 \bigcup a_2, b_1, c_2), (a_1 \bigcup a_2 \bigcup a_3, b_1, c_2), (a_1, b_1 \bigcup b_2, c_2), (a_1 \bigcup a_2, b_1 \bigcup b_2, c_2), \\ (a_1 \bigcup a_2 \bigcup a_3, b_1 \bigcup b_2, c_2) \end{cases}$$

在获取目标焦元相关的兼容域粒空间和不兼容域粒空间之后，需要计算目标焦元的信度赋值，4.2.2 节将对此进行详细介绍。

4.2.2 信度分配规则及融合规则

考虑到有 $e \geqslant 2$ 组证据源 $m_1(\cdot), m_2(\cdot), \cdots, m_e(\cdot)$，以及对应的 e 组鉴别框架 $U_1, U_2, \cdots, U_e$，那么，空间 $U_1 \times U_2 \times \cdots \times U_e$ 中的目标 T 的信度赋值的计算通过下式获得：

$$m^{CD}_{1,2,\cdots,e}(T) = \sum_{(u_{i_1}, u_{i_2}, \cdots, u_{i_e}) \in U^{CD}_{1,2,\cdots,e}(T)} m_1(u_{i_1}) \times m_2(u_{i_2}) \times \cdots \times m_e(u_{i_e}) \tag{4-6}$$

为了降低融合规则的计算复杂度，这里将冲突的信度赋值 $U^{IcD(T)}_{1,2,\cdots,e}(\varnothing)$ 平均地分配给 T，具体计算公式为

$$m_{1,2,\cdots,e}(T) = m^{CD}_{1,2,\cdots,e}(T) + \frac{1}{\left| U^{IcD(T)}_{1,2,\cdots,e}(\varnothing) \right|} \sum_{(u_{i_1}, u_{i_2}, \cdots, u_{i_e}) \in U^{IcD(T)}_{1,2,\cdots,e}(\varnothing)} m_1(u_{i_1}) \times m_2(u_{i_2}) \times \cdots \times m_e(u_{i_e})$$

$$\tag{4-7}$$

式中：$\left| U^{IcD(T)}_{1,2,\cdots,e}(\varnothing) \right|$ 为集合 $U^{IcD(T)}_{1,2,\cdots,e}(\varnothing)$ 中元素的个数。

在例 4.2 中，根据式（4-7）和表 4-1 中的元素组成，可以计算出 $m^{CD}_{1,2,3}(T_1)$，具体如下：

$$\begin{aligned} m^{CD}_{1,2,3}(T_1) &= \sum_{(u_{i_1}, u_{i_2}, u_{i_3}) \in U^{CD}_{1,2,3}(T)} m_1(u_{i_1}) \cdot m_2(u_{i_2}) \cdot m_3(u_{i_3}) \\ &= m_1(a_1)m_2(b_1)m_3(c_1) + m_1(a_1)m_2(b_1)m_3(c_1 \bigcup c_2) + \\ &\quad m_1(a_1 \bigcup a_2)m_2(b_1)m_3(c_1) + m_1(a_1 \bigcup a_2)m_2(b_1)m_3(c_1 \bigcup c_2) + \\ &\quad m_1(a_1 \bigcup a_2 \bigcup a_3)m_2(b_1)m_3(c_1) + m_1(a_1 \bigcup a_2 \bigcup a_3)m_2(b_1)m_3(c_1 \bigcup c_2) + \\ &\quad m_1(a_1)m_2(b_1 \bigcup b_2)m_3(c_1) + m_1(a_1)m_2(b_1)m_3(c_1 \bigcup c_2) + \\ &\quad m_1(a_1 \bigcup a_2)m_2(b_1 \bigcup b_2)m_3(c_1) + m_1(a_1 \bigcup a_2)m_2(b_1 \bigcup b_2)m_3(c_1 \bigcup c_2) + \\ &\quad m_1(a_1 \bigcup a_2 \bigcup a_3)m_2(b_1 \bigcup b_2)m_3(c_1) + m_1(a_1 \bigcup a_2 \bigcup a_3)m_2(b_1 \bigcup b_2)m_3(c_1) \\ &= 0.56 \end{aligned}$$

由此可以得到目标焦元 T_1 的信度赋值：

$$m_{1,2,3}(T_1) = m_{1,2,3}^T(T_1) + \frac{1}{\left|U_{1,2,3}^{IcD(T_1)}(\varnothing)\right|} m_{1,2,3}^{IcD(T)}(\varnothing)$$

$$= 0.56 + \frac{1}{24} \times (1 - 0.56) \approx 0.5783$$

将目标焦元的信度赋值计算方式应用于其他 5 个目标焦元，可以得到各自的信度赋值。最后，将所有目标焦元的信度赋值进行归一化，获得的结果如下：

$$m_{123}(T_1) \approx 0.2274, \ m_{123}(T_2) \approx 0.2485$$
$$m_{123}(T_3) \approx 0.0558, \ m_{123}(T_4) \approx 0.2174$$
$$m_{123}(T_5) \approx 0.1998, \ m_{123}(T_6) \approx 0.0511$$

4.2.3　算例分析

基于文献[4]中给出的算例，本节给出了一个能够详细说明异鉴别框架下的多粒度证据源融合的算例：在综合行为识别系统中，通常利用多个传感器的输出来综合识别出行为的 ID 信息。假设关于目标行为的测试对象身体状态的鉴别框架为 Θ_A，关于测试对象目标行为的类型属性为 Θ_B^{ref}。$\Theta_A = \{od, yg, sk, dd\}$，其中，$od \triangleq \mathrm{old}, yg \triangleq \mathrm{young}, sk \triangleq \mathrm{sick}, dd \triangleq \mathrm{disabled}$；$\Theta_B = \{B_1, B_2, B_3, B_4\}$，其中：

$$B_1 = \mathrm{Static \ Behavior}$$
$$B_2 = \mathrm{Dynamic \ Behavior}$$
$$B_3 = \mathrm{Transition \ Behavior}$$
$$B_4 = \mathrm{Interactive \ Behavior}$$

每个粗粒度行为类型都由多个细粒度行为类型组成：

$$B_1 = \{b_{11}, b_{12}\}$$
$$B_2 = \{b_{21}, b_{22}, b_{23}, b_{24}, b_{25}\}$$
$$B_3 = \{b_{31}, b_{32}, b_{33}\}$$
$$B_4 = \{b_{41}, b_{42}\}$$

因此，鉴别框架 $\Theta_B^{\mathrm{ref}} = B_1 \cup B_2 \cup B_3 \cup B_4$ 是 Θ_B 的细分。最终综合行为识别类型的 ID 属于空间域 $\Theta = \Theta_A \times \Theta_B^{\mathrm{ref}}$。比如，目标行为 ID 为 $sk \times b_{41}$，意味着未知行为可能为生病的测试对象在喝水，或者 $dd \times b_{11}$ 意味着残疾人在坐着。四组感知传感器对未知行为的给定基本信度赋值如表 4-2 所示，多粒度融合算法需要对这四组多粒度证据源信息进行融合，从而获得对目标行为的综合识别。由于 $\{\mathrm{Report}^{(1)}, \mathrm{Report}^{(2)}\}$ 和 $\{\mathrm{Report}^{(3)}, \mathrm{Report}^{(4)}\}$ 这两组传感器的输出都各自在同一鉴别框架下，仅是粒度不同，因此这里采取分步融合的方式，对应于同一鉴别框架的传感器输出先融合，然后将不同鉴别框架的传感器进行融合。具体融合的顺序如下：

$$m_{\Theta}(\cdot) = (m_{\Theta_B}^{(1)}(\cdot) \otimes m_{\Theta_B^{\mathrm{ref}}}^{(2)}(\cdot)) \otimes (m_{\Theta_A}^{(3)}(\cdot) \otimes m_{\Theta_A}^{(4)}(\cdot)) \qquad (4\text{-}8)$$

表 4-2 四组传感器给定的基本信度赋值

传感器 ID	证 据 源		
Report$^{(1)}$	$m_{\Theta_B}^{(1)}(B_2) = 0.7$	$m_{\Theta_B}^{(1)}(B_2, B_3) = 0.2$	$m_{\Theta_B}^{(1)}(\Theta_B) = 0.1$
Report$^{(2)}$	$m_{\Theta_B^{\mathrm{ref}}}^{(2)}(b_{22}) = 0.6$	$m_{\Theta_B^{\mathrm{ref}}}^{(2)}(b_{23}) = 0.3$	$m_{\Theta_B^{\mathrm{ref}}}^{(2)}(\Theta_B^{\mathrm{ref}}) = 0.1$
Report$^{(3)}$	$m_{\Theta_A}^{(3)}(sk) = 0.6$	$m_{\Theta_A}^{(3)}(\Theta_A) = 0.4$	—
Report$^{(4)}$	$m_{\Theta_A}^{(4)}(od) = 0.9$	$m_{\Theta_A}^{(4)}(\Theta_A) = 0.1$	—

根据表 4-2 中各传感器给出的四组鉴别框架，能获得四组粒空间：

$$U_1 = \{B_2, \{B_2, B_3\}, \Theta_B\}; \ U_2 = \{b_{22}, b_{23}, \Theta_B^{\mathrm{ref}}\};$$
$$U_3 = \{sk, \Theta_A\}; \ U_4 = \{od, \Theta_A\}.$$

基于之前给出的兼容域粒空间和不兼容域粒空间的定义，依次获得的结果如表 4-3 和表 4-4 所示。

表 4-3 {Report$^{(1)}$,Report$^{(2)}$} 的融合输出

目标焦元 X	兼容域粒空间	不兼容域粒空间	$\Theta_{B'}$ 信度赋值
B_2	$\{B_2, \Theta_B^{\mathrm{ref}}\}$	$\{\varnothing\}$	0.07
B_2, B_3	$\{B_2, B_3, \Theta_B^{\mathrm{ref}}\}$	$\{\varnothing\}$	0.02
b_{22}	$\begin{Bmatrix} (B_2, b_{22}), \\ (B_2 B_3, b_{22}), \\ (\Theta_B, b_{22}) \end{Bmatrix}$	$\{\varnothing\}$	0.60
b_{23}	$\begin{Bmatrix} (B_2, b_{23}), \\ (B_2 B_3, b_{23}), \\ (\Theta_B, b_{23}) \end{Bmatrix}$	$\{\varnothing\}$	0.30
Θ_B^{ref}	$\{\Theta_B, \Theta_B^{\mathrm{ref}}\}$	$\{\varnothing\}$	0.01

表 4-4 {Report$^{(3)}$,Report$^{(4)}$} 的融合输出

目标焦元 X	兼容域粒空间	不兼容域粒空间	$\Theta_{A'}$ 信度赋值
sk	$\{s, \Theta_A\}$	$\{sk, od\}$	0.276
Θ_A	$\{\Theta_A\}$	$\{\varnothing\}$	0.04
od	$\{od, \Theta_A\}$	$\{sk, od\}$	0.684

从表 4-3 和表 4-4 中可以发现，因为 U_1 和 U_2 之间存在包含关系，所以当传感器 1 和传感器 2 融合时，其不兼容域粒空间的元素为空集。而传感器 3 和传感器 4 之间有冲突焦元，所以其不兼容域粒空间中有相应的元素，其不兼容域粒空间不为空集。目标行为的综合 ID 属于空间 $\Theta_A \times \Theta_B^{\mathrm{ref}}$，考虑到表 4-2 中获取的相关元素，$\Theta_A \times \Theta_B^{\mathrm{ref}}$ 空间转变为 $\Theta_{A'} \times \Theta_{B'}$：$\Theta_{A'} = \{sk, od, \Theta_A\}$ 和 $\Theta_{B'} = \{b_{22}, b_{23},$

$B_2, \{B_2, B_3\}, \Theta_B^{\mathrm{ref}}\}$，再通过本章提出的异鉴别框架融合方法，可得到相应的结果，最终的融合结果如表 4-5 所示。可以得出，最终的目标行为综合 ID 是 $od \times b_{22}$，这一结果与文献[4]保持一致。

表 4-5　最终的融合结果

目标焦元 X	兼容域粒空间	不兼容域粒空间	信　　度
$sk \times b_{22}$	$\{(sk, b_{22}), (sk, B_2),$ $(sk, B_2 B_3), (sk, \Theta_B^{\mathrm{ref}}),$ $(\Theta_A, b_{22}), (\Theta_A, B_2),$ $(\Theta_A, B_2 B_3), (\Theta_A, \Theta_B^{\mathrm{ref}})\}$	$\{(sk, b_{23}), (\Theta_A, b_{23}),$ $(od, b_{22}), (od, b_{23}),$ $(od, B_2), (od, B_2 B_3),$ $(od, \Theta_B^{\mathrm{ref}})\}$	0.161
$sk \times b_{23}$	$\{(sk, b_{23}), (sk, B_2),$ $(sk, B_2 B_3), (sk, \Theta_B^{\mathrm{ref}}),$ $(\Theta_A, b_{23}), (\Theta_A, B_2),$ $(\Theta_A, B_2 B_3), (\Theta_A, \Theta_B^{\mathrm{ref}})\}$	$\{(sk, b_{22}), (\Theta_A, b_{22}),$ $(od, b_{22}), (od, b_{23}),$ $(od, B_2), (od, B_2 B_3),$ $(od, \Theta_B^{\mathrm{ref}})\}$	0.098
$sk \times B_2$	$\{(sk, B_2), (sk, B_2 B_3),$ $(sk, \Theta_B^{\mathrm{ref}}), (\Theta_A, B_2),$ $(\Theta_A, B_2 B_3), (\Theta_A, \Theta_B^{\mathrm{ref}})\}$	$\{(od, b_{22}), (od, b_{23}),$ $(od, B_2), (od, B_2 B_3),$ $(od, \Theta_B^{\mathrm{ref}})\}$	0.050
$sk \times B_2 B_3$	$\{(sk, B_2 B_3), (sk, \Theta_B^{\mathrm{ref}}),$ $(\Theta_A, B_2 B_3), (\Theta_A, \Theta_B^{\mathrm{ref}})\}$	$\{(od, b_{22}), (od, b_{23}),$ $(od, B_2), (od, B_2 B_3),$ $(od, \Theta_B^{\mathrm{ref}})\}$	0.039
$sk \times \Theta_B^{\mathrm{ref}}$	$\{(sk, \Theta_B^{\mathrm{ref}}), (\Theta_A, \Theta_B^{\mathrm{ref}})\}$	$\{(od, b_{22}), (od, b_{23}),$ $(od, B_2), (od, B_2 B_3),$ $(od, \Theta_B^{\mathrm{ref}})\}$	0.036
$od \times b_{22}$	$\{(od, b_{22}), (od, B_2),$ $(od, B_2 B_3), (od, \Theta_B^{\mathrm{ref}}),$ $(\Theta_A, b_{22}), (\Theta_A, B_2),$ $(\Theta_A, B_2 B_3), (\Theta_A, \Theta_B^{\mathrm{ref}})\}$	$\{(od, b_{23}), (\Theta_A, b_{23}),$ $(sk, b_{22}), (sk, b_{23}),$ $(sk, B_2), (sk, B_2 B_3),$ $(sk, \Theta_B^{\mathrm{ref}})\}$	0.1961
$od \times b_{23}$	$\{(od, b_{23}), (od, B_2),$ $(od, B_2 B_3), (od, \Theta_B^{\mathrm{ref}}),$ $(\Theta_A, b_{23}), (\Theta_A, B_2),$ $(\Theta_A, B_2 B_3), (\Theta_A, \Theta_B^{\mathrm{ref}})\}$	$\{(od, b_{22}), (\Theta_A, b_{22}),$ $(sk, b_{22}), (sk, b_{23}),$ $(sk, B_2), (sk, B_2 B_3),$ $(sk, \Theta_B^{\mathrm{ref}})\}$	0.1321
$od \times B_2$	$\{(od, B_2), (od, B_2 B_3),$ $(od, \Theta_B^{\mathrm{ref}}), (\Theta_A, B_2),$ $(\Theta_A, B_2 B_3), (\Theta_A, \Theta_B^{\mathrm{ref}})\}$	$\{(sk, b_{22}), (sk, b_{23}),$ $(sk, B_2), (sk, B_2 B_3),$ $(sk, \Theta_B^{\mathrm{ref}})\}$	0.0406
$od \times B_2 B_3$	$\{(od, B_2 B_3), (od, \Theta_B^{\mathrm{ref}}),$ $(\Theta_A, B_2 B_3), (\Theta_A, \Theta_B^{\mathrm{ref}})\}$	$\{(sk, b_{22}), (sk, b_{23}),$ $(sk, B_2), (sk, B_2 B_3),$ $(sk, \Theta_B^{\mathrm{ref}})\}$	0.0232
$od \times \Theta_B^{\mathrm{ref}}$	$\{(od, \Theta_B^{\mathrm{ref}}), (\Theta_A, \Theta_B^{\mathrm{ref}})\}$	$\{(sk, b_{22}), (sk, b_{23}),$ $(sk, B_2), (sk, B_2 B_3),$ $(sk, \Theta_B^{\mathrm{ref}})\}$	0.0182

（续表）

目标焦元 X	兼容域粒空间	不兼容域粒空间	信　度
$\Theta_A \times b_{22}$	$\{(\Theta_A,b_{22}),(\Theta_A,B_2),\\(\Theta_A,B_2B_3),(\Theta_A,\Theta_B^{\text{ref}})\}$	$\{(sk,b_{23}),(od,b_{23})\}$	0.0887
$\Theta_A \times b_{23}$	$\{(\Theta_A,b_{23}),(\Theta_A,B_2),\\(\Theta_A,B_2B_3),(\Theta_A,\Theta_B^{\text{ref}})\}$	$\{(sk,b_{22}),(od,b_{22})\}$	0.1054
$\Theta_A \times B_2$	$\{(\Theta_A,B_2),(\Theta_A,B_2B_3),\\(\Theta_A,\Theta_B^{\text{ref}})\}$	$\{\varnothing\}$	0.0072
$\Theta_A \times B_2B_3$	$\{(\Theta_A,B_2B_3),(\Theta_A,\Theta_B^{\text{ref}})\}$	$\{\varnothing\}$	0.0023
$\Theta_A \times \Theta_B^{\text{ref}}$	$\{(\Theta_A,\Theta_B^{\text{ref}})\}$	$\{\varnothing\}$	0.0006

4.3 基于层次关系的融合方法

对于多粒度信息融合来说，从不同的层次看待问题可以构成不同的粒结构。一个粒结构由多个粒层构成，每个粒层又由多个粒子构成，不同粒层的粒空间可以通过粗化或者细化进行转换，如图 4-1 所示。在没有其他补充信息源的情况下，尤其对不确定程度很高的信息决策问题，通过从不同粒层上来认知目标，并基于信度函数理论融合不同粒层的信息，有助于提高决策的精度。每个粒层都对应一个鉴别框架，不同粒层的决策信息不同，不同粒层对应的鉴别框架往往不一致，但多个粒层之间存在一定的关联，这为异鉴别框架下的多粒度信息融合研究提供了思路。本节依据不同粒层之间的包含关系，给出一种不同粒层之间的信度转换方法，将不同粒层的信度映射到同一粒层，进而实现异鉴别框架下的多粒度信息融合。

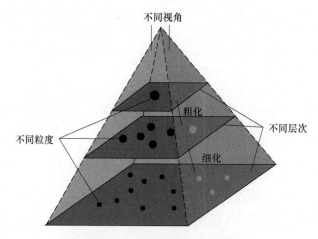

图 4-1　多层次粒结构模型

4.3.1　层次粒空间表征

对于一个信息源，假设它可以划分成 N 个层次，每个层次可以看成一个粒空间，并对应一个鉴别框架，即 $\Theta_1,\Theta_2,\cdots,\Theta_N$。每个鉴别框架中的元素为该层次粒空间对应的目标决策类别。现有两个层次粒空间，对应的鉴别框架分别为 Θ_1 和 Θ_2，其中，$\Theta_1=\{\psi_1,\psi_2,\cdots,\psi_p\}$，$\Theta_2=\{\theta_1,\theta_2,\cdots,\theta_q\}$。若 Θ_1 中的元素 ψ_i 与 Θ_2 中的元素 $\theta_j,\cdots,\theta_k$ 存在包含关系，即 $\theta_j,\cdots,\theta_k$ 属于 ψ_i，则有如下关系：

$$\psi_i = \theta_j \bigcup \cdots \bigcup \theta_k \tag{4-9}$$

以 UCI Smartphone 数据集中的人体行为识别为例，将人体动作行为划分为粗粒度层和细粒度层两个层次。粗粒度层包括动态行为和静态行为两个类别；细粒度层包括散步、上楼、下楼、坐着、站着和躺着六类。基于层次粒空间的行为关系如图 4-2 所示。

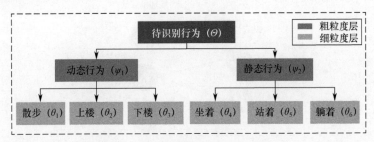

图 4-2　基于层次粒空间的行为关系

据此建立两个鉴别框架，分别对应这两个粒度层次，构建结果如表 4-6 所示。

表 4-6　异粒度鉴别框架构建

粒 度 层 次	鉴 别 框 架	证 据 源
粗粒度层	$\Theta_1 = \{\psi_1,\psi_2\}$	m_1
细粒度层	$\Theta_2 = \{\theta_1,\theta_2,\cdots,\theta_6\}$	m_2

根据图 4-2 和表 4-6，可以得出：在粗粒度层，$\psi_1 \triangleq$ 动态行为，$\psi_2 \triangleq$ 静态行为；在细粒度层，$\theta_1 \triangleq$ 散步，$\theta_2 \triangleq$ 上楼，$\theta_3 \triangleq$ 下楼，$\theta_4 \triangleq$ 坐着，$\theta_5 \triangleq$ 站着，$\theta_6 \triangleq$ 躺着。很明显，散步、上楼和下楼属于动态行为，而坐着、站着和躺着属于静态行为。根据式（4-9），可以得到

$$\begin{cases} \psi_1 = \theta_1 \bigcup \theta_2 \bigcup \theta_3 \\ \psi_2 = \theta_4 \bigcup \theta_5 \bigcup \theta_6 \end{cases} \tag{4-10}$$

式（4-10）表示两个粒层空间之间的关联关系，通过这种关联关系，可以进一步实现信度分配的转换。例如，元素 ψ_1 与 θ_1、θ_2 和 θ_3 相关，在进行信度分

配转换的时候，ψ_1 的信度赋值只分配给 θ_1、θ_2、θ_3 以及与它们相关的析取焦元、合取焦元等。

4.3.2 粒层信度转换

假设存在两个不同的鉴别框架 Θ_1 和 Θ_2，两个鉴别框架中的元素和第三个鉴别框架 Θ_3 下的元素存在联系（如包含关系），则可以建立信度分配的转换规则，将 Θ_1 和 Θ_2 中元素的信度分配转换到同一个鉴别框架 Θ_3 中进行融合。在某一决策任务下，证据源 m_1 对应的鉴别框架 Θ_1 包含 2 个焦元 $\{\psi_1,\psi_2\}$，证据源 m_2 对应的鉴别框架 Θ_2 包含 3 个焦元 $\{\theta_1,\theta_2,\theta_3\}$。假设证据源 m_1 和 m_2 间的焦元存在联系并可以进行转换，如对应于同一判别目标，并且两个证据源间的映射关系如图 4-3 所示。

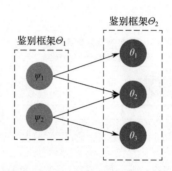

图 4-3　异鉴别框架下两个证据源间的映射关系举例

图 4-3 表示在鉴别框架 Θ_1 下，证据源 m_1 输出的元素 ψ_1 在鉴别框架 Θ_2 下，可能属于元素 θ_1 或者 θ_2；证据源 m_1 输出的元素在鉴别框架 Θ_2 下，可能属于元素 θ_2 或者 θ_3。

根据上述元素间的映射关系结合相关融合规则，可以建立如表 4-7 所示的信度分配转换方式。

表 4-7　异鉴别框架下证据源间的信度分配转换方式举例

证据源 m_1	证据源 m_2
$m_1(\psi_1)$	$m_2(\theta_1)$、 $m_2(\theta_2)$、 $m_2(\theta_1,\theta_2)$
$m_1(\psi_2)$	$m_2(\theta_2)$、 $m_2(\theta_3)$、 $m_2(\theta_2,\theta_3)$

由表 4-7 可以共获得 6 个转换过程，给每个转换设定一个系数 $f_{ij},1 \leqslant i \leqslant 2$，$1 \leqslant j \leqslant 5$，则上述信度分配的转换过程用矩阵乘法表示如下：

$$\begin{bmatrix} m_1(\psi_1) \\ m_1(\psi_2) \end{bmatrix}^{\mathrm{T}} \cdot \begin{bmatrix} f_{11} & f_{12} & f_{13} & f_{14} & f_{15} \\ f_{21} & f_{22} & f_{23} & f_{24} & f_{25} \end{bmatrix} = \begin{bmatrix} m_2(\theta_1) \\ m_2(\theta_2) \\ m_2(\theta_3) \\ m_2(\theta_1,\theta_2) \\ m_2(\theta_2,\theta_3) \end{bmatrix} \qquad (4\text{-}11)$$

由系数 f_{ij} 构成的矩阵称为 BBA[①]转换矩阵（用 $\boldsymbol{T}$ 表示），f_{ij} 表示焦元信度赋值的分配比例。对于异鉴别框架下的多粒度信息融合来说，关键在于求解转换矩阵 $\boldsymbol{T}$。

根据上述分析可知，不同粒度层次的证据源处于不同的鉴别框架下，无法直接应用信度函数理论进行融合。本节采用文献[7]的方法，利用信度分配转换策略将不同层次粒空间下的 BBA 映射到一个统一的鉴别框架中，之后在该统一的鉴别框架中进行信度融合。以 UCI Smartphone 数据集为例，对 BBA 转换关系（即转换系数矩阵）的构建过程进行说明。

根据前文的粒度划分关系，在 UCI Smartphone 数据集中，粗粒度和细粒度之间是包含关系，即粗粒度上的类别是在细粒度类别上的重新分类。考虑到数据存在的不确定性，在信度分配过程中，除了将粗粒度的 BBA 分配给单子焦元外，还分配给所有单子焦元的并集，其代表了证据源的不确定性，如图 4-4 和表 4-8 所示。

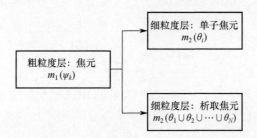

图 4-4　UCI Smartphone 数据集中粗粒度层与细粒度层的转换关系

表 4-8　UCI Smartphone 数据集粗粒度层向细粒度层的转换情况

类别包含关系	转换前的焦元	转换后的焦元
动态行为（散步、上楼、下楼）	$m_1(\psi_1)$	$m_2(\theta_1), m_2(\theta_2), m_2(\theta_3)$ $m_2(\theta_1 \cup \theta_2 \cup \theta_3)$
静态行为（坐着、站着、躺着）	$m_1(\psi_2)$	$m_2(\theta_4), m_2(\theta_5), m_2(\theta_6)$ $m_2(\theta_4 \cup \theta_5 \cup \theta_6)$

① BBA 为 Basic Belief Assignment（基本信度赋值）的缩写。

由转换系数构成一个 2×8 的转换矩阵，如下：

$$\boldsymbol{T} = \begin{bmatrix} \gamma_{1,1} & \gamma_{1,2} & \gamma_{1,3} & 0 & 0 & 0 & \gamma_{1,7} & 0 \\ 0 & 0 & 0 & \gamma_{2,4} & \gamma_{2,5} & \gamma_{2,6} & 0 & \gamma_{2,7} \end{bmatrix}$$

根据系数分配的原则，要求原粒度证据源下每个焦元所有分配系数的和为 1，即

$$\sum_k t_{k \to i}^{c \to a} = 1 \tag{4-12}$$

接下来，可以使用训练集数据求取最优的转换系数矩阵。设有 K 个训练集数据 $[x_1, x_2, \cdots, x_K]$，可以分为 N 个粒度，每个粒度下的证据源记为 $m_1, m_2, \cdots, m_N$，其分别在不同的鉴别框架 $\varTheta_1, \varTheta_2, \cdots, \varTheta_N$ 下。在鉴别框架 $\varPsi$ 下，假设信度融合后的证据源为 $m_\varPsi$。

对于训练集中的第 k 个数据，其在异粒度证据源下的 BBA 转换过程和信度融合过程可以表示为

$$m_\varPsi^k = \bigoplus_{n=1}^{N} (m_n^k \cdot \boldsymbol{T}^{\varTheta_n \to \varPsi}) \tag{4-13}$$

式中：$\oplus$ 为信度融合；m_n^k 为数据 k 在第 n 个粒度证据源下的 BBA；$\boldsymbol{T}^{\varTheta_n \to \varPsi}$ 为第 n 个粒度向鉴别框架 $\varPsi$ 的转换矩阵；$m_n^k \cdot \boldsymbol{T}^{\varTheta_n \to \varPsi}$ 为数据 k 在第 n 个粒度下的 BBA 转换过程。通常会将 BBA 转换成单子焦元的概率值，并依据最大概率值原则做出决策，将 BBA 转换为概率值的计算式如下：

$$\text{Bet}P(\theta_i) = \sum_{\theta_i \in B, B \in D^\varTheta} \frac{m(B)}{|B|} \tag{4-14}$$

一般希望训练集的第 k 个数据在融合后的 BBA 进行决策输出时，与实际的标签差距最小，即

$$\left\| \text{Bet}P(m_\varPsi^k) - \text{label}_k \right\| = \varepsilon \tag{4-15}$$

式中：label_k 为第 k 个数据的标签值；ε 为极小值。联立式（4-14）和式（4-15），使训练集中所有数据的决策与标签之间距离的和最小的系数矩阵 $\boldsymbol{T}$ 即为所求。用公式描述为

$$\boldsymbol{T} = \arg \min \sum_{k=1}^{K} \left\| \text{Bet}P(m_\varPsi^k) - \text{label}_k \right\| \tag{4-16}$$

将式（4-16）展开，可使用非线性优化进行求解。非线性优化的目标函数为式（4-15），约束条件为转换系数的大小区间条件（$0 \leqslant T_{ij} \leqslant 1$），$\sum_i T_{ij} = 1$，用公式描述为

$$
\begin{cases}
\min f(T_{ij}) = \sum_{k=1}^{K} \left\| \mathrm{Bet}P(m_{\psi}^{k}) - \mathrm{label}_{k} \right\| \\
\mathrm{s.t.} \begin{cases} 0 \leqslant T_{ij} \leqslant 1 \\ \sum_{i} T_{ij} = 1 \end{cases}
\end{cases}
\tag{4-17}
$$

上述问题可以采用非线性优化算法进行求解，如使用 MATLAB 中的 Fmincon 工具箱进行求解，求解结果受实际样本数据和任务需求等影响。

4.3.3　层次粒空间融合规则

对于异鉴别框架融合，由于不同鉴别框架对应的识别目标不同，无法直接采用基于信度函数理论的方法进行融合，因此，需要建立不同鉴别框架间 BBA 的转换关系，将不同粒度的信度映射到一个统一的鉴别框架下，然后进行信度融合，计算并输出最终的识别结果。

首先对样本数据进行预处理，然后按照其数据特点和分类方式进行异粒度划分，获得不同粒度分类的样本数据。将不同粒度下的样本数据视为不同的证据源，接下来引入信度函数理论处理融合问题。通常情况下，这些样本数据的异粒度的分类结果，在信度函数理论中处于不同的鉴别框架下。因此，每划分出一个粒度，就需要构建一个不同鉴别框架，并在每个鉴别框架下分别设计、训练一个分类器并进行 BBA 信度赋值。考虑到异鉴别框架下的 BBA 无法直接进行信度融合，这里为每个不同鉴别框架下的 BBA 建立并求取转换系数矩阵。通过该矩阵，将不同鉴别框架下的 BBA 等效地映射到同一个鉴别框架下（对应于图 4-4 中的信度分配转换）。之后在该统一的鉴别框架下进行 DSmT 融合与判决计算，从而输出识别结果。

在获取不同鉴别框架（异粒度）下的 BBA 并求出转换系数矩阵 $\boldsymbol{T}^{b \to a}$ 后，即可进行不同粒度对应证据源下的 BBA 转换过程。根据前文的分析，首先把粗粒度证据源下的 BBA 转换到细粒度的鉴别框架下，即

$$
m_{b}^{\Theta_{a}} = m_{b} \cdot \boldsymbol{T}^{b \to a}
\tag{4-18}
$$

之后和原细粒度证据源下的 BBA 两者融合一起，在鉴别框架 Θ_{a} 下，应用 DSmT 理论进行信度融合，即

$$
m_{a\_\mathrm{output}} = (m_{c}^{\Theta_{a}} \oplus m_{b}^{\Theta_{a}}) \oplus m_{a}
\tag{4-19}
$$

式中：$\oplus$ 为信度融合计算。

最后在融合后的证据源 m_{a_output} 上计算信度函数，进行决策输出。整个异粒度信度融合识别算法流程如以下伪代码所示：

异粒度信度融合识别算法

输入：

待识别数据： $X = \{x_1, x_2, \cdots, x_K\}$ ，80%为训练集，20%为测试集。

训练环节：

步骤 1：划分数据粒度 $1 \sim n$ ，记为异粒度证据源 $m_1 \sim m_n$ ，处在鉴别框架 $\Theta_1 \sim \Theta_n$ 下；确定转换后的鉴别框架 Ψ 。

步骤 2：分别训练各粒度下分类器，并应用信度赋值规则（见 3.5 节）向对应粒度证据源 m_i（ $i = 1, 2, \cdots, n$ ）进行信度赋值。

步骤 3：根据各粒度的类别关系确定 BBA 转化的规则和形式，建立转换系数矩阵 $\boldsymbol{T}^{\Theta_i \to \Psi}$ 。

步骤 4：计算转换后的各粒度的证据源 $m_i^{\Psi} = m_i \cdot \boldsymbol{T}^{\Theta_i}$ ，以及融合后的总的证据源 $m^{\Psi} = \bigoplus_{i=1}^{n} m_i^{\Psi}$ 。

步骤 5：利用非线性优化方法求取最优的转换系数矩阵 $\boldsymbol{T}^{\Theta_i \to \Psi}$ 。

识别环节：

步骤 1：使用训练好的转换系数矩阵 $\boldsymbol{T}^{\Theta_i \to \Psi}$ ，计算转换后各粒度的证据源 $m_i^{\Psi} = m_i \cdot \boldsymbol{T}^{\Theta_i}$ 。

步骤 2：根据 DSmT 合成规则，计算融合后的证据源 $m^{\Psi} = \bigoplus_{i=1}^{n} m_i^{\Psi}$ 。

步骤 3：计算单子焦元的 $BetP$ 概率值，输出判别结果。

4.3.4 算例分析

假设有两组多粒度证据源 $m_1(\cdot)$ 和 $m_2(\cdot)$ ，其分别定义在不同的鉴别框架 $\Psi = \{\psi_1, \psi_2\}$ 和 $\Theta = \{\theta_1, \theta_2, \cdots, \theta_6\}$ 下， $m_1(\cdot)$ 表示粗粒度层次上的识别， $m_2(\cdot)$ 表示细粒度层次上的识别结果，相应的基本信度赋值如下：

$$m_1: m_1(\psi_1) = 0.7, \ m_1(\psi_2) = 0.3$$
$$m_2: m_2(\theta_1) = 0.15, \ m_2(\theta_2) = 0.25, \ m_2(\theta_3) = 0.20$$
$$m_2(\theta_4) = 0.10, \ m_2(\theta_5) = 0.25, \ m_2(\theta_6) = 0.05$$

证据源 $m_2(\cdot)$ 遵循概率最大决策原则。该证据源同时支持 θ_2 和 θ_5 ，因为它们的概率值相等，导致无法依靠单一证据源进行决策。假设粗粒度鉴别框架中的焦元与细粒度鉴别框架中的焦元满足 $\psi_1 = \theta_1 \cup \theta_2 \cup \theta_3$ 和 $\psi_2 = \theta_4 \cup \theta_5 \cup \theta_6$ ，则可以将两个证据源置于同一鉴别框架。如果只需要在粗粒度层做出近似决策，那么可以将细粒度层的信度赋值向粗粒度层进行转换。根据上述的焦元关系， θ_1 、 θ_2 和 θ_3 属于 ψ_1 ， θ_4 、 θ_5 和 θ_6 属于 ψ_2 ，有

$$m_2'(\psi_1)=m_2(\theta_1)+m_2(\theta_2)+m_2(\theta_3)=0.6$$
$$m_2'(\psi_2)=m_2(\theta_4)+m_2(\theta_5)+m_2(\theta_6)=0.4$$

可以看到，映射后的证据源 $m_2'(\cdot)$ 支持 ψ_1，原始证据源 $m_1(\cdot)$ 同样支持 ψ_1，因此可以得出决策结果，当前任务的识别结果为 ψ_1。采用 PCR5 规则融合 $m_1(\cdot)$ 和 $m_2'(\cdot)$，结果如下：

$$m_f(\psi_1) = 0.769$$
$$m_f(\psi_2) = 0.231$$

可以看出，融合结果与上述分析结果一致。如果任务需求是在细粒度层做出决策，那么根据两个鉴别框架的焦元关系，可以采用 PCR5 规则进行融合，结果如下：

$$m_f(\theta_1) = 0.0775, \ m_f(\theta_2) = 0.2091, \ m_f(\theta_3) = 0.2091,$$
$$m_f(\theta_4) = 0.0388, \ m_f(\theta_5) = 0.0911, \ m_f(\theta_6) = 0.0388,$$
$$m_f(\theta_1 \cup \theta_2 \cup \theta_3) = 0.2314, \ m_f(\theta_4 \cup \theta_5 \cup \theta_6) = 0.1043$$

由于复合焦元 $\theta_1 \cup \theta_2 \cup \theta_3$ 和 $\theta_4 \cup \theta_5 \cup \theta_6$ 信度赋值不为 0，因此需要将其转换为 $\mathrm{Bet}P(\cdot)$ 概率值，结果如下：

$$\mathrm{Bet}P(\theta_1) = 0.1546, \ \mathrm{Bet}P(\theta_2) = 0.2862,$$
$$\mathrm{Bet}P(\theta_3) = 0.2862, \ \mathrm{Bet}P(\theta_4) = 0.0735,$$
$$\mathrm{Bet}P(\theta_5) = 0.1259, \ \mathrm{Bet}P(\theta_6) = 0.0735$$

可以看出，融合结果中 θ_2 和 θ_3 具有相同且最大的信度赋值，所以，直接融合的方法具有一定的局限性。根据不同层次粒空间信度转换方法，对证据源 $m_1(\cdot)$ 中的 ψ_1 和 ψ_2 的信度赋值进行重新分配，进而实现粗粒度信度向细粒度信度的映射。在本算例中，可将 ψ_1 的信度赋值分配给其对应的单子焦元 θ_1、θ_2 和 θ_3，将 ψ_2 的信度赋值分配给其对应的单子焦元 θ_4、θ_5 和 θ_6。那么将 $m_1(\cdot)$ 映射到 $m_2(\cdot)$ 的转换矩阵为

$$\boldsymbol{T} = \begin{bmatrix} \alpha_1 & \alpha_2 & \alpha_3 & 0 & 0 & 0 \\ 0 & 0 & 0 & \beta_1 & \beta_2 & \beta_3 \end{bmatrix}$$

转换矩阵中的元素满足如下关系：

$$\alpha_1 + \alpha_2 + \alpha_3 = 1, \ \alpha_i \in [0,1]$$
$$\beta_1 + \beta_2 + \beta_3 = 1, \ \beta_i \in [0,1]$$

利用相应的训练数据集及非线性优化方法，求解得到的转换矩阵为

$$\boldsymbol{T} = \begin{bmatrix} 0.0279 & 0.9379 & 0.0342 & 0 & 0 & 0 \\ 0 & 0 & 0 & 0.8704 & 0.0497 & 0.0799 \end{bmatrix}$$

则有粒度的信度映射为

$$\boldsymbol{m}_1' = \boldsymbol{m}_1 \cdot \boldsymbol{T} = [0.022 \quad 0.741 \quad 0.027 \quad 0.1828 \quad 0.0104 \quad 0.0168]$$

接下来，同样采用 PCR5 规则融合 $m_1'(\cdot)$ 和 $m_2(\cdot)$，融合结果如下：

$$m_f(\theta_1) = 0.044, \ m_f(\theta_2) = 0.677, \ m_f(\theta_3) = 0.068,$$
$$m_f(\theta_4) = 0.112, \ m_f(\theta_5) = 0.091, \ m_f(\theta_6) = 0.004$$

最后，根据概率最大决策原则得出最终的决策结果为 θ_2。可以看出，通过信度分配转换的方法，θ_2 获得的信度分配值大于 θ_3，这样更有利于做出决策。

4.4 本章小结

不同粒度的信度赋值往往处于不同的鉴别框架下，为解决不同鉴别框架下的多粒度信息融合问题，本章第一部分提出了一种新的异鉴别框架下的多粒度证据源的融合算法。该融合算法基于设定的等价规则，构建关于目标焦元的等价粒空间结构，根据获取的等价粒空间中焦元的信度赋值，对目标焦元的信度进行更新。

本章第二部分提出一种基于异粒度融合的人体行为识别方法，设计了改进 Swin-Transformer 的细粒度人体行为识别分类器和双采样双流网络的粗粒度人体行为识别分类器；根据分类器结果对异粒度行为类别进行 BBA 信度赋值，建立了异粒度 BBA 信度赋值的转换矩阵；结合训练样本数据采用非线性优化算法对转换矩阵进行求解，实现了异粒度 BBA 信度赋值的转换；利用 DSmT 组合规则，在转换后的异粒度 BBA 信度赋值上进行融合，进而识别决策。实验结果表明，融合算法能够有效利用人体行为中不同粒度的信息，在单个分类器的基础上进一步提升性能指标，并能在数据缺失的情况下，保持良好的鲁棒性。

参 考 文 献

[1] Janez F, Appriou A. Theory of evidence and non-exhaustive frames of discernment: Plausibilities correction methods[J]. International Journal of Approximate Reasoning, 1998, 18(1-2): 1-19.

[2] Wickramarathne T L, Premaratne K, Murthi M N. Focal elements generated by the Dempster-Shafer theoretic conditionals: A complete characterization[C]. 2010 13th International Conference on Information Fusion. Edinburgh: IEEE, 2010: 1-8.

[3] Kulasekere E C, Premaratne K, Dewasurendra D A, et al. Conditioning and Updating Evidence[J]. International Journal of Approximate Reasoning, 2004, 36(1): 75-108.

[4] Ristic B, Smets P. Target identification using belief functions and implication rules[J]. IEEE Transactions on Aerospace and Electronic Systems, 2005, 41(3): 1097-1103.

[5] Ji Z, Bing-Shu W, Yong-Guang M, et al. Fault diagnosis of sensor network using

information fusion defined on different reference sets[C]. 2006 CIE International Conference on Radar. Shanghai: IEEE, 2006: 1-5.

[6] Tchamova A, Semerdjiev T, Dezert J. Estimation of Target behavior tendencies using DSmT[M]. NewYork: Infinite Study, 2004.

[7] Liu Z, Zhang X, Niu J, et al. Combination of classifiers with different frames of discernment based on belief functions[J]. IEEE Transactions on Fuzzy Systems, 2020, 29(7): 1764-1774.

[8] Liu Z, Ning J, Cao Y, et al. Video swin transformer[C]. Proceedings of the IEEE/CVF Conference on Computer Vision and Pattern Recognition. New Orleans: IEEE, 2022: 3202-3211.

[9] Ding X, Guo Y, Ding G, et al. Acnet: Strengthening the kernel skeletons for powerful CNN via asymmetric convolution blocks[C]. Proceedings of the IEEE/CVF International Conference on Computer Vision. Seoul: IEEE, 2019: 1911-1920.

[10] Lin T-Y, Goyal P, Girshick R, et al. Focal loss for dense object detection[C]. Proceedings of the IEEE International Conference on Computer Vision. Venice: IEEE, 2017: 2980-2988.

[11] Zach C, Pock T, Bischof H. A duality based approach for realtime tv-l 1 optical flow[C]. Joint Pattern Recognition Symposium. Heidelberg: Springer, 2007: 214-223.

[12] Simonyan K, Zisserman A. Two-stream convolutional networks for action recognition in videos[J]. Advances in Neural Information Processing Systems, 2014, 27: 321-336.

[13] Feichtenhofer C, Fan H, Malik J, et al. Slowfast networks for video recognition[C]. Proceedings of the IEEE/CVF International Conference on Computer Vision. Seoul: IEEE, 2019: 6202-6211.

[14] Kingma D P, Ba J. Adam: A method for stochastic optimization[J]. arXiv Preprint arXiv: 1412.6980 (2014-5).

第 5 章
犹豫模糊信度融合方法

5.1 引言

在 DSmT 理论中，通常利用信度赋值来实现对多粒度信息的不确定性度量。多粒度信息的信度赋值度量方式有很多，可以是定量信度，也可以是定性信度。在定量信度赋值中，多粒度信息的信度赋值可能是单值形式，也可能是一个区间形式，并对经典 DSmT 理论中涉及的多种融合规则对单值或者区间信度下的证据源融合问题，都给出了较好的解决方案[1-3]。然而，当专家在几个单值信度的选择过程中犹豫不决时，经典的 DSmT 信度赋值方法难以准确描述这一类情况。目前，犹豫模糊集（Hesitant Fuzzy Set，HFS）理论在解决信息的不确定性，尤其在刻画人类犹豫不决情况下进行决策的相关问题时，表现出越来越多的优势[4,5]。考虑到犹豫模糊集理论在信息不确定性度量方面的优势，这里将犹豫模糊集理论与 DSmT 理论相结合，提出能够度量多粒度信息的犹豫模糊信度概念。同时，在经典定量单值犹豫模糊信度的基础上，进一步提出定量区间犹豫模糊信度。最后，基于定量、区间犹豫模糊信度的相关定义，给出犹豫模糊框架下的广义 DSmT 多粒度信息融合规则。

5.2 单值犹豫模糊信度融合方法

5.2.1 基本概念

早期，Denoeux 等[6]将模糊理论引入 DST 理论中，进而提出了模糊信度集的思想，以解决多粒度信息的不精确问题；李新德等也曾尝试把经典模糊理论同 DSmT 理论进行关联，并相应扩展了 DSmC 和 DSmH 组合规则。然而，在处理一些不确定信息时，模糊集理论仍然存在一定的局限性，为此，众多学者对其进行了不同形式的扩展，如直觉模糊集、2-型模糊集等。Torra 等在 2010 年首次提出了犹豫模糊集（HFS）理论[7-9]，鉴于其在度量信息的不确定性方面和多评价综合决策方面的优势，在近几年的发展中，犹豫模糊集理论吸引了越来越多的学者的关注[10,11]。考虑到犹豫模糊集理论与 DSmT 信度赋值技术的关联研究较少，但在这方面的研究工作对 DSmT 信息融合技术的发展具有重要理论意义。因此，本章将对犹豫模糊集理论进行深入研究，进而将其与 DSmT 理论相关联，从而进一步扩展 DSmT 理论信度赋值技术的适用范围。

首先，结合 Xu 等[12]给出的犹豫模糊集的定义，给出基于 DSmT 理论的焦元犹豫模糊信度数学表示和定义。

定义 5.1　假设定义在超幂集空间 D^Θ 上信息粒焦元 θ 的犹豫模糊信度是通过使用函数 $h_m(\theta)$ 度量的，返回的是区间 $[0,1]$ 的有限子集：

$$m_{\mathrm{HFS}}(\theta) = \{\langle \theta, h_m(\theta) \rangle : \theta \in D^\Theta\} \tag{5-1}$$

式中：$h_m(\theta)$ 为区间 $[0,1]$ 中的一组解，表示焦元可能的信度赋值组成的集合，该集合中的信度赋值表示证据源对焦元 θ 的信度赋值在多个定量单值之间犹豫。可以发现，如果 $h_m(\theta)$ 只对应一个唯一值，焦元的犹豫模糊信度就会退化为经典的单值信度赋值，因而将焦元的犹豫模糊信度可以看成一种广义 DSmT 信度赋值。$h = h_m(\theta)$ 称为证据源 $m_{\mathrm{HFS}}(\cdot)$ 中焦元 θ 对应的犹豫模糊信度，且在焦元的定量犹豫模糊信度中，每个焦元信度都是多个确定的单值组成的集合，如 $\langle \theta_1, \{0.2, 0.3, 0.5\}\rangle$，$\langle \theta_2, \{0.6, 0.7, 0.8\}\rangle$。

例 5.1　如果 $D^\Theta = \{\theta_1, \theta_2, \theta_1 \bigcap \theta_2, \theta_1 \bigcup \theta_2\}$ 表示鉴别框架 $\Theta = \{\theta_1, \theta_2\}$ 的超幂集空间 D^Θ，一组证据源 $m_{\mathrm{HFS}}(\cdot)$ 中各焦元的犹豫模糊信度赋值可以表示为

$$h_m(\theta_1) = \{0.2, 0.4, 0.5\}$$

$$h_m(\theta_2) = \{0.3, 0.4\}$$

$$h_m(\theta_1 \bigcap \theta_2) = \{0.5, 0.6, 0.7\}$$

$$h_m(\theta_1 \bigcup \theta_2) = \{0.7, 0.8, 0.85\}$$

那么，$h_m(\theta_1), h_m(\theta_2), h_m(\theta_1 \bigcap \theta_2), h_m(\theta_1 \bigcup \theta_2)$ 构成该证据源对应的犹豫模糊框架下的基本犹豫模糊信度赋值。当各焦元对应的犹豫模糊信度中只有一个信度赋值（不犹豫情况下）时，该基本犹豫模糊信度赋值就会转化为标准的 DSmT 基本概率赋值。

推论 5.1　值得注意的是，不同犹豫模糊信度 $h_m(\theta)$ 中包含的值的个数可能不相同。如果 $\mathrm{len}(h_m(\theta))$ 表示犹豫模糊信度 $h_m(\theta)$ 中信度赋值的个数，那么可以

给出如下假设：①对犹豫模糊信度中的所有值按照从小到大的顺序排序，$h_m^{\sigma(j)}(\theta)$ 表示 $h_m(\theta)$ 中第 j 个位置最大的值。②对于一些焦元 $\theta \in D^\Theta$，如果 $\text{len}(h_{m1}(\theta)) \neq \text{len}(h_{m2}(\theta))$，为了能够在之后的运算中正确地比较焦元与焦元之间的关系，需要使犹豫模糊信度 $h_{m1}(\theta)$ 和 $h_{m2}(\theta)$ 的维度相同。如果 $h_{m1}(\theta)$ 中包含的元素个数小于 $h_{m2}(\theta)$，那么需要对 $h_{m1}(\theta)$ 进行扩展。这里，采用悲观扩展策略，即将 $h_{m1}(\theta)$ 中最小的元素进行重复添加，直到 $\text{len}(h_{m1}(\theta))=\text{len}(h_{m2}(\theta))$。

为了能实现对犹豫模糊信度框架下焦元的重要程度排序，进而能够根据犹豫模糊信度实现最终的决策，原始 DSmT 理论中基于概率的最大化原则在犹豫模糊框架下已不再适用。为此，将犹豫模糊集理论中的犹豫模糊信度重要程度评判函数引入 DSmT 犹豫模糊信度中，用于比较焦元与焦元之间的犹豫信息差异。

定义 5.2　假设证据源 $m_{\text{HFS}}(\cdot)$ 赋予焦元 θ_1 和 θ_2 对应的犹豫模糊信度分别为 $h_m(\theta_1)$ 和 $h_m(\theta_2)$，利用 Score 评分函数对这两组焦元进行评价，具体计算式如下：

$$\theta_1 \prec \theta_2, \text{Score}(\theta_1) \prec \text{Score}(\theta_2) \tag{5-2}$$

式中：函数 Score$(\cdot)$ 为焦元犹豫模糊信度的评分，具体计算式如下：

$$\text{Score}(\theta) = \frac{1}{\text{len}(h_m(\theta))} \sum h_m(\theta) \tag{5-3}$$

式中：$\text{len}(h_m(\theta))$ 为焦元 θ 对应的犹豫模糊信度中信度赋值的个数；$\sum h_m(\theta)$ 表示对焦元 θ 对应的犹豫模糊信度 $h_m(\theta)$ 中的所有单值求和。

例 5.2　结合式（5-3）中给出的犹豫模糊信度下各焦元的评分函数，对例 5.1 中涉及的焦元进行评分和排序，具体步骤如下：

$$\text{Score}(\theta_1) = \frac{1}{3} \times (0.2 + 0.4 + 0.5) = 0.3667$$

$$\text{Score}(\theta_2) = \frac{1}{2} \times (0.3 + 0.4) = 0.35$$

$$\text{Score}(\theta_1 \bigcap \theta_2) = \frac{1}{3} \times (0.5 + 0.6 + 0.7) = 0.6$$

$$\text{Score}(\theta_1 \bigcup \theta_2) = \frac{1}{3} \times (0.7 + 0.8 + 0.85) = 0.7833$$

按照最终评分对焦元进行的排序 $(\theta_1 \bigcup \theta_2 \succ \theta_1 \bigcap \theta_2 \succ \theta_1 \succ \theta_2)$，确定最终的决策结果为 $\theta_1 \bigcup \theta_2$。

5.2.2　单值犹豫模糊信度运算规则

与具有经典单值信度的焦元操作不同，基于犹豫模糊信度的焦元之间的运算需要给出合适的运算规则。

定义 5.3　假设焦元 θ 在证据源 $m_{\text{HFS}}(\cdot)$ 下对应的犹豫模糊信度表示为

$\langle\{\theta,h_m(\theta)\}\rangle$，针对焦元对应的一组犹豫模糊信度，有如下运算规则：

（1）$h_m^-(\theta)=\min(h_m(\theta))$；

（2）$h_m^+(\theta)=\max(h_m(\theta))$；

（3）$h_m^c(\theta)=\bigcup\limits_{\gamma\in h_m(\theta)}\{1-\gamma\}$；

（4）$h_m^{+\text{threshold}}(\theta)=\{\gamma\in h_m(\theta)\,|\,\gamma\geqslant\text{threshold}\}$；

（5）$h_m^{-\text{threshold}}(\theta)=\{\gamma\in h_m(\theta)\,|\,\gamma\leqslant\text{threshold}\}$；

（6）$h_m^\lambda(\theta)=\bigcup\limits_{\gamma\in h_m(\theta)}\{\gamma^\lambda\}$；

（7）$\lambda h_m(\theta)=\bigcup\limits_{\gamma\in h_m(\theta)}\{1-(1-\gamma)^\lambda\},\lambda>0$。

定义 5.3 中的 7 组规则，都是对单个焦元自身的犹豫模糊信度进行运算的规则，并不牵涉不同证据源之间的焦元相互聚合运算。因此，接下来将着重介绍焦元与焦元之间的犹豫模糊信度的聚合运算规则。

定义 5.4　假设针对同一焦元 θ，两组证据源 $m_{\text{HFS}-1}(\cdot)$ 和 $m_{\text{HFS}-2}(\cdot)$ 给出了两组犹豫模糊信度 $\langle\theta,\{h_{m1}(\theta)\}\rangle$ 和 $\langle\theta,\{h_{m2}(\theta)\}\rangle$。若将这两组犹豫模糊信度进行合并运算，其对应的运算规则如下：

（1）$(h_{m1}\bigcup h_{m2})(\theta)=\{\gamma\in(h_{m1}(\theta)\bigcup h_{m2}(\theta))\,|\,\gamma\geqslant\max(h_{m1}^-,h_{m2}^-)\}$；

（2）$(h_{m1}\bigcap h_{m2})(\theta)=\{\gamma\in(h_{m1}(\theta)\bigcap h_{m2}(\theta))\,|\,\gamma\leqslant\min(h_{m1}^+,h_{m2}^+)\}$；

（3）$h_{m1}(\theta)\otimes h_{m2}(\theta)=\bigcup\limits_{\gamma_1\in h_{m1},\gamma_2\in h_{m2}}\{\gamma_1\gamma_2\}$；

（4）$h_{m1}(\theta)\oplus h_{m2}(\theta)=\bigcup\limits_{\gamma_1\in h_{m1},\gamma_2\in h_{m2}}\{\gamma_1+\gamma_2-\gamma_1\gamma_2\}$。

推论 5.2　$h_{m1}(\theta)\otimes h_{m2}(\theta)$ 运算满足交换律、结合律，即

交换律：

$$h_{m1}(\theta)\otimes h_{m2}(\theta)=h_{m2}(\theta)\otimes h_{m1}(\theta)$$

结合律：

$$(h_{m1}(\theta)\otimes h_{m2}(\theta))\otimes h_{m3}(\theta)=h_{m1}(\theta)\otimes(h_{m2}(\theta)\otimes h_{m3}(\theta))$$

证明如下：

交换律：

$$h_{m1}(\theta)\otimes h_{m2}(\theta)=\bigcup\limits_{\gamma_1\in h_{m1}(\theta),\gamma_2\in h_{m2}(\theta)}\{\gamma_1\gamma_2\}$$

$$=\bigcup\limits_{\gamma_2\in h_{m2}(\theta),\gamma_1\in h_{m1}(\theta)}\{\gamma_2\gamma_1\}=h_{m2}(\theta)\otimes h_{m1}(\theta)$$

结合律：

$$(h_{m1}(\theta) \otimes h_{m2}(\theta)) \otimes h_{m3}(\theta) = \left(\bigcup_{\gamma_1 \in h_{m1}(\theta), \gamma_2 \in h_{m2}(\theta)} \{\gamma_1 \gamma_2\} \right) \otimes h_{m3}(\theta)$$

$$= \bigcup_{\gamma_1 \in h_{m1}(\theta), \gamma_2 \in h_{m2}(\theta), \gamma_3 \in h_{m3}(\theta)} \{\gamma_1 \gamma_2 \gamma_3\}$$

$$= h_{m1}(\theta) \otimes \left(\bigcup_{\gamma_2 \in h_{m2}(\theta), \gamma_3 \in h_{m3}(\theta)} \{\gamma_2 \gamma_3\} \right)$$

$$= \bigcup_{\gamma_1 \in h_{m1}(\theta), \gamma_2 \in h_{m2}(\theta), \gamma_3 \in h_{m3}(\theta)} \{\gamma_1 \gamma_2 \gamma_3\}$$

$$= h_{m1}(\theta) \otimes (h_{m2}(\theta) \otimes h_{m3}(\theta))$$

推论 5.3　$h_{m1}(\theta) \oplus h_{m2}(\theta)$ 运算满足交换律、结合律，即

交换律：

$$h_{m1}(\theta) \oplus h_{m2}(\theta) = h_{m2}(\theta) \oplus h_{m1}(\theta)$$

结合律：

$$(h_{m1}(\theta) \oplus h_{m2}(\theta)) \oplus h_{m3}(\theta) = h_{m1}(\theta) \oplus (h_{m2}(\theta) \oplus h_{m3}(\theta))$$

证明如下：

交换律：

$$h_{m1}(\theta) \oplus h_{m2}(\theta) = \bigcup_{\gamma_1 \in h_{m1}(\theta), \gamma_2 \in h_{m2}(\theta)} \{\gamma_1 + \gamma_2 - \gamma_1 \gamma_2\}$$

$$= \bigcup_{\gamma_2 \in h_{m2}(\theta), \gamma_1 \in h_{m1}(\theta)} \{\gamma_2 + \gamma_1 - \gamma_2 \gamma_1\}$$

$$= h_{m2}(\theta) \otimes h_{m1}(\theta)$$

结合律：

$$(h_{m1}(\theta) \oplus h_{m2}(\theta)) \oplus h_{m3}(\theta) = \left(\bigcup_{\gamma_1 \in h_{m1}(\theta), \gamma_2 \in h_{m2}(\theta)} \{\gamma_1 + \gamma_2 - \gamma_1 \gamma_2\} \right) \oplus h_{m3}(\theta)$$

$$= \bigcup_{\gamma_1 \in h_{m1}(\theta), \gamma_2 \in h_{m2}(\theta), \gamma_3 \in h_{m3}(\theta)} \{\gamma_1 + \gamma_2 + \gamma_3 - \gamma_1 \gamma_2 \gamma_3\}$$

$$= h_{m1}(\theta) \oplus \left(\bigcup_{\gamma_2 \in h_{m2}(\theta), \gamma_3 \in h_{m3}(\theta)} \{\gamma_2 + \gamma_3 - \gamma_2 \gamma_3\} \right)$$

$$= \bigcup_{\gamma_1 \in h_{m1}(\theta), \gamma_2 \in h_{m2}(\theta), \gamma_3 \in h_{m3}(\theta)} \{\gamma_2 + \gamma_3 + \gamma_1 - \gamma_2 \gamma_3 \gamma_1\}$$

$$= h_{m1}(\theta) \oplus (h_{m2}(\theta) \oplus h_{m3}(\theta))$$

由于实际多粒度证据源的融合过程不局限于焦元犹豫模糊信度的两两融合，因而需要定义广义的融合算子，具体如下：

定义 5.5　假设 h_{mj}（$j = 1, 2, \cdots, e$）为焦元 θ 在 e 组证据源下的不同犹豫模糊信度，那么，犹豫模糊平均算子（Hesitant Fuzzy Averaging，HFA）可以看成一种映射函数 $h_m^e \to h_m$。根据证据源间的权重 w，给出三种不同的定义（依次为不考虑权重、相等权重及各自不同权重），具体如下：

$$\mathrm{HFA}(h_{m1},h_{m2},\cdots,h_{me})(\theta) = \overset{e}{\underset{j=1}{\oplus}}(h_{mj})$$

$$= \bigcup_{\gamma_1 \in h_{m1}, \gamma_2 \in h_{m2}, \cdots, \gamma_e \in h_{me}} \left\{ 1 - \prod_{j=1}^{e}(1-\gamma_j) \right\}$$

$$\mathrm{HFA}(h_{m1},h_{m2},\cdots,h_{me})(\theta) = \overset{e}{\underset{j=1}{\oplus}}\left(\frac{1}{e}h_{mj}\right)$$

$$= \bigcup_{\gamma_1 \in h_{m1}, \gamma_2 \in h_{m2}, \cdots, \gamma_e \in h_{me}} \left\{ 1 - \prod_{j=1}^{e}(1-\gamma_j)^{1/e} \right\}$$

$$\mathrm{HFA}(h_{m1},h_{m2},\cdots,h_{me})(\theta) = \overset{e}{\underset{j=1}{\oplus}}(w_j h_{mj})$$

$$= \bigcup_{\gamma_1 \in h_{m1}, \gamma_2 \in h_{m2}, \cdots, \gamma_e \in h_{me}} \left\{ 1 - \prod_{j=1}^{e}(1-\gamma_j)^{w_j} \right\}$$

定义 5.6　假设 $h_{mj}(j=1,2,\cdots,e)$ 为焦元 θ 在 e 组证据源下的不同犹豫模糊信度，那么，犹豫模糊几何算子（Hesitant Fuzzy Geometric，HFG）可以看成一种映射函数 $h_m^e \to h_m$。根据证据源间的权重 w，给出三种不同的定义（依次为不考虑权重、相等权重及各自不同权重），具体如下：

$$\mathrm{HFG}(h_{m1},h_{m2},\cdots,h_{me})(\theta) = \overset{e}{\underset{j=1}{\otimes}}(h_{mj})$$

$$= \bigcup_{\gamma_1 \in h_{m1}, \gamma_2 \in h_{m2}, \cdots, \gamma_e \in h_{me}} \left\{ \prod_{j=1}^{e}\gamma_j \right\}$$

$$\mathrm{HFG}(h_{m1},h_{m2},\cdots,h_{me})(\theta) = \overset{e}{\underset{j=1}{\otimes}}\left(\frac{1}{e}h_{mj}\right)$$

$$= \bigcup_{\gamma_1 \in h_{m1}, \gamma_2 \in h_{m2}, \cdots, \gamma_e \in h_{me}} \left\{ \prod_{j=1}^{e}(\gamma_j)^{1/e} \right\}$$

$$\mathrm{HFG}(h_{m1},h_{m2},\cdots,h_{me})(\theta) = \overset{e}{\underset{j=1}{\otimes}}(w_j h_{mj})$$

$$= \bigcup_{\gamma_1 \in h_{m1}, \gamma_2 \in h_{m2}, \cdots, \gamma_e \in h_{me}} \left\{ \prod_{j=1}^{e}(\gamma_j)^{w_j} \right\}$$

5.2.3　单值犹豫模糊信度融合

基于定义 5.5 和定义 5.6 中给出的犹豫模糊信度聚合运算规则，将经典的 DSmC 多粒度证据源融合规则进行扩展，使其适用于犹豫模糊框架下的多粒度证据源融合。

定义 5.7　针对两组犹豫模糊信度下的多粒度证据源 $m_{\mathrm{HFS-1}}(\cdot)$ 和 $m_{\mathrm{HFS-2}}(\cdot)$，犹豫模糊框架下的扩展 DSmC 组合规则为

$$\forall A \in D^{\Theta}, m_{H\text{-HFA}}(A) = \sum_{\substack{X_1, X_2 \in D^{\Theta} \\ X_1 \cap X_2 = A}} m_{\text{HFS-1}}(X_1) \oplus m_{\text{HFS-2}}(X_2) \qquad (5\text{-}4)$$

或

$$\forall A \in D^{\Theta}, m_{H\text{-HFG}}(A) = \sum_{\substack{X_1, X_2 \in D^{\Theta} \\ X_1 \cap X_2 = A}} m_{\text{HFS-1}}(X_1) \otimes m_{\text{HFS-2}}(X_2) \qquad (5\text{-}5)$$

5.2.4 算例分析

例 5.3 假设两组多粒度证据源处于同一鉴别框架 $\Theta=\{\theta_1,\theta_2\}$ 下，则其不完备超幂集空间为 $D_{\text{Incomplete}}^{\Theta}=\{\theta_1,\theta_2,\theta_1\cup\theta_2\}$，且各焦元对应的犹豫模糊信度如下：

$$\begin{cases} m_{\text{HFS-1}} = \{\langle\theta_1,\{0.4,0.6\}\rangle,\langle\theta_2,\{0.3,0.2\}\rangle,\langle\theta_1\cup\theta_2,\{0.3,0.2\}\rangle\} \\ m_{\text{HFS-2}} = \{\langle\theta_1,\{0.6,0.75\}\rangle,\langle\theta_2,\{0.1,0.2\}\rangle,\langle\theta_1\cup\theta_2,\{0.3,0.05\}\rangle\} \end{cases} \qquad (5\text{-}6)$$

下面，将利用基于犹豫模糊几何算子的扩展 DSmC 规则式（5-5），对式（5-6）中的两组多粒度证据源进行融合，具体计算式如下：

$$m_{\text{HFS-12}}(\theta_1) = \sum \bigcup \left\{ \begin{array}{l} \langle\theta_1,\{0.4,0.6\}\rangle\otimes\langle\theta_1,\{0.6,0.75\}\rangle, \\ \langle\theta_1,\{0.4,0.6\}\rangle\otimes\langle\theta_1\cup\theta_2,\{0.3,0.05\}\rangle, \\ \langle\theta_1,\{0.6,0.75\}\rangle\otimes\langle\theta_1\cup\theta_2,\{0.3,0.2\}\rangle. \end{array} \right\}$$

$$= \sum \left\{ \begin{array}{l} \{0.24,0.30,0.36,0.45\}, \\ \{0.12,0.02,0.18,0.03\}, \\ \{0.18,0.12,0.225,0.15\}. \end{array} \right\}$$

$$= \{0.54,0.44,0.765,0.63\}$$

$$m_{\text{HFS-12}}(\theta_2) = \sum \bigcup \left\{ \begin{array}{l} \langle\theta_2,\{0.3,0.2\}\rangle\otimes\langle\theta_2,\{0.1,0.2\}\rangle, \\ \langle\theta_2,\{0.3,0.2\}\rangle\otimes\langle\theta_1\cup\theta_2,\{0.3,0.05\}\rangle, \\ \langle\theta_2,\{0.1,0.2\}\rangle\otimes\langle\theta_1\cup\theta_2,\{0.3,0.2\}\rangle. \end{array} \right\}$$

$$= \sum \left\{ \begin{array}{l} \{0.03,0.06,0.02,0.04\}, \\ \{0.09,0.015,0.06,0.01\}, \\ \{0.03,0.02,0.06,0.04\}. \end{array} \right\}$$

$$= \{0.15,0.095,0.14,0.09\}$$

$$m_{\text{HFS-12}}(\theta_1\cup\theta_2) = \sum \{\bigcup\{\langle\theta_1\cup\theta_2,\{0.3,0.2\}\rangle\otimes\langle\theta_1\cup\theta_2,\{0.3,0.05\}\rangle\}\}$$

$$= \{0.09,0.015,0.06,0.01\}$$

$$m_{\text{HFS-12}}(\theta_1\cap\theta_2) = \sum \bigcup \left\{ \begin{array}{l} \langle\theta_1,\{0.4,0.6\}\rangle\otimes\langle\theta_2,\{0.1,0.2\}\rangle, \\ \langle\theta_1,\{0.6,0.75\}\rangle\otimes\langle\theta_2,\{0.3,0.2\}\rangle. \end{array} \right\}$$

$$= \sum \left\{ \begin{array}{l} \{0.04,0.08,0.06,0.12\}, \\ \{0.18,0.12,0.225,0.15\}. \end{array} \right\}$$

$$= \{0.22,0.20,0.285,0.27\}$$

最后，利用 Score 函数式（5-3）计算各焦元的评分，具体如下：

$$\text{Score}(\theta_1) = \frac{1}{4} \times (0.54 + 0.44 + 0.765 + 0.63) = 0.59375$$

$$\text{Score}(\theta_2) = \frac{1}{4} \times (0.15 + 0.095 + 0.14 + 0.09) = 0.11875$$

$$\text{Score}(\theta_1 \cup \theta_2) = \frac{1}{4} \times (0.09 + 0.015 + 0.06 + 0.01) = 0.04375$$

$$\text{Score}(\theta_1 \cap \theta_2) = \frac{1}{4} \times (0.22 + 0.20 + 0.285 + 0.27) = 0.24375$$

从而能根据 Score 函数值，获取最终的焦元排序结果：

$$\theta_1 \succ \theta_1 \cap \theta_2 \succ \theta_2 \succ \theta_1 \cup \theta_2$$

按照排序结果，融合后的最终决策结果为 θ_1。通过例 5.3 可以发现，在利用犹豫模糊聚合运算后，需要将获取的犹豫模糊信度按照对应的位置进行信度累加，获取融合后的焦元最终犹豫模糊信度。这与经典的犹豫模糊集运算有两点不同：①最终的犹豫模糊信度并不是通过集合的交并运算实现的，而是对应位置的信度累加，这一约束条件要求犹豫信度维度一致；②在经典犹豫模糊集理论中，各犹豫模糊元中的犹豫值可以为区间 [0,1] 中的任意值，各犹豫模糊元相互独立不干涉；而在 DSmT 理论中，一组证据源中各焦元对应的信度赋值之和需满足等于 1 这一条件。从例 5.3 中能看出，在同一证据源各焦元犹豫模糊信度中，各位置对应的信度之和为 1，即

$$h_{m1}^1(\theta_1) + h_{m1}^1(\theta_2) + h_{m1}^1(\theta_1 \cup \theta_2) = 0.4 + 0.3 + 0.3 = 1$$
$$h_{m1}^2(\theta_1) + h_{m1}^2(\theta_2) + h_{m1}^2(\theta_1 \cup \theta_2) = 0.6 + 0.2 + 0.2 = 1$$
$$h_{m2}^1(\theta_1) + h_{m2}^1(\theta_2) + h_{m2}^1(\theta_1 \cup \theta_2) = 0.6 + 0.1 + 0.3 = 1$$
$$h_{m2}^2(\theta_1) + h_{m2}^2(\theta_2) + h_{m2}^2(\theta_1 \cup \theta_2) = 0.75 + 0.2 + 0.05 = 1$$

通过以上分析，在利用犹豫模糊框架下的扩展 DSmC 融合规则之前，需要对多粒度证据源的犹豫模糊信度赋值进行约束条件的验证，这里规定两项约束条件。

（1）多粒度证据源中各焦元的犹豫模糊信度维度需一致。如果不一致，则需利用悲观扩展。

（2）对于同一多粒度证据源，各焦元犹豫模糊信度对应位置需满足和为 1。若不满足，则需归一化。

例 5.4　一组多粒度证据源对应的犹豫模糊信度赋值为

$$m_{\text{HFS-3}} = \{\langle \theta_1, \{0.4\}\rangle, \langle \theta_2, \{0.3, 0.2\}\rangle, \langle \theta_1 \cup \theta_2, \{0.3, 0.2\}\rangle\}$$

首先，按照约束条件 1，将焦元 θ_1 的信度进行悲观扩展，结果如下：

$$m'_{\text{HFS-3}} = \{\langle \theta_1, \{0.4, 0.4\}\rangle, \langle \theta_2, \{0.3, 0.2\}\rangle, \langle \theta_1 \cup \theta_2, \{0.3, 0.2\}\rangle\}$$

然后，按照约束条件 2，进行对应位置的归一化：

$$m''_{\text{HFS-3}} = \{\langle\theta_1,\{0.4,0.5\}\rangle,\langle\theta_2,\{0.3,0.25\}\rangle,\langle\theta_1\bigcup\theta_2,\{0.3,0.25\}\rangle\}$$

5.3 区间犹豫模糊信度融合方法

5.3.1 基本概念

在一些实际决策问题中，能获得的多粒度信息不确定性度量往往是不精确的，因为专家在实际情况下很难利用单值给出精确的信息，这一类不精确的信息可以通过区间来表征。Chen 等[13,14]基于此思路提出了区间犹豫模糊集（Interval-Valued Hesitant Fuzzy Set，IVHFS），它可作为经典犹豫模糊集理论的扩展。相比于原始犹豫模糊集，区间犹豫模糊集每个元素集合中对应的不是单个准确值，而是用区间值来表示信息的不精确程度[15]。基于区间犹豫模糊集的相关内容，这里给出 DSmT 理论框架下关于信息粒焦元的定量区间犹豫模糊信度的相关定义。

定义 5.8 假设 Θ 为鉴别框架，其超幂集空间为 D^Θ，Interval([0,1]) 为闭区间 [0,1] 中的对应子集，超幂集空间 D^Θ 中的一个焦元对应的区间犹豫模糊信度可以表示为

$$\widetilde{m}_{\text{HFS}}(\theta) = \{\langle\theta,\tilde{h}_m(\theta)\rangle \mid \theta\in D^\Theta\} \tag{5-7}$$

式中：$\tilde{h}_m(\theta)$ 为焦元 $\theta\in D^\Theta$ 中所有可能的区间值集合。为简便起见，$\tilde{h}_m(\theta)$ 称为焦元 θ 的区间犹豫模糊信度，$\tilde{\gamma}\in\tilde{h}_m(\theta)$ 为一个区间且 $\tilde{\gamma}=[\tilde{\gamma}^{\text{LB}},\tilde{\gamma}^{\text{UB}}]$，$\tilde{\gamma}^{\text{LB}}$ 和 $\tilde{\gamma}^{\text{UB}}$ 分别表示区间 $\tilde{\gamma}$ 的下边界和上边界。

例 5.5 假设 $\Theta=\{\theta_1,\theta_2\}$ 为鉴别框架，一组多粒度证据源 $\widetilde{m}_{\text{HFS}}(\cdot)$ 及其对应的基本区间犹豫模糊信度为

$$\widetilde{m}_{\text{HFS}}(\cdot) = \{\langle\theta_1,\{[0.1,0.2],[0.3,0.5]\}\rangle,\langle\theta_2,\{[0.2,0.4],[0.5,0.6],[0.7,0.9]\}\rangle\}$$

式中：$\tilde{h}_m(\theta_1)=\{[0.1,0.2],[0.3,0.5]\}$，$\tilde{h}_m(\theta_2)=\{[0.2,0.4],[0.5,0.6],[0.7,0.9]\}$ 分别称为焦元 θ_1 和焦元 θ_2 的区间犹豫模糊信度。

定义 5.9 这里定义三种特殊的区间定量犹豫模糊信度，即空区间犹豫模糊信度、满区间犹豫模糊信度和完全未知区间犹豫模糊信度。

（1）$\tilde{h}_m(\theta)=\{[0,0]\}$ 称为空区间犹豫模糊信度。

（2）$\tilde{h}_m(\theta)=\{[1,1]\}$ 称为满区间犹豫模糊信度。

（3）$\tilde{h}_m(\theta)=\{[0,1]\}$ 称为完全未知区间犹豫模糊信度。

在接下来的区间犹豫模糊信度的计算过程中，可能会遇到 $\tilde{h}_m(\theta)$ 中区间的个

数不一致的情况，因而这里给出推论 5.4。

推论 5.4　不同区间犹豫模糊信度 $\tilde{h}_m(\theta)$ 中包含的区间的个数可能不相同，假设 $\text{len}(\tilde{h}_m(\theta))$ 表示区间犹豫模糊信度 $\tilde{h}_m(\theta)$ 中区间的个数，那么可以给出如下假设：①对区间犹豫模糊信度中的所有区间值按照从小到大的顺序排序，$\tilde{h}_m^{\sigma(j)}(\theta)$ 表示 $\tilde{h}_m(\theta)$ 中第 j 个位置最大的区间值。②对于一些焦元 $\theta \in D^\Theta$，如果 $\text{len}(\tilde{h}_{m1}(\theta)) \neq \text{len}(\tilde{h}_{m2}(\theta))$，为了能在之后的运算中正确地比较焦元携带的区间犹豫模糊信度的大小，需要使犹豫模糊元 $\tilde{h}_{m1}(\theta)$ 和 $\tilde{h}_{m2}(\theta)$ 的维度相同。如果 $\tilde{h}_{m1}(\theta)$ 中包含的区间个数小于 $\tilde{h}_{m2}(\theta)$，那么需要对 $\tilde{h}_{m1}(\theta)$ 进行扩展。这里，采用悲观扩展策略，即将 $\tilde{h}_{m1}(\theta)$ 中最小的区间进行重复添加，直到 $\text{len}(\tilde{h}_{m1}(\theta))=\text{len}(\tilde{h}_{m2}(\theta))$。

定义 5.10　假设 $\tilde{h}_m(\theta_i)$ 和 $\tilde{h}_m(\theta_j)$ 为定义在 D^Θ 上的两个不同焦元 θ_i 和 θ_j 对应的区间犹豫模糊信度，那么，可以基于 Score 函数的方式对 $\tilde{h}_m(\theta_i)$ 和 $\tilde{h}_m(\theta_j)$ 进行排序。

$$\tilde{h}_m(\theta_i) \prec \tilde{h}_m(\theta_j), \text{if } \text{Score}(\tilde{h}_m(\theta_i)) \prec \text{Score}(\tilde{h}_m(\theta_j))$$

这里，Score 函数的定义如下：

$$\text{Score}(\tilde{h}_m(\theta)) = \frac{1}{\text{len}(\tilde{h}_m(\theta))} \sum \left[\frac{\tilde{h}_m^{\text{LB}}(\theta) + \tilde{h}_m^{\text{UB}}(\theta)}{2} \right] \tag{5-8}$$

式中：$\text{len}(\tilde{h}_m(\theta))$ 为该区间犹豫模糊信度中区间的个数；$\tilde{h}_m^{\text{LB}}(\theta)$ 为区间犹豫模糊信度中各区间对应的下界；$\tilde{h}_m^{\text{UB}}(\theta)$ 为各区间对应的上界。

5.3.2　区间犹豫模糊信度运算规则

定义 5.11　假设焦元 θ 在三组多粒度证据源 $\widetilde{m}_{\text{HFS}}(\cdot)$、$\widetilde{m}_{\text{HFS-1}}$ 和 $\widetilde{m}_{\text{HFS-2}}(\cdot)$ 中对应三组不同的区间犹豫模糊信度 $\tilde{h}_m(\theta)$、$\tilde{h}_{m1}(\theta)$ 和 $\tilde{h}_{m2}(\theta)$，其中：

$$\tilde{h}_m(\theta) = \{\tilde{\gamma}_1, \tilde{\gamma}_2, \cdots, \tilde{\gamma}_{\text{len}(\tilde{h}_m(\theta))}\}$$
$$= \{[\tilde{\gamma}_1^{\text{LB}}, \tilde{\gamma}_1^{\text{UB}}], [\tilde{\gamma}_2^{\text{LB}}, \tilde{\gamma}_2^{\text{UB}}], \cdots, [\tilde{\gamma}_{\text{len}(\tilde{h}_m(\theta))}^{\text{LB}}, \tilde{\gamma}_{\text{len}(\tilde{h}_m(\theta))}^{\text{UB}}]\}$$

$$\tilde{h}_{m1}(\theta) = \{\tilde{\gamma}_{11}, \tilde{\gamma}_{12}, \cdots, \tilde{\gamma}_{1\text{len}(\tilde{h}_{m1}(\theta))}\}$$
$$= \{[\tilde{\gamma}_{11}^{\text{LB}}, \tilde{\gamma}_{11}^{\text{UB}}], [\tilde{\gamma}_{12}^{\text{LB}}, \tilde{\gamma}_{12}^{\text{UB}}], \cdots, [\tilde{\gamma}_{1\text{len}(\tilde{h}_{m1}(\theta))}^{\text{LB}}, \tilde{\gamma}_{1\text{len}(\tilde{h}_{m1}(\theta))}^{\text{UB}}]\}$$

$$\tilde{h}_{m2}(\theta) = \{\tilde{\gamma}_{21}, \tilde{\gamma}_{22}, \cdots, \tilde{\gamma}_{2\text{len}(\tilde{h}_{m2}(\theta))}\}$$
$$= \{[\tilde{\gamma}_{21}^{\text{LB}}, \tilde{\gamma}_{21}^{\text{UB}}], [\tilde{\gamma}_{22}^{\text{LB}}, \tilde{\gamma}_{22}^{\text{UB}}], \cdots, [\tilde{\gamma}_{2\text{len}(\tilde{h}_{m2}(\theta))}^{\text{LB}}, \tilde{\gamma}_{2\text{len}(\tilde{h}_{m2}(\theta))}^{\text{UB}}]\}$$

这里，$\text{len}(\cdot)$ 函数表示区间犹豫模糊信度 $\tilde{h}_m(\theta)$ 中区间的个数。基于此，有如下运算规则：

（1）$\tilde{h}_m^c(\theta) = \{(\tilde{\gamma}_j)^c \mid \tilde{\gamma}_j \in \tilde{h}_m(\theta), j \in (1, \text{len}(\tilde{h}_m(\theta)))\}$

$= \{[1-\tilde{\gamma}_j^{\text{UB}}, 1-\tilde{\gamma}_j^{\text{LB}}] \mid \tilde{\gamma}_j \in \tilde{h}_m(\theta)\}$

（2）$(\tilde{h}_m(\theta))^\lambda = \{(\tilde{\gamma}_j)^\lambda \mid \tilde{\gamma}_j \in \tilde{h}_m(\theta), j \in (1, \text{len}(\tilde{h}_m(\theta)))\}$

$= \{[(\tilde{\gamma}_j^{\text{LB}})^\lambda, (\tilde{\gamma}_j^{\text{UB}})^\lambda] \mid \tilde{\gamma}_j \in \tilde{h}_m(\theta)\}$

（3）$\lambda(\tilde{h}_m(\theta)) = \{\lambda(\tilde{\gamma}_j) \mid \tilde{\gamma}_j \in \tilde{h}_m(\theta), j \in (1, \text{len}(\tilde{h}_m(\theta)))\}$

$= \{[\lambda(\tilde{\gamma}_j^{\text{LB}}), \lambda(\tilde{\gamma}_j^{\text{UB}})] \mid \tilde{\gamma}_j \in \tilde{h}_m(\theta)\}$

（4）$\tilde{h}_{m1}(\theta) \bigcap \tilde{h}_{m2}(\theta) = \{\tilde{\gamma}_{1j} \wedge \tilde{\gamma}_{2j} \mid \tilde{\gamma}_{1j} \in \tilde{h}_{m1}(\theta), \tilde{\gamma}_{2j} \in \tilde{h}_{m2}(\theta)\}$

$= \{[\min(\tilde{\gamma}_{1j}^{\text{LB}}, \tilde{\gamma}_{2j}^{\text{LB}}), \min(\tilde{\gamma}_{1j}^{\text{UB}}, \tilde{\gamma}_{2j}^{\text{UB}})] \mid \tilde{\gamma}_{1j} \in \tilde{h}_{m1}(\theta), \tilde{\gamma}_{2j} \in \tilde{h}_{m2}(\theta)\}$

（5）$\tilde{h}_{m1}(\theta) \bigcup \tilde{h}_{m2}(\theta) = \{\tilde{\gamma}_{1j} \vee \tilde{\gamma}_{2j} \mid \tilde{\gamma}_{1j} \in \tilde{h}_{m1}(\theta), \tilde{\gamma}_{2j} \in \tilde{h}_{m2}(\theta)\}$

$= \{[\max(\tilde{\gamma}_{1j}^{\text{LB}}, \tilde{\gamma}_{2j}^{\text{LB}}), \max(\tilde{\gamma}_{1j}^{\text{UB}}, \tilde{\gamma}_{2j}^{\text{UB}})] \mid \tilde{\gamma}_{1j} \in \tilde{h}_{m1}(\theta), \tilde{\gamma}_{2j} \in \tilde{h}_{m2}(\theta)\}$

（6）$\tilde{h}_{m1}(\theta) \oplus \tilde{h}_{m2}(\theta) = \left\{ \begin{array}{l} [\tilde{\gamma}_{1j}^{\text{LB}} + \tilde{\gamma}_{2j}^{\text{LB}} - (\tilde{\gamma}_{1j}^{\text{LB}} \cdot \tilde{\gamma}_{2j}^{\text{LB}}), \tilde{\gamma}_{1j}^{\text{UB}} + \tilde{\gamma}_{2j}^{\text{UB}} - (\tilde{\gamma}_{1j}^{\text{UB}} \cdot \tilde{\gamma}_{2j}^{\text{UB}})] \\ \mid \tilde{\gamma}_{1j} \in \tilde{h}_{m1}(\theta), \tilde{\gamma}_{2j} \in \tilde{h}_{m2}(\theta) \end{array} \right\}$

（7）$\tilde{h}_{m1}(\theta) \otimes \tilde{h}_{m2}(\theta) = \left\{ \begin{array}{l} [\tilde{\gamma}_{1j}^{\text{LB}} \cdot \tilde{\gamma}_{2j}^{\text{LB}}, \tilde{\gamma}_{1j}^{\text{UB}} \cdot \tilde{\gamma}_{2j}^{\text{UB}}] \\ \mid \tilde{\gamma}_{1j} \in \tilde{h}_{m1}(\theta), \tilde{\gamma}_{2j} \in \tilde{h}_{m2}(\theta) \end{array} \right\}$

由定义 5.11 可以很容易地发现，其运算规则分别满足如下性质：

（1）$(\tilde{h}_{m1}(\theta) \otimes \tilde{h}_{m2}(\theta))^\lambda = (\tilde{h}_{m1}(\theta))^\lambda \otimes (\tilde{h}_{m2}(\theta))^\lambda, \lambda > 0$

（2）$(\tilde{h}_m^c(\theta))^c = \tilde{h}_m(\theta)$

（3）$\tilde{h}_{m1}(\theta) \bigcap \tilde{h}_{m2}(\theta) = \tilde{h}_{m2}(\theta) \bigcap \tilde{h}_{m1}(\theta)$，$\tilde{h}_{m1}(\theta) \bigcup \tilde{h}_{m2}(\theta) = \tilde{h}_{m2}(\theta) \bigcup \tilde{h}_{m1}(\theta)$

$\tilde{h}_{m1}(\theta) \oplus \tilde{h}_{m2}(\theta) = \tilde{h}_{m2}(\theta) \oplus \tilde{h}_{m1}(\theta)$，$\tilde{h}_{m1}(\theta) \otimes \tilde{h}_{m2}(\theta) = \tilde{h}_{m2}(\theta) \otimes \tilde{h}_{m1}(\theta)$

（4）$(\tilde{h}_{m1}(\theta) \bigcap \tilde{h}_{m2}(\theta)) \bigcap \tilde{h}_m(\theta) = \tilde{h}_{m1}(\theta) \bigcap (\tilde{h}_{m2}(\theta) \bigcap \tilde{h}_m(\theta))$

$(\tilde{h}_{m1}(\theta) \bigcup \tilde{h}_{m2}(\theta)) \bigcup \tilde{h}_m(\theta) = \tilde{h}_{m1}(\theta) \bigcup (\tilde{h}_{m2}(\theta) \bigcup \tilde{h}_m(\theta))$

$(\tilde{h}_{m1}(\theta) \oplus \tilde{h}_{m2}(\theta)) \oplus \tilde{h}_m(\theta) = \tilde{h}_{m1}(\theta) \oplus (\tilde{h}_{m2}(\theta) \oplus \tilde{h}_m(\theta))$

$(\tilde{h}_{m1}(\theta) \otimes \tilde{h}_{m2}(\theta)) \otimes \tilde{h}_m(\theta) = \tilde{h}_{m1}(\theta) \otimes (\tilde{h}_{m2}(\theta) \otimes \tilde{h}_m(\theta))$

定义 5.12 假设 e 组多粒度证据源为焦元 θ 提供了 e 个区间犹豫模糊信度，标记为 $\tilde{h}_{mj}(j=1,2,\cdots,e)$，那么，可以利用区间犹豫模糊加权平均算子（Interval-valued Hesitant Fuzzy Weighted Average operator，IHFWA）将所有区间信度进行融合。该融合步骤可以看成一种映射函数 $\tilde{h}_m^e \to \tilde{h}$：

$$\mathrm{IHFWA}(\tilde{h}_{m1},\tilde{h}_{m2},\cdots,\tilde{h}_{me})(\theta) = \overset{e}{\underset{j=1}{\oplus}}(w_j\tilde{h}_{mj})$$

$$= \bigcup_{\tilde{\gamma}_1\in\tilde{h}_{m1},\tilde{\gamma}_2\in\tilde{h}_{m2},\cdots,\tilde{\gamma}_e\in\tilde{h}_{me}}\left\{\left[1-\prod_{j=1}^{e}(1-\gamma_j^{\mathrm{LB}})^{w_j}\right],\left[1-\prod_{j=1}^{e}(1-\gamma_j^{\mathrm{UB}})^{w_j}\right]\right\}$$

$$（5\text{-}9）$$

式中：w_j 为 $\tilde{h}_{mj}(j=1,2,\cdots,e)$ 的权重，且 $w_j>0,\sum_{j=1}^{e}w_j=1$。

当不考虑区间犹豫模糊信度之间的权重时，IHFWA 算子转变为

$$\mathrm{IHFWA}(\tilde{h}_{m1},\tilde{h}_{m2},\cdots,\tilde{h}_{me})(\theta) = \overset{e}{\underset{j=1}{\oplus}}(\tilde{h}_{mj})$$

$$= \bigcup_{\tilde{\gamma}_1\in\tilde{h}_{m1},\tilde{\gamma}_2\in\tilde{h}_{m2},\cdots,\tilde{\gamma}_e\in\tilde{h}_{me}}\left\{\left[1-\prod_{j=1}^{e}(1-\gamma_j^{\mathrm{LB}})\right],\left[1-\prod_{j=1}^{e}(1-\gamma_j^{\mathrm{UB}})\right]\right\}$$

$$（5\text{-}10）$$

定义 5.13　假设 e 组多粒度证据源为焦元 θ 提供了 e 个区间犹豫模糊信度，标记为 $\tilde{h}_{mj}(j=1,2,\cdots,e)$，那么，可以利用区间犹豫模糊加权几何算子（Interval-valued Hesitant Fuzzy Weighted Geometric operator，IHFWG）。该融合步骤可以看成一种映射函数 $\tilde{h}_m^e \to \tilde{h}$：

$$\mathrm{IHFWG}(\tilde{h}_{m1},\tilde{h}_{m2},\cdots,\tilde{h}_{me})(\theta) = \overset{e}{\underset{j=1}{\otimes}}(w_j\tilde{h}_{mj})$$

$$= \bigcup_{\tilde{\gamma}_1\in\tilde{h}_{m1},\tilde{\gamma}_2\in\tilde{h}_{m2},\cdots,\tilde{\gamma}_e\in\tilde{h}_{me}}\left\{\left[\prod_{j=1}^{e}(\gamma_j^{\mathrm{LB}})^{w_j}\right],\left[\prod_{j=1}^{e}(\gamma_j^{\mathrm{UB}})^{w_j}\right]\right\}$$

$$（5\text{-}11）$$

式中：w_j 为 $\tilde{h}_{mj}(j=1,2,\cdots,e)$ 的权重，且 $w_j>0,\sum_{j=1}^{e}w_j=1$。

当不考虑区间犹豫模糊信度之间的权重时，IHFWG 算子转变为

$$\mathrm{IHFWG}(\tilde{h}_{m1},\tilde{h}_{m2},\cdots,\tilde{h}_{me})(\theta) = \overset{e}{\underset{j=1}{\otimes}}(\tilde{h}_{mj})$$

$$（5\text{-}12）$$

$$= \bigcup_{\tilde{\gamma}_1\in\tilde{h}_{m1},\tilde{\gamma}_2\in\tilde{h}_{m2},\cdots,\tilde{\gamma}_e\in\tilde{h}_{me}}\left\{\left[\prod_{j=1}^{e}(\gamma_j^{\mathrm{LB}})\right],\left[\prod_{j=1}^{e}(\gamma_j^{\mathrm{UB}})\right]\right\}$$

5.3.3　区间犹豫模糊信度融合

根据犹豫区间模糊融合算子，可以给出区间犹豫模糊框架下的 DSmC 规则定义。

定义 5.14　针对两个区间犹豫模糊信度下的多粒度证据源 $\tilde{m}_{\mathrm{HFS\text{-}1}}(\cdot)$ 和 $\tilde{m}_{\mathrm{HFS\text{-}2}}(\cdot)$，区间犹豫模糊框架下的 DSmC 组合规则为

$$\forall A \in D^{\Theta}, \widetilde{m}_{\text{HFS-12}}(A) = \sum_{\substack{X_1, X_2 \in D^{\Theta} \\ X_1 \cap X_2 = A}} \widetilde{m}_{\text{HFS-1}}(X_1) \otimes \widetilde{m}_{\text{HFS-2}}(X_2) \qquad (5\text{-}13)$$

或

$$\forall A \in D^{\Theta}, \widetilde{m}_{\text{HFS-12}}(A) = \sum_{\substack{X_1, X_2 \in D^{\Theta} \\ X_1 \cap X_2 = A}} \widetilde{m}_{\text{HFS-1}}(X_1) \oplus \widetilde{m}_{\text{HFS-2}}(X_2) \qquad (5\text{-}14)$$

在式（5-13）或式（5-14）中，关于区间犹豫模糊信度的累计求和运算如下：

若式（5-14）中关于焦元 X_1 和 X_2 的区间犹豫模糊信度为

$$\tilde{h}_{m1}(X_1) = \{\tilde{\gamma}_{11}, \cdots, \tilde{\gamma}_{1\text{len}(\tilde{h}_{m1}(X_1))}\} = \{[\tilde{\gamma}_{11}^{\text{LB}}, \tilde{\gamma}_{11}^{\text{UB}}], \cdots, [\tilde{\gamma}_{1\text{len}(\tilde{h}_{m1}(X_1))}^{\text{LB}}, \tilde{\gamma}_{1\text{len}(\tilde{h}_{m1}(X_1))}^{\text{UB}}]\}$$

$$\tilde{h}_{m2}(X_2) = \{\tilde{\gamma}_{21}, \cdots, \tilde{\gamma}_{2\text{len}(\tilde{h}_{m2}(X_2))}\} = \{[\tilde{\gamma}_{21}^{\text{LB}}, \tilde{\gamma}_{21}^{\text{UB}}], \cdots, [\tilde{\gamma}_{2\text{len}(\tilde{h}_{m2}(X_2))}^{\text{LB}}, \tilde{\gamma}_{2\text{len}(\tilde{h}_{m2}(X_2))}^{\text{UB}}]\}$$

那么

$$\tilde{h}_{m1}(X_1) + \tilde{h}_{m2}(X_2) = \left\{ \begin{array}{l} [\tilde{\gamma}_{11}^{\text{LB}} + \tilde{\gamma}_{21}^{\text{LB}}, \tilde{\gamma}_{11}^{\text{UB}} + \tilde{\gamma}_{21}^{\text{UB}}], \cdots, \\ [\tilde{\gamma}_{1\text{len}(\tilde{h}_{m1}(X_1))}^{\text{LB}} + \tilde{\gamma}_{2\text{len}(\tilde{h}_{m2}(X_2))}^{\text{LB}}, \\ \tilde{\gamma}_{1\text{len}(\tilde{h}_{m1}(X_1))}^{\text{UB}} + \tilde{\gamma}_{2\text{len}(\tilde{h}_{m2}(X_2))}^{\text{UB}}] \end{array} \right\}$$

式中，信度的累加需要使焦元对应的区间犹豫模糊信度中区间的个数相同，即 $\text{len}(\tilde{h}_{m1}(X_1)) = \text{len}(\tilde{h}_{m2}(X_2))$。

5.3.4 算例分析

例 5.6 假设两个区间犹豫模糊信度下的多粒度证据源 $\widetilde{m}_{\text{HFS-1}}$ 和 $\widetilde{m}_{\text{HFS-2}}$ 对应的鉴别框架为 $\Theta = \{\theta_1, \theta_2\}$，在不完备超幂集鉴别框架 $D_{\text{Incomplete}}^{\Theta} = \{\theta_1, \theta_2, \theta_1 \cup \theta_2\}$ 下，区间犹豫信度赋值如下：

$$\widetilde{m}_{\text{HFS-1}} = \left\{ \begin{array}{l} \langle \theta_1, \{[0.1, 0.2], [0.22, 0.3]\} \rangle, \\ \langle \theta_2, \{[0.4, 0.5], [0.6, 0.65]\} \rangle, \\ \langle \theta_1 \cup \theta_2, \{[0, 0.01], [0.02, 0.05]\} \rangle \end{array} \right\}$$

$$\widetilde{m}_{\text{HFS-2}} = \left\{ \begin{array}{l} \langle \theta_1, \{[0.05, 0.15], [0.10, 0.2]\} \rangle, \\ \langle \theta_2, \{[0.5, 0.6], [0.55, 0.80]\} \rangle, \\ \langle \theta_1 \cup \theta_2, \{[0.10, 0.15], [0.16, 0.18]\} \rangle \end{array} \right\}$$

利用式（5-14），对以上两组区间犹豫模糊信度下的多粒度证据源进行融合，可以获得如下结果：

$$\widetilde{m}_{\text{HFS-}12}(\theta_1) = \sum \left\{ \bigcup \left\{ \begin{array}{l} \langle \theta_1, \{[0.1,0.2],[0.22,0.3]\}\rangle \otimes \\ \langle \theta_1, \{[0.05,0.15],[0.10,0.20]\}\rangle, \\ \langle \theta_1, \{[0.1,0.2],[0.22,0.3]\}\rangle \otimes \\ \langle \theta_1 \cup \theta_2, \{[0.10,0.15],[0.16,0.18]\}\rangle, \\ \langle \theta_1, \{[0.05,0.15],[0.10,0.2]\}\rangle \otimes \\ \langle \theta_1 \cup \theta_2, \{[0,0.01],[0.02,0.05]\}\rangle \end{array} \right\} \right\}$$

$$= \sum \left\{ \bigcup \left\{ \begin{array}{l} \{[0.005,0.03],[0.01,0.04],[0.011,0.045],[0.022,0.06]\}, \\ \{[0.01,0.03],[0.016,0.036],[0.022,0.045],[0.0352,0.054]\}, \\ \{[0,0.0015],[0.001,0.0075],[0,0.002],[0.002,0.01]\} \end{array} \right\} \right\}$$

$$= \{[0.015,0.0615],[0.027,0.0835],[0.033,0.092],[0.0592,0.124]\}$$

$$= \{[0.015,0.124]\}$$

$$\widetilde{m}_{\text{HFS-}12}(\theta_2) = \sum \left\{ \bigcup \left\{ \begin{array}{l} \langle \theta_2, \{[0.4,0.5],[0.6,0.65]\}\rangle \otimes \\ \langle \theta_2, \{[0.5,0.6],[0.55,0.80]\}\rangle, \\ \langle \theta_2, \{[0.4,0.5],[0.6,0.65]\}\rangle \otimes \\ \langle \theta_1 \cup \theta_2, \{[0.10,0.15],[0.16,0.18]\}\rangle, \\ \langle \theta_2, \{[0.5,0.6],[0.55,0.80]\}\rangle \otimes \\ \langle \theta_1 \cup \theta_2, \{[0,0.01],[0.02,0.05]\}\rangle \end{array} \right\} \right\}$$

$$= \sum \left\{ \bigcup \left\{ \begin{array}{l} \{[0.20,0.30],[0.22,0.4],[0.30,0.39],[0.33,0.52]\}, \\ \{[0.04,0.075],[0.064,0.09],[0.06,0.0975],[0.096,0.117]\}, \\ \{[0,0.006],[0.01,0.030],[0,0.008],[0.011,0.04]\} \end{array} \right\} \right\}$$

$$= \{[0.24,0.381],[0.294,0.52],[0.36,0.4955],[0.437,0.677]\}$$

$$= \{[0.24,0.677]\}$$

$$\widetilde{m}_{\text{HFS-}12}(\theta_1 \cup \theta_2) = \sum \left\{ \bigcup \left\{ \begin{array}{l} \langle \theta_1 \cup \theta_2, \{[0,0.01],[0.02,0.05]\}\rangle \otimes \\ \langle \theta_1 \cup \theta_2, \{[0.10,0.15],[0.16,0.18]\}\rangle \end{array} \right\} \right\}$$

$$= \{[0,0.0015],[0,0.0018],[0.002,0.0075],[0.0032,0.0090]\}$$

$$= \{[0,0.0018],[0.002,0.0090]\}$$

$$\widetilde{m}_{\text{HFS-}12}(\theta_1 \cap \theta_2) = \sum \left\{ \bigcup \left\{ \begin{array}{l} \langle \theta_1, \{[0.1,0.2],[0.22,0.3]\}\rangle \otimes \\ \langle \theta_2, \{[0.5,0.6],[0.55,0.80]\}\rangle, \\ \langle \theta_1, \{[0.05,0.15],[0.10,0.2]\}\rangle \otimes \\ \langle \theta_2, \{[0.4,0.5],[0.6,0.65]\}\rangle \end{array} \right\} \right\}$$

$$= \sum \left\{ \bigcup \left\{ \begin{array}{l} \{[0.05,0.12],[0.055,0.16],[0.11,0.18],[0.121,0.24]\}, \\ \{[0.02,0.075],[0.03,0.0975],[0.04,0.1],[0.06,0.130]\} \end{array} \right\} \right\}$$

$$= \{[0.07,0.195],[0.085,0.2575],[0.15,0.28],[0.181,0.37]\}$$

$$= \{[0.07,0.37]\}$$

利用区间 Score 函数，能获取区间犹豫模糊信度下焦元的排序结果，具体如下：

$$\text{Score}(\theta_1) = \frac{1}{2} \times (0.015 + 0.124) = 0.0695$$

$$\text{Score}(\theta_2) = \frac{1}{2} \times (0.24 + 0.677) = 0.4585$$

$$\text{Score}(\theta_1 \cup \theta_2) = \frac{1}{2} \times \left[\frac{1}{2} \times (0 + 0.0018) + \frac{1}{2} \times (0.002 + 0.009) \right]$$

$$= \frac{1}{2} \times [0.0009 + 0.0055] = 0.0032$$

$$\text{Score}(\theta_1 \cap \theta_2) = \frac{1}{2} \times (0.07 + 0.37) = 0.22$$

因而，根据 Score 排序结果：$\theta_2 \succ \theta_1 \cap \theta_2 \succ \theta_1 \succ \theta_1 \cup \theta_2$，可以确定最后的决策结果应当为 θ_2。接下来验证上面的融合结果是否满足容许性条件。对于证据源 $\tilde{m}_{\text{IHFS-1}}$ 和 $\tilde{m}_{\text{IHFS-2}}$，要考虑符合其区间内的精确信度赋值情况，即

$$m_1(\theta_1) = 0.3 \in \tilde{h}_{m_1}(\theta_1) = \{[0.1, 0.2], [0.22, 0.3]\}$$

$$m_1(\theta_2) = 0.65 \in \tilde{h}_{m_1}(\theta_2) = \{[0.4, 0.5], [0.6, 0.65]\}$$

$$m_1(\theta_1 \cup \theta_2) = 0.05 \in \tilde{h}_{m_1}(\theta_1 \cup \theta_2) = \{[0, 0.01], [0.02, 0.05]\}$$

$$m_2(\theta_1) = 0.1 \in \tilde{h}_{m_2}(\theta_1) = \{[0.05, 0.15], [0.10, 0.2]\}$$

$$m_2(\theta_2) = 0.8 \in \tilde{h}_{m_2}(\theta_2) = \{[0.5, 0.6], [0.55, 0.80]\}$$

$$m_2(\theta_1 \cup \theta_2) = 0.1 \in \tilde{h}_{m_2}(\theta_1 \cup \theta_2) = \{[0.1, 0.15], [0.16, 0.18]\}$$

利用经典 DSmC 规则对精确后的 $m_1(\cdot)$ 和 $m_2(\cdot)$ 进行融合，可以获得如下结果：

$$m_{12}(\theta_1) = 0.065$$
$$m_{12}(\theta_2) = 0.625$$
$$m_{12}(\theta_1 \cap \theta_2) = 0.305$$
$$m_{12}(\theta_1 \cup \theta_2) = 0.005$$

可以发现：

$$m_{12}(\theta_1) = 0.065 \in \tilde{m}_{\text{HFS-12}}(\theta_1) = \{[0.015, 0.124]\}$$

$$m_{12}(\theta_2) = 0.625 \in \tilde{m}_{\text{HFS-12}}(\theta_2) = \{[0.24, 0.677]\}$$

$$m_{12}(\theta_1 \cap \theta_2) = 0.305 \in \tilde{m}_{\text{HFS-12}}(\theta_1 \cap \theta_2) = \{[0.07, 0.37]\}$$

$$m_{12}(\theta_1 \cup \theta_2) = 0.005 \in \tilde{m}_{\text{HFS-12}}(\theta_1 \cup \theta_2)$$
$$= \{[0, 0.0018], [0.002, 0.0090]\}$$

且

$$m_{12}(\theta_1) + m_{12}(\theta_2) + m_{12}(\theta_1 \cap \theta_2) + m_{12}(\theta_1 \cup \theta_2) = 1$$

即满足容许性条件。

5.4　本章小结

本章的研究工作主要是在经典 DSmT 定量单值信度度量方法的基础上，结合犹豫模糊集理论，提出了定量单值犹豫模糊信度和定量区间犹豫模糊信度，将犹豫模糊集理论中的犹豫模糊信度重要程度评判函数引入 DSmT 犹豫模糊信度中，用于比较焦元与焦元之间的犹豫信息差异；将犹豫模糊信度与 DSmC 组合规则相结合，给出了犹豫模糊框架下的扩展 DSmC 组合规则。通过几组算例验证了本章提出的融合算法的有效性。

参 考 文 献

[1] Wen C L, Xu X B, Jiang H N, et al. A new DSmT combination rule in open frame of discernment and its application[J]. Science China Information Sciences, 2012, 55(3): 551-557.

[2] 陈金广, 张芬. DSmT 框架下的广义 PCR 组合规划[J]. 计算机应用研究, 2014, 31(8): 2346-2349.

[3] 孙伟超, 许爱强, 李文海. 区间信度结构下的证据合成方法研究[J]. 电子学报, 2016, 44(11): 2726-2734.

[4] Liu C, Luo Y. New aggregation operators of single-valued neutrosophic hesitant fuzzy set and their application in multi-attribute decision making[J]. Pattern Analysis and Applications, 2019, 22(2): 417-427.

[5] Sujit D, Debashish M, Samarjit K, et al. Correlation measure of hesitant fuzzy soft sets and their application in decision making[J]. Neural Computing and Applications, 2019, 31(4): 1023-1039.

[6] Denoeux T. Modeling vague beliefs using fuzzy-valued belief structures[J]. Fuzzy Sets & Systems, 2000, 116(2): 167-199.

[7] Torra V. Hesitant fuzzy sets[J]. International Journal of Intelligent Systems, 2010, 25(6): 529-539.

[8] Torra V, Xu Z S, Herrera F. Hesitant fuzzy sets: State of the art and future directions[J]. International Journal of Intelligent Systems, 2014, 29(6): 495-524.

[9] Torra V, Narukawa Y. On hesitant fuzzy sets and decision[C]. 2009 IEEE International Conference on Fuzzy Systems. Jeju: IEEE, 2009: 1378-1374.

[10] 阮传杨. 基于新型符号距离的犹豫模糊多属性决策方法[J]. 控制与决策, 2019, 34(3): 620-627.

[11] 曾文艺, 李德清, 尹乾. 加权犹豫模糊集的群决策方法[J]. 控制与决策, 2019, 34(3):

527-534.

[12] Xu Z, Xia M. Distance and similarity measures for hesitant fuzzy sets[J]. Information Sciences, 2011, 181(11): 2128-2138.

[13] Gitinavard H, Mousavi S M, Vahdani B. A new multi-criteria weighting and ranking model for group decision-making analysis based on interval-valued hesitant fuzzy sets to selection problems[J]. Neural Computing & Applications, 2016, 27(6): 1593-1605.

[14] Na C, Xu Z, Xia M. Interval-valued hesitant preference relations and their applications to group decision making[J]. Knowledge-Based Systems, 2013, 37(2): 528-540.

[15] 林帅, 贾利民, 王艳辉. 基于区间直觉犹豫模糊集的高速列车系统关键部件辨识[J]. 控制理论与应用, 2019, 36(2): 295-306.

第 6 章

多粒度信息折扣融合方法

6.1 引言

DSmT 理论能有效地对多粒度信息进行建模，同时，可提供相应的融合规则，实现多粒度证据源的融合。然而，当不同多粒度证据源之间存在冲突，或有一方信息源提供的信息存在不可靠情况时，按照已有的默认等可靠多粒度融合方法获得的融合结果质量往往并不理想。为解决非等可靠冲突证据源的融合问题，DSmT 理论中的折扣方法能有效地对不可靠信息进行融合，这已成为非等可靠多源信息的主流融合方法。然而，在实际的折扣融合过程中，很多经典研究都是基于单一评价指标的。这种基于单一指标的证据源评估会导致计算得到的折扣因子不准确。为了解决单一指标难以有效评价信源可靠性和全面性问题，本章基于多评价指标策略，提出了一种新的多粒度信息折扣融合方法。该方法主要包括两部分：首先，利用客观自适应 BF-TOPSIS 方法，结合两组不同的评价指标，即多粒度证据源内部的不精确性评价指标和证据源之间的冲突性指标，综合计算出各多粒度信息源的折扣因子；然后，利用折扣理论和 PCR6融合规则，对多粒度证据源信息进行融合，从而获得更加可靠的融合结果。

6.2 证据可靠性度量

为了评估多粒度证据源信息的可靠性，文献[1]中利用距离或者相似度等单一指标计算多源信息的折扣因子，在某种程度上解决了多粒度证据源的权重计算。但是，使用单一指标评估多源信息的可靠性往往是不可靠的或者说是不全面的。因此，有必要提出能够利用多评价指标，对多粒度信息源可靠性进行评估的方法。基于该思路，Frikha 先后在 *Information Fusion* 和 *European Journal of Operational Research* 杂志上发表了两篇论文[2,3]。其中，文献[2]利用 PROMETHEE Ⅱ方法，整合六个独立指标，对多粒度证据源的权重进行评估，并将获得的权重结合 Dempster's rule 组合规则，实现最终的多粒度信息的融合。文献[3]的作者选择了层次分析法（Analytical Hierarchy Process，AHP），结合三组不精确指标、三组冲突指标，综合对多组信源进行权重计算，然后利用 Dempster's rule 对信源进行融合。Sarabi-Jamab 等在文献[4]中提出了一种基于"AHP+"自动选择指标机制的权重计算方法。该方法首先罗列了关于 12 种不同的证据源不精确指标和冲突指标；然后通过迭代寻优的方式，在计算权重时删除冗余指标，选择最佳指标作为信源权重计算的依据；最后，通过 Dempster's rule 进行融合，获得最终结果。这类多指标方法，如文献[2]、[3]中提及的 AHP 和 PROMETHEE Ⅱ，都有其缺陷，即在计算权重的过程中，需要对数据本身进行归一化。这一方式在某种程度上降低了对原始数据本身的精确度量，从而造成信源权重计算不精确。此外，这类方法都基于 DST 理论，将折扣理论与 Dempster's rule 结合，但 Dempster's rule 本身存在固有的反智问题，因此，利用这类方法对多粒度信息进行融合，本身缺乏合理性。

为了能有效地评估证据源的可靠性，本章将涉及的评价指标分成两类。第一类是各多源信息提供的自身信息的不精确性，包含两个指标：信息粒焦元内部的冲突性、自身的不确定性。第二类是多粒度证据源之间的关系：证据源之间的冲突度量、证据之间的不相似度。将这两类评价指标进行整合，从而获得对证据源更加可靠和有效的评估。

6.2.1 多粒度证据源内部焦元信息的度量指标

1. 自身冲突指标

证据内部的冲突性主要是由证据源内不存在交集的信息粒之间的冲突造成的。Klir 等[5]提出了一种内冲突度量函数 $St(m)$，来度量单个证据源内部焦元之间的冲突情况，该函数的定义如下：

$$C_1(m) = St(m) = -\sum_{A \in F(m)} m(A) \log_2 \left[\sum_{B \in F(m)} m(B) \left(|A \cap B| / |A| \right) \right] \quad (6\text{-}1)$$

式中：$St(m)$ 为证据源 $m(\cdot)$ 中包含的焦元。这一指标具有的特性如下：

（1）当 $St(m)$ 函数值达到最小值，即 $St(m) = 0$ 时，证据源中仅存在一个焦元的情况：$m(A) = 1$。

（2）当 $St(m)$ 函数值达到最大值，即 $St(m) = \log_2 |\Theta|$ 时，所有焦元的信度赋

值一致，即 $m(\theta_i) = 1/|\Theta|, \forall \theta_i \in \Theta$。

2. 自身不精确指标

Yager[6]定义了另外一种度量方法，即自身不精确指标，主要用来刻画证据源本身的不清晰程度。也就是说，当证据源全是最细信息粒——单子焦元，即 Bayesian BBA 时，该函数的值最小；相反，当证据源只含最粗信息粒——焦元 Θ 时，其不精确程度最高。其数学公式如下：

$$C_2(m) = I(m) = -\sum_{A \in F(m)} m(A) \times \log_2[|A|] \tag{6-2}$$

6.2.2　多粒度证据源之间的度量指标

第二类指标为证据间的冲突程度。该指标通常用冲突系数 K 和距离函数来度量。这里，通过同时使用这两个指标来刻画证据源之间的冲突程度。

1. Shafer 冲突指标

在这里，考虑两个证据源 $m(\cdot)$ 和 $m_j(\cdot)$，在证据理论中，冲突系数 K 通常用于度量证据之间的冲突性。Shafer 定义的冲突权重，应当随着冲突系数 K 的增加而单调递增。具体通过式（6-3）实现：

$$C_3(m) = \mathrm{Conf}(m) = \frac{1}{e} \sum_{j=1}^{e} [-\log_2(1 - K(m, m_j))] \tag{6-3}$$

式中：$K = \sum_{B \cap C = \varnothing} m(B) m_i(C)$；$e$ 为多粒度证据源的个数。如果 $m(\cdot)$ 和 $m_j(\cdot)$ 之间没有冲突，那么对应的 $\mathrm{Conf}(m, m_j) = 0$；相反，如果这两个证据源相互冲突，那么 $\mathrm{Conf}(m, m_j) = \infty$。在文献[7]中，$\mathrm{Conf}(m, m_j)$ 称为 Shafer 冲突度量。

2. 距离函数指标

当某一证据源与其他证据源存在冲突时，可以认为该证据源对于其他证据源是不可靠的，度量这一类冲突特性可以通过距离函数进行计算[8,9]。这里，将 Han 等[10]提出的区间距离函数用于度量多粒度证据源之间的冲突程度，具体计算式如下：

$$
\begin{aligned}
C_4(m) = d_{\mathrm{BI}}(m) &= \frac{1}{e} \sum_{j=1}^{e} d_{\mathrm{BI}}^{\mathrm{Ec}}(m, m_j) \\
&= \frac{1}{e} \sum_{j=1}^{e} \left[\sqrt{\frac{1}{M} \cdot \sum_{X \in F(m)} [d^I(\mathrm{BI}(X), \mathrm{BI}_j(X))]^2} \right]
\end{aligned} \tag{6-4}
$$

式中：e 为多粒度证据源的个数；M 为多粒度证据源中焦元的数目，$\mathrm{BI}(X):[\mathrm{Bel}(X), \mathrm{Pl}(X)]$，$\mathrm{BI}_i(X):[\mathrm{Bel}_i(X), \mathrm{Pl}_i(X)]$，且

$$d^I([\gamma_1^{\text{LB}}, \gamma_1^{\text{UB}}], [\gamma_2^{\text{LB}}, \gamma_2^{\text{UB}}])$$

$$= \sqrt{\left[\frac{\gamma_1^{\text{LB}} + \gamma_1^{\text{UB}}}{2} - \frac{\gamma_2^{\text{LB}} + \gamma_2^{\text{UB}}}{2}\right]^2 + \frac{1}{3}\left[\frac{\gamma_1^{\text{UB}} - \gamma_1^{\text{LB}}}{2} - \frac{\gamma_2^{\text{UB}} - \gamma_2^{\text{LB}}}{2}\right]^2}$$

6.3 折扣融合方法

6.3.1 评分矩阵构建

首先，假设存在 E_j（ $j=1,2,\cdots,e$ ）组多粒度证据源， e 组多粒度信息源共享同一鉴别框架： $\Theta = \{\theta_1, \theta_2, \cdots, \theta_n\}$ ，各证据源对应的基本概率赋值构成如下：

$$\begin{array}{c|ccccc}
 & X_1 & X_2 & X_3 & \cdots & X_M \\
\hline
E_1 & m_1(X_1) & m_1(X_2) & m_1(X_3) & \cdots & m_1(X_M) \\
E_2 & m_2(X_1) & m_2(X_2) & m_2(X_3) & \cdots & m_2(X_M) \\
\vdots & \vdots & \vdots & \vdots & \ddots & \vdots \\
E_e & m_e(X_1) & m_e(X_2) & m_e(X_3) & \cdots & m_e(X_M)
\end{array} \quad (6\text{-}5)$$

式中： $X \in D^{\Theta}$ 为超幂集空间中的焦元组合。然后，根据选择指标函数 C_η（ $\eta = 1, 2, \cdots, N$ ），计算出每组多粒度证据源在各指标下的评分，[在本章中，考虑的指标有 4 个，即不精确指标（ C_1 和 C_2 ）和冲突指标（ C_3 和 C_4 ）]就能构造出基于式（6-6）的评分矩阵：

$$\begin{array}{c|cccccc}
 & E_1 & E_2 & E_3 & \cdots & E_j & \cdots & E_e \\
\hline
C_1 & S_{11} & S_{12} & S_{13} & \cdots & S_{1j} & & S_{1e} \\
C_2 & S_{21} & S_{22} & S_{23} & \cdots & S_{2j} & & S_{2e} \\
\vdots & \vdots & \vdots & \vdots & \ddots & \vdots & & \vdots \\
C_N & S_{N1} & S_{N2} & S_{N3} & \cdots & S_{Nj} & & S_{Ne}
\end{array} \quad (6\text{-}6)$$

为不失一般性，在接下来的各节中，将利用通用的数学符号 C_η（ $\eta = 1, 2, \cdots, N$ ）来表示前面所述的指标。这里， $N=4$ ，且当 $\eta = 1$ 时， $C_1 \triangleq \text{St}(\cdot)$ ；当 $\eta = 2$ 时， $C_2 \triangleq I(\cdot)$ ；当 $\eta = 3$ 时， $C_3 \triangleq \text{Conf}(\cdot)$ ；当 $\eta = 4$ 时， $C_4 \triangleq d_{\text{BI}}(\cdot)$ 。

6.3.2 证据支持度计算

关于各多粒度证据源构造的支持 BBA 的计算步骤如下。

步骤一： 考虑评价指标 C_η ，以及其对应的评价向量 $\boldsymbol{S}_\eta = [S_{\eta 1}, S_{\eta 2}, \cdots, S_{\eta e}]^{\text{T}}$ ，那么，能计算出每个证据源 E_j 的支持程度 $\text{Sup}_\eta(E_j)$ 和不支持程度 $\text{Inf}_\eta(E_j)$ ， $j \in \{1, 2, \cdots, e\}$ ，具体计算式如下：

$$\mathrm{Sup}_\eta(E_j) \triangleq \sum_{\kappa \in \{1,2,\cdots,e\}|S_{\eta\kappa} \leqslant S_{\eta j}} \left| S_{\eta j} - S_{\eta\kappa} \right| \qquad (6\text{-}7)$$

$$\mathrm{Inf}_\eta(E_j) \triangleq - \sum_{\kappa \in \{1,2,\cdots,e\}|S_{\eta\kappa} \geqslant S_{\eta j}} \left| S_{\eta j} - S_{\eta\kappa} \right| \qquad (6\text{-}8)$$

基于证据源 E_j 的支持程度 $\mathrm{Sup}_\eta(E_j)$ 和不支持程度 $\mathrm{Inf}_\eta(E_j)$，能获得该证据源在指标 C_η 下的最大值 $E_{\max}^\eta \triangleq \max_j \mathrm{Sup}_\eta(E_j)$ 与最小值 $E_{\min}^\eta \triangleq \min_j \mathrm{Inf}_\eta(E_j)$。

步骤二：通过式（6-9）~式（6-11），可以获得关于各多粒度证据源对应的特殊基本概率赋值：

$$\mathrm{Bel}_\eta(E_j) \triangleq \begin{cases} \mathrm{Sup}_\eta(E_j) / E_{\max}^\eta, & E_{\max}^\eta \neq 0 \\ 0, & E_{\max}^\eta = 0 \end{cases} \qquad (6\text{-}9)$$

$$\mathrm{Bel}_\eta(\overline{E}_j) \triangleq \begin{cases} \mathrm{Inf}_\eta(E_j) / E_{\min}^\eta, & E_{\min}^\eta \neq 0 \\ 0, & E_{\min}^\eta = 0 \end{cases} \qquad (6\text{-}10)$$

$$\mathrm{Pl}_\eta(E_j) \triangleq 1 - \mathrm{Bel}_\eta(\overline{E}_j) = 1 - \frac{\mathrm{Inf}_\eta(E_j)}{E_{\min}^\eta} \qquad (6\text{-}11)$$

可得

$$\begin{cases} m_{sp\text{-}\eta}(E_j) \triangleq \mathrm{Bel}_\eta(E_j);\ m_{sp\text{-}\eta}(\overline{E}_j) \triangleq \mathrm{Bel}_\eta(\overline{E}_j) = 1 - \mathrm{Pl}_\eta(E_j); \\ m_{sp\text{-}\eta}(E_j \bigcup \overline{E}_j) \triangleq \mathrm{Pl}_\eta(E_j) - \mathrm{Bel}_\eta(E_j) \end{cases} \qquad (6\text{-}12)$$

式中：$m_{sp\text{-}\eta}(E_j)$ 为根据指标 C_η、E_j 获得的支持信度；$m_{sp\text{-}\eta}(\overline{E}_j)$ 为根据指标 C_η、E_j 获得的反对信度；$m_{sp\text{-}\eta}(E_j \bigcup \overline{E}_j)$ 为根据指标 C_η 支持或反对 E_j 的不确定程度。

步骤一和步骤二是相关文献中给出的计算多粒度证据源自身的信度赋值方法，然而，由于在 DSmT 理论中，式（6-12）中的信度赋值应当位于区间 $[0,1]$，因此这里给出相应的理论证明。

证明 6.1　$0 \leqslant m_{sp\text{-}\eta}(E_j) \leqslant 1$。

要证明 $0 \leqslant m_{sp\text{-}\eta}(E_j) \leqslant 1$，对于任意 E_j，等价于证明：

$$0 \leqslant \mathrm{Bel}_\eta(E_j) \leqslant 1$$

这里，需要证明两个不等式 $\mathrm{Bel}_\eta(E_j) \geqslant 0$ 和 $\mathrm{Bel}_\eta(E_j) \leqslant 1$。因为 $\mathrm{Bel}_\eta(E_j) \triangleq \mathrm{Sup}_\eta(E_j) / E_{\max}^\eta$，所以，只要证明 $\mathrm{Sup}_\eta(E_j) / E_{\max}^\eta$ 满足不等式即可：

$$\mathrm{Sup}_\eta(E_j) \triangleq \sum_{\kappa \in \{1,2,\cdots,e\}|S_{\eta\kappa} \geqslant S_{\eta j}} \left| S_{\eta j} - S_{\eta\kappa} \right| \geqslant 0 \Rightarrow$$
$$E_{\max}^\eta = \max\{\mathrm{Sup}_\eta(E_j)\} \geqslant 0 \Rightarrow \mathrm{Sup}_\eta(E_j) / E_{\max}^\eta \geqslant 0 \qquad (6\text{-}13)$$

因为 $\mathrm{Sup}_\eta(E_j) \leqslant E_{\max}^\eta$，所以，$\mathrm{Sup}_\eta(E_j) / E_{\max}^\eta \leqslant 1$，从而 $0 \leqslant m_{sp\text{-}\eta}(E_j) \leqslant 1$ 成立。

证明 6.2　$0 \leqslant m_{sp\text{-}\eta}(\overline{E}_j) \leqslant 1$。

需要证明两个不等式 $m_{sp\text{-}\eta}(\overline{E}_j) \geqslant 0$ 和 $m_{sp\text{-}\eta}(\overline{E}_j) \leqslant 1$。

因为 $m_{sp-\eta}(\bar{E}_j) \triangleq \mathrm{Bel}_\eta(\bar{E}_j) = 1 - \mathrm{Pl}_\eta(E_j)$，所以

$$m_{sp-\eta}(\bar{E}_j) \geqslant 0 \Rightarrow \mathrm{Bel}_\eta(\bar{E}_j) \geqslant 0 \Rightarrow 1 - \mathrm{Pl}_\eta(E_j) \geqslant 0 \tag{6-14}$$

因为 $\mathrm{Pl}_\eta(E_j) = 1 - \dfrac{\mathrm{Inf}_\eta(E_j)}{E_{\min}^\eta}$，所以只要证明 $\dfrac{\mathrm{Inf}_\eta(E_j)}{E_{\min}^\eta} \geqslant 0$ 和 $\dfrac{\mathrm{Inf}_\eta(E_j)}{E_{\min}^\eta} \leqslant 1$ 即可。

由 $\mathrm{Inf}_\eta(E_j) \triangleq -\sum |S_{\eta j} - S_{\eta\varphi}| \leqslant 0$，$E_{\min}^\eta = \min(\mathrm{Inf}_\eta(E_j)) \leqslant 0$ $\tag{6-15}$

可得

$$\frac{\mathrm{Inf}_\eta(E_j)}{E_{\min}^\eta} \geqslant 0 \tag{6-16}$$

又由

$$\mathrm{Inf}_\eta(E_j) \leqslant 0,\ E_{\min}^\eta \leqslant 0 \tag{6-17}$$

和

$$|\mathrm{Inf}_\eta(E_j)| \leqslant |E_{\min}^\eta| \tag{6-18}$$

可得

$$\frac{\mathrm{Inf}_\eta(E_j)}{E_{\min}^\eta} \leqslant 1 \tag{6-19}$$

因此，$0 \leqslant m_{sp-\eta}(\bar{E}_j) \leqslant 1$ 得证。

证明 6.3　$0 \leqslant m_{sp-\eta}(E_j \cup \bar{E}_j) \leqslant 1$。

$$m_{sp-\eta}(E_j \cup \bar{E}_j) \geqslant 0 \tag{6-20}$$

$$m_{sp-\eta}(E_j \cup \bar{E}_j) \geqslant 0 \Rightarrow \mathrm{Pl}_\eta(E_j) - \mathrm{Bel}_\eta(E_j) \geqslant 0 \tag{6-21}$$

$$1 - \frac{\mathrm{Inf}_\eta(E_j)}{E_{\min}^\eta} - \frac{\mathrm{Sup}_\eta(E_j)}{E_{\max}^\eta} \geqslant 0 \tag{6-22}$$

式（6-22）已在文献[11]中得到证明，这里不再重复证明。依据式（6-22），可以得到 $m_{sp-\eta}(E_j \cup \bar{E}_j) \geqslant 0$ 成立。

$$m_{sp-\eta}(E_j \cup \bar{E}_j) \leqslant 1$$

$$\mathrm{Pl}_\eta(E_j) - \mathrm{Bel}_\eta(E_j) \leqslant 1 \Rightarrow 1 - \frac{\mathrm{Inf}_\eta(E_j)}{E_{\min}^\eta} - \frac{\mathrm{Sup}_\eta(E_j)}{E_{\max}^\eta} \leqslant 1$$

$$\Rightarrow 1 - \left(\frac{\mathrm{Inf}_\eta(E_j)}{E_{\min}^\eta} + \frac{\mathrm{Sup}_\eta(E_j)}{E_{\max}^\eta} \right) \leqslant 1$$

$$\Rightarrow \left(\frac{\mathrm{Inf}_\eta(E_j)}{E_{\min}^\eta} + \frac{\mathrm{Sup}_\eta(E_j)}{E_{\max}^\eta} \right) \geqslant 0$$

$$\frac{\mathrm{Sup}_\eta(E_j)}{E_{\max}^\eta} \geqslant 0,\ \frac{\mathrm{Inf}_\eta(E_j)}{E_{\min}^\eta} \geqslant 0 \tag{6-23}$$

$$m_{sp-\eta}(E_j \cup \bar{E}_j) \leqslant 1$$

因而，$0 \leqslant m_{sp-\eta}(E_j \bigcup \overline{E}_j) \leqslant 1$ 得证。

6.3.3　评估指标权重计算

在原始 BF-TOPSIS 方法中，针对指标的权重都是人为主观设定的情况，当需要考虑足够多的指标时，主观设定法极大地限制了该方法的应用，这里提出了一种客观计算指标权重的方法。

1．基于最大-最小尺度的评分矩阵正则化

由于评价指标的不同，评分矩阵中各行数值可能处于不同的测量尺度，为了能将 S 中所有元素进行同一尺度转换，定义如下最大-最小变换尺度。

定义 6.1　正则化评分矩阵定义如下：

$$S'_\eta(E_j) = \frac{S_\eta(E_j) - E_{\min}^{\eta-S}}{E_{\max}^{\eta-S} - E_{\min}^{\eta-S}} \tag{6-24}$$

式中：$j \in \{1,2,\cdots,e\}$；$\eta \in \{1,2,\cdots,N\}$；$E_{\max}^{\eta-S}$ 和 $E_{\min}^{\eta-S}$ 分别为评分向量 $[S_\eta(E_1), S_\eta(E_2), \cdots, S_\eta(E_e)]$ 中的最大值和最小值。通过式（6-24）可将原始 S 线性转换为最大值 1 与最小值 0。

2．所有指标的成对对比矩阵构造

根据式（6-24）与定义 6.2 可计算得到关于指标的成对对比矩阵。

定义 6.2　成对对比矩阵构造如下：

$$pc_{q'q} = \frac{\sum_{j=1}^{e} \exp(S'_{q'}(j))}{\sum_{j=1}^{e} \exp(S'_q(j))}, \ \forall q', q = 1,2,\cdots,N \tag{6-25}$$

式中：N 为涉及的指标的个数。可以看出，该成对对比矩阵具有一致性，因为 $pc_{q'o} \cdot pc_{oq} = pc_{q'q}$。

证明 6.4

$$pc_{q'o} \cdot pc_{oq} = \frac{\sum_{j=1}^{e} \exp(S'_{q'}(j))}{\sum_{j=1}^{e} \exp(S'_o(j))} \times \frac{\sum_{j=1}^{e} \exp(S'_o(j))}{\sum_{j=1}^{e} \exp(S'_q(j))}$$

$$= \frac{\sum_{j=1}^{e} \exp(S'_{q'}(j))}{\sum_{j=1}^{e} \exp(S'_q(j))} = pc_{q'q} \tag{6-26}$$

3. 指标的权重计算

接下来，能获得每个指标对应的权重 $\upsilon(C_\eta)$，如式（6-27）和式（6-28）所示：

$$\upsilon(C_\eta) = \frac{\sum_{q=1}^{N} pc'_{\eta q}}{e} \qquad (6\text{-}27)$$

$$pc'_{\eta q} = \frac{pc_{\eta q}}{\sum_{\eta'=1}^{N} pc_{\eta' q}} \qquad (6\text{-}28)$$

最后，结合客观自适应 BF-TOPSIS 方法，实现权重计算。

步骤一： 根据评分矩阵，计算各证据源对应的特殊基本概率赋值：$m_{sp-\eta}(E_j)$、$m_{sp-\eta}(\overline{E}_j)$ 和 $m_{sp-\eta}(E_j \cup \overline{E}_j)$。

步骤二： 对于每组多粒度证据源 E_j 来说，利用区间距离函数 $d_{\mathrm{BI}}^{\mathrm{Ec}}(m_{sp-\eta}, m_\eta^{\mathrm{best}})$，计算 $m_{sp-\eta}(\cdot)$ 与最佳 BBA $\left[m_\eta^{\mathrm{best}}(E_j) \triangleq 1 \right]$ 之间的距离。类似地，利用区间距离函数 $d_{\mathrm{BI}}^{\mathrm{Ec}}(m_{sp-\eta}, m_\eta^{\mathrm{worst}})$，计算 $m_{sp-\eta}(\cdot)$ 与最差 BBA $\left[m_\eta^{\mathrm{worst}}(E_j) \triangleq 1 \right]$ 之间的距离。

步骤三： 通过第三部分获得的指标权重，对每个指标下的多粒度证据源 E_j 距离函数求加权平均，具体公式如下：

$$d^{\mathrm{best}}(E_j) \triangleq \sum_{\eta=1}^{N} \upsilon(C_\eta) \cdot d_{\mathrm{BI}}^{\mathrm{Ec}}(m_{sp-\eta}, m_\eta^{\mathrm{best}}) \qquad (6\text{-}29)$$

$$d^{\mathrm{worst}}(E_j) \triangleq \sum_{\eta=1}^{N} \upsilon(C_\eta) \cdot d_{\mathrm{BI}}^{\mathrm{Ec}}(m_{sp-\eta}, m_\eta^{\mathrm{worst}}) \qquad (6\text{-}30)$$

步骤四： E_j 的可靠性程度可通过式（6-31）计算：

$$\omega(E_j, E^{\mathrm{best}}) \triangleq \frac{d^{\mathrm{worst}}(E_j)}{d^{\mathrm{worst}}(E_j) + d^{\mathrm{best}}(E_j)} \qquad (6\text{-}31)$$

实际在使用式(6-31)进行多粒度证据源排序的过程中，如果使 $\omega(E_j, E^{\mathrm{best}}) < \omega(E, E^{\mathrm{best}})$ 成立，就需要满足推论 6-1。

推论 6.1 不等式 $\omega(E_j, E^{\mathrm{best}}) < \omega(E, E^{\mathrm{best}})$ 成立的条件是

$$d^{\mathrm{worst}}(E_j) \cdot d^{\mathrm{best}}(E) < d^{\mathrm{worst}}(E) \cdot d^{\mathrm{best}}(E_j) \qquad (6\text{-}32)$$

证明如下：

$$d^{\mathrm{worst}}(E_j) \cdot d^{\mathrm{best}}(E) < d^{\mathrm{worst}}(E) \cdot d^{\mathrm{best}}(E_j) \qquad (6\text{-}33)$$

$$\Rightarrow d^{\mathrm{worst}}(E_j) \cdot d^{\mathrm{best}}(E) + d^{\mathrm{worst}}(E_j) \cdot d^{\mathrm{worst}}(E) < \\ d^{\mathrm{worst}}(E) \cdot d^{\mathrm{best}}(E_j) + d^{\mathrm{worst}}(E_j) \cdot d^{\mathrm{worst}}(E) \qquad (6\text{-}34)$$

$$\Rightarrow d^{\text{worst}}(E_j) \cdot [d^{\text{best}}(E) + d^{\text{worst}}(E)] < \qquad (6\text{-}35)$$
$$d^{\text{worst}}(E) \cdot [d^{\text{best}}(E_j) + d^{\text{worst}}(E_j)]$$

$$\Rightarrow \frac{d^{\text{worst}}(E_j)}{d^{\text{worst}}(E_j) + d^{\text{best}}(E_j)} < \frac{d^{\text{worst}}(E)}{d^{\text{worst}}(E) + d^{\text{best}}(E)}$$

$$\Rightarrow \omega(E_j, E^{\text{best}}) < \omega(E, E^{\text{best}}) \qquad (6\text{-}36)$$

证明结束。

基于式（6-36），在这里，给出了另一种加权指标，并证明该指标不受权重影响。

$$\omega'(E_j, E^{\text{best}}) \triangleq \frac{w^+ \cdot d^{\text{worst}}(E_j)}{w^+ \cdot d^{\text{worst}}(E_j) + w^- \cdot d^{\text{best}}(E_j)} \qquad (6\text{-}37)$$

式中：w^+ 和 w^- 为两个距离函数 $d^{\text{best}}(\cdot)$ 和 $d^{\text{worst}}(\cdot)$ 的相对重要程度。为不失一般性，这两个权重都满足 $0 < w^- < 1$，$0 < w^+ < 1$，并且 $w^+ + w^- = 1$。当使用式（6-35）进行排序时，通常有一个隐含的条件，即推论 6.2。

推论 6.2　$\omega'(E_j, E^{\text{best}}) < \omega'(E, E^{\text{best}})$ 成立的条件是

$$d^{\text{worst}}(E_j) \cdot d^{\text{best}}(E) < d^{\text{worst}}(E) \cdot d^{\text{best}}(E_j) \qquad (6\text{-}38)$$

类似地，$\omega'(E, E^{\text{best}}) < \omega'(E_j, E^{\text{best}})$ 成立的有效条件是

$$d^{\text{worst}}(E) \cdot d^{\text{best}}(E_j) < d^{\text{worst}}(E_j) \cdot d^{\text{best}}(E) \qquad (6\text{-}39)$$

证明如下：

$$d^{\text{worst}}(E_j) \cdot d^{\text{best}}(E) < d^{\text{worst}}(E) \cdot d^{\text{best}}(E_j) \qquad (6\text{-}40)$$

$$\Rightarrow w^+ w^- \cdot d^{\text{worst}}(E_j) \cdot d^{\text{best}}(E) + w^+ w^+ \cdot d^{\text{worst}}(E_j) \cdot d^{\text{worst}}(E) < \qquad (6\text{-}41)$$
$$w^+ w^- \cdot d^{\text{worst}}(E) \cdot d^{\text{best}}(E_j) + w^+ w^+ \cdot d^{\text{worst}}(E_j) \cdot d^{\text{worst}}(E)$$

$$\Rightarrow w^+ \cdot d^{\text{worst}}(E_j) \cdot [w^- \cdot d^{\text{best}}(E) + w^+ \cdot d^{\text{worst}}(E)] < \qquad (6\text{-}42)$$
$$w^+ \cdot d^{\text{worst}}(E) \cdot [w^- \cdot d^{\text{best}}(E_j) + w^+ \cdot d^{\text{worst}}(E_j)]$$

$$\Rightarrow \frac{w^+ d^{\text{worst}}(E_j)}{w^+ d^{\text{worst}}(E_j) + w^- d^{\text{best}}(E_j)} < \frac{w^+ d^{\text{worst}}(E)}{w^+ d^{\text{worst}}(E) + w^- d^{\text{best}}(E)} \qquad (6\text{-}43)$$

$$\Rightarrow \omega'(E_j, E^{\text{best}}) < \omega'(E, E^{\text{best}})$$

证明结束。

式（6-43）在一定程度上证明了加权指标并不受权重 w^+ 和 w^- 的影响，因此，在接下来的工作中，将使用式（6-32）作为排序指标。

最后，利用权重和 PCR6 规则，对所有证据源进行融合：利用式（6-32），将所有计算出的 $\omega(E_j)$，构成权重向量：

$$\text{Weight} = \{\omega(E_1), \omega(E_2), \cdots, \omega(E_e)\} \qquad (6\text{-}44)$$

根据 PCR6 规则，对所有证据源进行融合：

$$m_{\text{fusion}} = \text{PCR6}(m_1^{\omega(E_1)}(\cdot), m_2^{\omega(E_2)}(\cdot), m_3^{\omega(E_3)}(\cdot), \cdots, m_e^{\omega(E_e)}(\cdot)) \qquad (6\text{-}45)$$

因为不可靠证据源往往会提供不精确信息或者冲突信息，所以需要在对证据源进行融合之前，从多评价指标的角度，对证据源进行有效评估。正如前文所述，首先利用以上提及的 4 个指标（不精确指标和冲突指标）对证据源进行评估。需要强调的是，这里提出的是基于多评价策略下的折扣证据源融合方法，其中涉及的评价指标可以根据实际问题做对应的修改，而不局限在提及的这 4 个指标。基于客观自适应 BF-TOPSIS 的多粒度证据源折扣融合方法的框架如图 6-1 所示。同时，这里给出了算法 6.1。

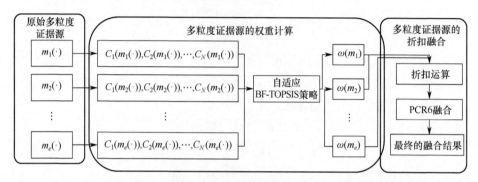

图 6-1　基于客观自适应 BF-TOPSIS 的多粒度证据源折扣融合方法的框架

算法 6.1：基于自适应 BF-TOPSIS 的非等可靠多粒度证据源折扣融合方法。

输入：原始多粒度证据源：$E_1 : m_1(\cdot), E_2 : m_2(\cdot), \cdots, E_e : m_e(\cdot)$

输出：融合后的证据源：$m_{\text{fusion}}(\cdot)$

1. 首先，利用式（6-1）～式（6-4）构建关于原始证据源的评分矩阵 $\boldsymbol{S}$，如式（6-6）所示。

2. 获取评分矩阵之后，结合式（6-12），获取各证据源的特殊基本信度赋值 $m_{sp}(\cdot)$。

3. 根据评分矩阵，利用式（6-24）、式（6-25）、式（6-27）、式（6-28），计算各指标的权重 $\upsilon(C)$。

4. 利用区间距离函数式（6-29）和式（6-30），结合式（6-31），获取各原始多粒度证据源的可靠因子。

5. 利用折扣运算法则和式（6-45），获取最终的融合结果 $m_{\text{fusion}}(\cdot)$。

6.4　仿真分析

本节将多评价策略下的多粒度证据源折扣融合与相关文献中的经典方法如 Dempster's Rule、PROMETHEE Ⅱ 和 AHP 等进行了对比，并进行较为全面的分析，从而验证了本章提出方法的有效性。所有的仿真实验都在 MATLAB R2018a 上运行，其硬件配置如下：Intel Core i7-5600U CPU，8GB RAM。

6.4.1　高冲突证据融合

假设有 6 组传感器共享相同的鉴别框架 $\Theta=\{\theta_1,\theta_2,\theta_3\}$，其对应的不完备超幂集空间 $D_{\text{Incomplete}}^{\Theta}=\{\theta_1,\theta_2,\theta_3,\theta_1\cup\theta_2,\theta_1\cup\theta_3,\theta_2\cup\theta_3,\theta_1\cup\theta_2\cup\theta_3\}$，那么，这 6 组传感器提供的多粒度证据源如表 6-1 所示。将鉴别框架中各单子焦元分别定义为 3 个目标行为，其中，$\theta_1\triangleq$ Activity 1，$\theta_2\triangleq$ Activity 2，$\theta_3\triangleq$ Activity 3。表 6-1 中 4 组多粒度证据源（$m_1(\cdot),m_2(\cdot),m_4(\cdot),m_5(\cdot)$）都将最大的信度赋值赋予焦元 θ_1，$m_3(\cdot)$ 则将其最大的信度赋值赋予焦元 θ_2。从决策角度来看，可以认为 $m_3(\cdot)$ 与 $m_1(\cdot)$、$m_2(\cdot)$、$m_4(\cdot)$、$m_5(\cdot)$ 存在冲突问题。根据式（6-1）～式（6-4），通过每个指标可以获得每组多粒度证据源的对应评分，并可以将各自评分构成评分矩阵，如表 6-2 所示。由于本章中选取的多粒度证据源评价指标式（6-1）～式（6-4）都是评分越低，证据源本身越优，因此，根据表 6-2 中计算出的评分结果，对每组多粒度证据源进行排序，如式（6-46）所示。这里需注意的是，符号"$\succ$"的意思是"优于"。

表 6-1　6 组传感器提供的多粒度证据源

焦　元	$m_1(\cdot)$	$m_2(\cdot)$	$m_3(\cdot)$	$m_4(\cdot)$	$m_5(\cdot)$	$m_6(\cdot)$
θ_1	0.75	0.4	0	0.35	0.5	0.05
θ_2	0.1	0.2	0.9	0.15	0.1	0.1
θ_3	0.05	0.1	0.1	0.25	0	0
$\theta_1\cup\theta_2$	0	0.3	0	0.2	0	0.3
$\theta_1\cup\theta_3$	0	0	0	0	0	0.2
$\theta_2\cup\theta_3$	0	0	0	0	0.15	0.1
$\theta_1\cup\theta_2\cup\theta_3$	0.1	0	0	0.05	0.25	0.25

$$\begin{cases}\text{St}(\cdot):\ m_3\succ m_6\succ m_1\succ m_5\succ m_2\succ m_4\\ I(\cdot):\ m_3\succ m_1\succ m_4\succ m_2\succ m_5\succ m_6\\ \text{Conf}(\cdot):\ m_6\succ m_5\succ m_2\succ m_4\succ m_1\succ m_3\\ d_{\text{BI}}^{\text{Ec}}(\cdot):\ m_2\succ m_5\succ m_4\succ m_6\succ m_1\succ m_3\end{cases}\qquad(6\text{-}46)$$

表 6-2　各指标下的各证据源评分 $C_j(i)$

指　标	m_1	m_2	m_3	m_4	m_5	m_6
St(m)	0.6771	0.9591	0.4690	1.1508	0.6959	0.4721
$I(m)$	0.1585	0.3000	0	0.2792	0.5462	0.9962
Conf(m)	0.8813	0.6374	1.2641	0.7562	0.5317	0.3225
$d_{\text{BI}}^{\text{Ec}}(m)$	0.3785	0.2586	0.6115	0.2682	0.2622	0.3127

可以发现，每个指标下的最可靠多粒度证据源不是唯一的。由于依靠单一指标来评价多粒度证据源的可靠性程度明显是片面的，因此需要设计出合理的多评价指标决策方法，根据所有涉及的指标，综合给出各证据源的最佳折扣因子。根据式（6-7）与式（6-8）计算出每组多粒度证据源的支持程度与反对程度，支持程度与反对程度的相关结果在表 6-3 和表 6-4 中列出。从表 6-3 中能够看到，指标 $\text{St}(m)$ 和 $I(m)$ 对于 m_3 的支持程度较高，因为该证据源是 Bayesian BBA，其证据源内部的不确定性程度最低。但是，从证据源之间的冲突角度看，可以发现 $\text{Conf}(\cdot)$ 和 $d_{\text{BI}}^{\text{Ec}}(\cdot)$ 指标下 m_3 的支持程度最低。

表 6-3　证据支持程度 $\text{Sup}_\eta(m_j)$

	m_1	m_2	m_3	m_4	m_5	m_6
$\text{St}(m_j)$	0.7746	0.1917	1.6101	0	0.7180	1.5944
$I(m_j)$	1.4877	0.9425	2.2802	1.0047	0.4500	0
$\text{Conf}(m,m_j)$	0.3828	0.9893	0	0.6330	1.4123	2.4581
$d_{\text{BI}}^{\text{Ec}}(m,m_j)$	0.2330	0.5404	0	0.4980	0.5221	0.3646

表 6-4　证据反对程度 $\text{Inf}_\eta(m_j)$

	m_1	m_2	m_3	m_4	m_5	m_6
$\text{St}(m_j)$	−0.4131	−1.5223	0	−2.4897	−0.4696	−0.0031
$I(m_j)$	−0.1585	−0.4623	0	−0.4000	−1.4472	−3.6972
$\text{Conf}(m,m_j)$	−1.2774	−0.4206	−3.1914	−0.7769	−0.2092	0
$d_{\text{BI}}^{\text{Ec}}(m,m_j)$	−0.4123	0	−1.5773	−0.0157	−0.0036	−0.1492

接着，根据式（6-12）能得到各指标下各组证据源对应的特殊 BBA 值，具体如表 6-5～表 6-8 所示。可以看到，基于不精确指标 $\text{St}(m)$ 和 $I(m)$，m_3 获得最高的支持程度。因为从本质上讲，m_3 只有单子焦元，对应的是 Bayesian BBA，其不精确程度是最低的；反过来说，在这两个指标下，m_3 的支持程度是最高的。相对地，由于 m_3 与其他证据源之间是相互冲突的，当用冲突指标来度量时，m_3 的反对程度应当是最高的。在表 6-7 和表 6-8 中，m_3 对应的 $m_{\text{Conf}}(\overline{E}_j)$ 和 $m_{d_{\text{BI}}^{\text{Ec}}(\cdot)}(\overline{E}_j)$ 都为 1。然后，基于式（6-24）和式（6-25），分别得到评分矩阵（见表 6-9）和对比矩阵（见表 6-10），由式（6-27）和式（6-28）就能得到每个指标的权重（见表 6-11）。最后，利用客观自适应 BF-TOPSIS 方法，能获得各证据源的可靠程度 $\omega(E_j, E^{\text{best}})$（见表 6-12）。从表 6-12 中可发现，$m_2(\cdot)$ 是所有证据源中可靠程度最高的。

表 6-5　基于指标 $St(m_j)$ 获得的基本概率赋值

	m_1	m_2	m_3	m_4	m_5	m_6
$m_{St(\cdot)}(E_j)$	0.4811	0.1190	1	0	0.4459	0.9903
$m_{St(\cdot)}(\overline{E}_j)$	0.1165	0.6137	0	1	0.1893	0.0013
$m_{St(\cdot)}(E_j \cup \overline{E}_j)$	0.3524	0.2673	0	0	0.3647	0.0085

表 6-6　基于指标 $I(m_j)$ 获得的基本概率赋值

	m_1	m_2	m_3	m_4	m_5	m_6
$m_{I(\cdot)}(E_j)$	0.6525	0.4133	1	0.4406	0.1973	0
$m_{I(\cdot)}(\overline{E}_j)$	0.0429	0.1250	0	0.1082	0.3914	1
$m_{I(\cdot)}(E_j \cup \overline{E}_j)$	0.3047	0.4616	0	0.4512	0.4112	0

表 6-7　基于指标 $Conf(m,m_j)$ 获得的基本概率赋值

	m_1	m_2	m_3	m_4	m_5	m_6
$m_{Conf(\cdot)}(E_j)$	0.1557	0.4025	0	0.2575	0.5746	1
$m_{Conf(\cdot)}(\overline{E}_j)$	0.4003	0.1318	1	0.2435	0.0655	0
$m_{Conf(\cdot)}(E_j \cup \overline{E}_j)$	0.4440	0.4657	0	0.4990	0.3599	0

表 6-8　基于指标 $d_{BI}^{Ec}(m,m_j)$ 获得的基本概率赋值

	m_1	m_2	m_3	m_4	m_5	m_6
$m_{d_{BI}^{Ec}(\cdot)}(E_j)$	0.4312	1	0	0.9216	0.9663	0.6746
$m_{d_{BI}^{Ec}(\cdot)}(\overline{E}_j)$	0.2614	0	1	0.0100	0.0023	0.0946
$m_{d_{BI}^{Ec}(\cdot)}(E_j \cup \overline{E}_j)$	0.3074	0	0	0.0684	0.0314	0.2308

表 6-9　归一化评分矩阵 $S'_\eta(E_j)$

指　标	m_1	m_2	m_3	m_4	m_5	m_6
$St(m_j)$	0.3052	0.7189	0	1	0.3329	0.0046
$I(m_j)$	0.1591	0.3011	0	0.2803	0.5483	1
$Conf(m,m_j)$	0.5934	0.3344	1	0.4606	0.2221	0
$d_{BI}^{Ec}(m,m_j)$	0.3398	0	1	0.0274	0.0103	0.1535

表 6-10　归一化对比矩阵

指　标	$St(m_j)$	$I(m_j)$	$Conf(m,m_j)$	$d_{BI}^{Ec}(m,m_j)$
$St(m_j)$	1.0000	0.9758	1.0224	0.8798
$I(m_j)$	1.0248	1.0000	1.0499	0.9017
$Conf(m,m_j)$	0.9762	0.9525	1.0000	0.8589
$d_{BI}^{Ec}(m,m_j)$	1.1441	1.1164	1.1720	1.0000

表 6-11　指标权重 $\upsilon(C_\eta)$

权　　重	$St(\cdot)$	$I(\cdot)$	$Conf(\cdot)$	$d_{BI}^{Ec}(\cdot)$
$\upsilon(C_\eta)$	0.2581	0.2519	0.2644	0.2256

表 6-12　距离与相对接近程度

证　据　源	$d_{BI}^{Ec}(m_{sp\text{-}\eta}, m_\eta^{best})$	$d_{BI}^{Ec}(m_{sp\text{-}\eta}, m_\eta^{worst})$	$\omega(E_j, E^{best})$
m_1	2.8450	3.8938	0.5778
m_2	2.6323	4.0353	0.6838
m_3	2.8284	2.8284	0.5000
m_4	3.1726	3.3888	0.5165
m_5	2.2802	4.2988	0.6534
m_6	1.8371	3.9732	0.6052

1．比较实验

为了能进一步将本章提出的方法与相关文献中提及的方法进行充分的对比，这里将不同方法计算出的多粒度证据源的折扣因子列于表 6-13 中。从该表中发现，当只考虑精度指标时，m_3 的权重直接等于 1，这表明该证据源是最可靠的。因为相比于其他证据源，m_3 是唯一一个 Bayesian BBA，它有最高的清晰程度。但是，当只考虑冲突指标时，m_3 的可靠性程度直接降为 0，即 m_3 在冲突指标下是完全不可靠的，这是因为 m_3 与其他证据源冲突。不同指标下同一个证据源的折扣因子表现差异如此之大，也直接说明了本章利用多评价指标对证据源的折扣因子评估的必要性。此外，除了 AHP 方法和本章方法 ω_i^I（即本章提出的方法中只依靠冲突指标的情况），其他方法都认为 m_2 是最可靠的证据源，这也说明了本章提出的计算证据源可靠性因子方法的有效性。

表 6-13　可靠性程度对比

方　　法	m_1	m_2	m_3	m_4	m_5	m_6
Martin	0.916	0.956	0.777	0.956	0.953	0.930
Jiang[12]	0.600	0.707	0.370	0.705	0.697	0.632
PROMETHEE Ⅱ	0.878	1.0000	0.948	0.796	0.919	0.723
AHP	0.7537	0.7543	0.8171	0.7197	0.7768	0.8508
本书方法 $\omega_i^{I,C}$	0.5778	0.6838	0.5000	0.5165	0.6534	0.6052
本书方法 ω_i^I	0.6663	0.4552	**1.0000**	0.3378	0.5120	0.4964
本书方法 ω_i^C	0.4911	0.8632	**0.0000**	0.6900	0.8073	0.7623

2．敏感性测试

为了验证每个指标在证据源权重计算过程中的重要性程度，这里设计了指标对证据源权重的敏感性实验，具体结果如表 6-14 所示。其中，$\omega_i^{\backslash \mathrm{St}(m)}$ 表示在除去指标 $\mathrm{St}(m)$ 后，利用剩余的指标，对证据源的可靠性进行评估。在评估完证据源的权重之后，将计算的权重用于最终的证据源融合，获得的融合结果如表 6-15 所示。可以发现，当利用全部指标计算时，最终的决策结果是 θ_1；但是，当对冲突评估指标进行删除时，决策结果将变成 θ_2。在保证冲突指标不变的情况下，删除不精确指标并不影响最终的决策结果，因而，从决策的角度看，证据间的冲突问题极大地影响了融合结果，需要对其进行有效的评估，但 Dempster's rule 难以处理冲突问题。

表 6-14　删除指标对权重的影响

权　　重	m_1	m_2	m_3	m_4	m_5	m_6
$\omega_i^{\backslash \mathrm{St}(m)}$	0.5664	0.6994	0.3333	0.6584	0.6751	0.5846
$\omega_i^{\backslash I(m)}$	0.5310	0.6124	0.3333	0.4843	0.7318	0.9038
$\omega_i^{\backslash \mathrm{Conf}(m)}$	0.6336	0.6146	0.6667	0.5214	0.6465	0.5821
$\omega_i^{\backslash d_{\mathrm{BI}}^{\mathrm{Ec}}(m)}$	0.5816	0.4989	0.6667	0.3987	0.5657	0.6441

表 6-15　不同权重对融合结果的影响

权　　重	θ_1	θ_2	θ_3
$\omega^{I,C}$	0.3415	0.2463	0.1198
ω^{I}	0.1855	0.5292	0.0357
ω^{C}	0.3767	0.0890	0.1631
$\omega^{\backslash \mathrm{St}(m)}$	0.3822	0.1729	0.1295
$\omega^{\backslash I(m)}$	0.3491	0.1662	0.1570
$\omega^{\mathrm{Conf}(i)}$	0.3155	0.3244	0.0947
$\omega^{\backslash d_{\mathrm{BI}}^{\mathrm{Ec}}(\cdot)}$	0.2883	0.3417	0.0935

权　　重	$\theta_1 \cup \theta_2$	$\theta_1 \cup \theta_3$	$\theta_2 \cup \theta_3$	$\theta_1 \cup \theta_2 \cup \theta_3$
$\omega^{I,C}$	0.0275	0.0223	0.0211	0.2216
ω^{I}	0.0202	0.0089	0.0055	0.2149
ω^{C}	0.0312	0.0233	0.0269	0.2897
$\omega^{\backslash \mathrm{St}(m)}$	0.0353	0.0162	0.0200	0.2438
$\omega^{\backslash I(m)}$	0.0233	0.0346	0.0295	0.2404
$\omega^{\mathrm{Conf}(i)}$	0.0274	0.0163	0.0168	0.2049
$\omega^{\backslash d_{\mathrm{BI}}^{\mathrm{Ec}}(\cdot)}$	0.0229	0.0210	0.0166	0.2162

3. 冲突特例测试

这里考虑两组多粒度证据源 m_1 和 m_2，两者都定义于同一个鉴别框架 FoD：$\Theta = \{\theta_1, \theta_2, \theta_3\}$ 下。但是，这两组多粒度证据源对应的不完备超幂集空间不同，同时，这两个证据源相互冲突，其对应的经典基本概率赋值如下：

$$\begin{cases} m_1(\theta_1) = 0.99, \, m_1(\theta_3) = 0.01 \\ m_2(\theta_2) = 0.9, \, m_2(\theta_3) = 0.1 \end{cases} \tag{6-47}$$

为了验证本书提出的方法是否能解决高度冲突问题以及与其他方法的区别，将最终的融合结果列在表 6-16 中。可以发现，Dempster's rule 直接产生反智的结果，将最大的信度赋值给予了焦元 θ_3；Martin 方法和 Jiang 方法将最大的信度赋值给予了复合焦元 $\theta_1 \bigcup \theta_2 \bigcup \theta_3$，然后通过概率转换方法，可以得到这两种方法的决策结果是 θ_1；Frikhas 的两种方法直接将最大的信度赋值给予了焦元 θ_1，分析其方法的机制可以发现，该方法中的放大机制使原有的信息丢失。本书的方法在保证信息真实性的基础上，给出最正确的决策结果，即决策结果为 θ_1。

表 6-16　不同融合方法在高冲突证据源融合时的结果

方　　法	θ_1	θ_2	θ_3	$\theta_1 \bigcup \theta_2$
Dempster's rule	0.0000	0.0000	1.0000	0.0000
Martin	0.239	0.217	0.027	0.0000
Jiang	0.049	0.044	0.005	0.0000
Frikhas 方法 1	0.984	0.0000	0.016	0.0000
Frikhas 方法 2	0.9262	0.0738	0.0000	0.0000
本书方法	**0.5365**	**0.2089**	**0.0186**	**0.0000**
方　　法	$\theta_1 \bigcup \theta_3$	$\theta_2 \bigcup \theta_3$	$\theta_1 \bigcup \theta_2 \bigcup \theta_3$	决　策　结　果
Dempster's rule	0.0000	0.0000	0.0000	θ_3
Martin	0.0000	0.0000	0.517	θ_1
Jiang	0.0000	0.0000	0.902	θ_1
Frikhas 方法 1	0.0000	0.0000	0.0000	θ_1
Frikhas 方法 2	0.0000	0.0000	0.0000	θ_1
本书方法	**0.0000**	**0.0000**	**0.2360**	θ_1

6.4.2　不精确证据融合

假设 3 组基于同一个鉴别框架 FoD：$\Theta = \{\theta_1, \theta_2, \theta_3\}$ 下的多粒度证据源 m_1、m_2 和 m_3，这 3 组证据源的不完备超幂集空间中包含单子焦元 θ_1、θ_2、θ_3 和析取焦元 $\theta_1 \bigcup \theta_2$、$\theta_2 \bigcup \theta_3$、$\theta_1 \bigcup \theta_3$、$\theta_1 \bigcup \theta_2 \bigcup \theta_3$，3 组证据源的基本概率赋值如表 6-17 所示。

表 6-17 3 组冲突不精确证据源的基本概率赋值

焦　元	m_1	m_2	m_3
θ_1	0.38	0.3	0.28
θ_2	0.15	0.4	0.42
θ_3	0.15	0	0
$\theta_1 \cup \theta_2$	0.15	0.3	0.3
$\theta_1 \cup \theta_3$	0.03	0	0
$\theta_2 \cup \theta_3$	0.03	0	0
$\theta_1 \cup \theta_2 \cup \theta_3$	0.03	0	0

通过表 6-17 可以看到，证据源 m_1 主要支持 θ_1，而证据源 m_2 和 m_3 主要支持 θ_2。通过本书提出的计算权重的方法可以发现，m_1 获得了最小的权重，而 m_2 和 m_3 获得了相对比较大的权重，具体如表 6-18 所示。可以看出，m_1 不应在最终的融合中扮演重要角色。然而，在基于单一指标可靠性评估中可以看到，Martin 方法和 Jiang 方法中的 3 组证据源具有相同的可靠性，其折扣因子值非常接近，这导致其在之后的融合结果中决策错误。分析其原因：这两组方法都是基于冲突指标对证据源进行可靠性评估的，然而，本算例中 3 组证据源是相互不冲突的，从而导致基于冲突指标无法独立度量可靠性。

表 6-18 3 组多粒度证据源在不同方法下的可靠性评估值

方　法	m_1	m_2	m_3
Martin	0.961	0.989	0.988
Jiang	0.822	0.854	0.848
PROMETHEE Ⅱ	0.643	1.0000	0.989
AHP	0.8019	0.9428	0.9407
本书方法	**0.3109**	**0.6834**	**0.6578**

从表 6-19 提供的融合结果来看，基于单一指标下的融合策略（Martin 方法和 Jiang 方法）和经典的 Dempster's rule 方法的最终决策结果都是 θ_1，而多评价指标下的 3 种方法（PROMETHEE Ⅱ、AHP 和本书提出的方法）给出的决策结果都是 θ_2。造成这个差异的主要原因是单一指标中算出的 3 个传感器的权重都接近，即没有赋予证据源 m_1 足够低的权重，其在融合过程中扮演了重要角色。然而，在实际情况下，证据源 m_1 与其他两个传感器的输入是不一致的，为了获得更加合理的结果，应赋予 m_1 较小的权重。另外，考虑到 PCR6 融合规则不满足结合律，在以上的讨论过程中，PCR6 按照默认的融合次序进行融合，即在本例中的融合顺序为

$$m_{1-2-3}(\cdot) = \mathrm{PCR}6(\mathrm{PCR}6(m_1(\cdot), m_2(\cdot)), m_3(\cdot))$$

为了能观察融合的顺序是否对最终的融合结果造成影响，利用 PCR6 融合规则按照不同的融合顺序对这 3 组证据源进行融合。其中，默认的融合次序为 1—2—3，表示按照 $m_1(\cdot)$ 先与 $m_2(\cdot)$ 融合，然后将融合结果与 $m_3(\cdot)$ 融合。其他考虑的融合次序为 1—3—2，2—3—1：

$$m_{1-3-2}(\cdot) = \text{PCR6}(\text{PCR6}(m_1(\cdot), m_3(\cdot)), m_2(\cdot))$$

$$m_{2-3-1}(\cdot) = \text{PCR6}(\text{PCR6}(m_2(\cdot), m_3(\cdot)), m_1(\cdot))$$

不同融合次序的结果如表 6-19 所示。可以看到，不同的融合次序并没有影响本章提出的多评价指标折扣融合方法的决策结果。

表 6-19　m_1、m_2 和 m_3 的融合结果

方　　法	θ_1	θ_2	θ_3	$\theta_1 \bigcup \theta_2$
Dempster's rule	0.502	0.458	0.0000	0.040
Martin	0.491	0.462	0.0000	0.047
Jiang	0.452	0.438	0.0050	0.092
PROMETHEE Ⅱ	0.418	0.5000	0.0000	0.082
AHP	0.3938	0.4923	0.0039	0.1090
本书方法（默认次序）	**0.3392**	**0.4274**	**0.0083**	**0.1454**
本书方法（1—3—2）	**0.3386**	**0.4279**	**0.0083**	**0.1454**
本书方法（2—3—1）	**0.3321**	**0.4332**	**0.0110**	**0.1439**
Dempster's rule	0.0000	0.0000	0.0000	θ_1
Martin	0.0000	0.0000	0.0000	θ_1
Jiang	0.002	0.002	0.009	θ_1
PROMETHEE Ⅱ	0.0000	0.0000	0.0000	θ_2
AHP	0.0000	0.0000	0.0000	θ_2
本书方法（默认次序）	**0.0011**	**0.0010**	**0.0776**	θ_2
本书方法（1—3—2）	**0.0011**	**0.0011**	**0.0776**	θ_2
本书方法（2—3—1）	**0.0011**	**0.0011**	**0.0776**	θ_2

6.4.3　蒙特卡罗实验

下面通过蒙特卡罗实验验证本章提出的方法在冲突动态变化情况下的反应。实验共进行 50 组蒙特卡罗测试，在每次测试过程中，共产生 25 组基于相同鉴别框架 $\Theta = \{\theta_1, \theta_2, \theta_3\}$ 下的证据源。其中，前 6 组多粒度证据源支持 θ_1，接下来的 8 组多粒度证据源支持 θ_3，最后的 11 组多粒度证据源再次支持 θ_1。同时，支持相同焦元的证据源具有相同的粒结构，而支持不同的证据源之间的粒结构不同。其中，支持 θ_1 的证据源具有 4 个信息粒焦元，其对应的信度赋值为

$$m(\theta_1) = 0.45 + x, \quad m(\theta_2) = 0.15 - y,$$
$$m(\theta_3) = 0.15 - x, \quad m(\theta_1 \bigcup \theta_2) = 0.25 + y \tag{6-48}$$

支持 θ_3 的证据源同样含有 4 个信息粒焦元，其对应的信度赋值如下：

$$m(\theta_1) = 0.15 - y,\ m(\theta_2) = 0.15 - x,$$
$$m(\theta_3) = 0.45 + x,\ m(\theta_2 \bigcup \theta_3) = 0.25 + y \tag{6-49}$$

式（6-48）和式（6-49）中的参数 x 和 y 都是在区间 $[0.01, 0.15]$ 和区间 $[0.01, 0.10]$ 中随机产生的。图 6-2～图 6-4 展示的多粒度证据源的权重值和 $\mathrm{Bet}P(\theta)$ 都是 50 次蒙特卡罗实验中的平均值。由于在不精确指标（C_1 和 C_2）条件下，各多粒度证据源的权重只与自身的信度赋值有关，因而，在本次蒙特卡罗实验中，各多粒度证据源的权重变化主要由冲突指标确定。

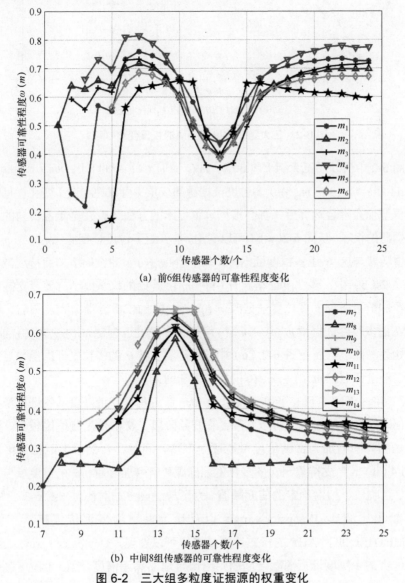

(a) 前6组传感器的可靠性程度变化

(b) 中间8组传感器的可靠性程度变化

图 6-2　三大组多粒度证据源的权重变化

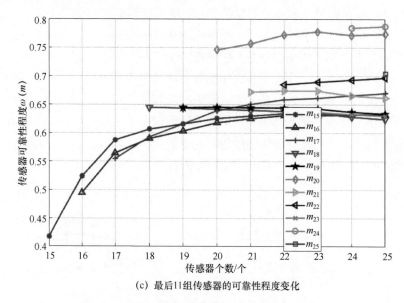

(c) 最后11组传感器的可靠性程度变化

图 6-2　三大组多粒度证据源的权重变化（续）

图 6-2 中反映了三大组（前 6 组：$m_1(\cdot) \sim m_6(\cdot)$；中间 8 组：$m_7(\cdot) \sim m_{14}(\cdot)$；最后 11 组：$m_{15}(\cdot) \sim m_{25}(\cdot)$）多粒度证据源的权重（可靠性程度）变化。每组新的证据源加入融合运算后，都会根据本章提出的方法计算并更新各参与的多粒度证据源的权重。从图 6-2（a）中可以看出，前 6 组多粒度证据源（$m_1(\cdot) \sim m_6(\cdot)$）的权重随着与这 6 组多粒度证据源（$m_7(\cdot) \sim m_{14}(\cdot)$）冲突的增加而持续减小。在图 6-2（b）中，多粒度证据源 $m_7(\cdot) \sim m_{14}(\cdot)$ 开始的权重很小，随着支持 θ_3 的证据源的数目增加，多粒度证据源 $m_7(\cdot) \sim m_{14}(\cdot)$ 的权重逐渐增大。最后，随着支持 θ_1 的多粒度证据源 $m_{15}(\cdot) \sim m_{25}(\cdot)$ 增加，多粒度证据源 $m_7(\cdot) \sim m_{14}(\cdot)$ 的权重又开始逐渐减小。而在图 6-2（c）中，伴随着支持 θ_1 的多粒度证据源数目的增加，多粒度证据源 $m_{15}(\cdot) \sim m_{25}(\cdot)$ 的权重逐渐增大。

图 6-3 ~ 图 6-5 反映了单子焦元 θ_1、θ_2、θ_3 的信度赋值随着冲突证据源数目改变而动态变化的过程。可以发现，在开始阶段，θ_1 的信度赋值比较大，随着冲突证据源的增加，θ_1 的信度赋值逐渐下降。同时，θ_3 的信度赋值逐渐增加 [图 6-4（b）]，当支持焦元 θ_1 的多粒度证据源数目增加之后，θ_1 的信度赋值重新变大，且收敛于相对稳定的信度赋值。为了与经典方法对比，在图 6-3 ~ 图 6-5 中，给出了经典 Dempster's rule 以及最近提出的多评价策略折扣方法 PROMETHEE II 和 AHP 的权重计算结果。可以发现，Dempster's rule 无法在高度冲突的多粒度证据源融合问题中给出合理的焦元信度赋值，因为在图 6-5

中，焦元 θ_3 的信度赋值始终为零。而 PROMETHEE Ⅱ 和 AHP 方法在一定程度上能给出合理的融合结果，但其焦元信度赋值的收敛速度慢于本章提出的方法，且从图 6-5 中可以看出，本章方法得到的焦元 θ_3 的峰值明显大于其他两种方法。

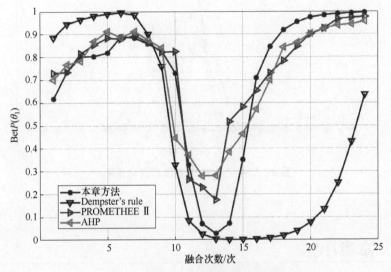

图 6-3　焦元 θ_1 的信度赋值变化情况

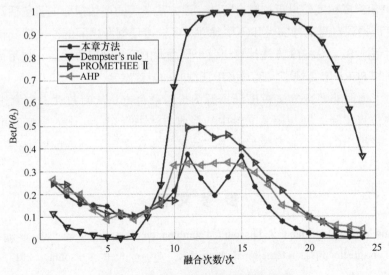

图 6-4　焦元 θ_2 的信度赋值变化情况

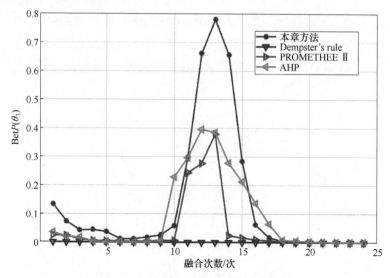

图 6-5　焦元 θ_3 的信度赋值变化情况

6.5　本章小结

　　针对非等可靠多粒度证据源的融合，本章提出了一种基于客观自适应 BF-TOPSIS 多粒度信息折扣融合方法。该方法考虑的评估指标主要包括两类：多粒度证据源自身的冲突性和不精确性、多粒度证据源之间的冲突性。在利用客观自适应 BF-TOPSIS 方法计算出每个证据源的可靠性权重之后，利用折扣融合规则和 PCR6 融合规则实现对多组证据源的最终融合。

　　为了证明非等可靠多粒度证据源的折扣融合方法的有效性，本章进行了大量的仿真实验，并与相关文献中的经典方法进行充分对比。由实验可以发现，本章提出的方法能有效地处理非等可靠多粒度信息融合过程中存在的冲突问题。

参 考 文 献

[1] Yang Y, Han D Q, Han C Z. Discounted combination of unreliable evidence using degree of disagreement[J]. International Journal of Approximate Reasoning, 2013, 54(8): 1197-1216.

[2] Frikha A. On the use of a multi-criteria approach for reliability estimation in belief function theory[J]. Information Fusion, 2014, 18(18): 20-32.

[3] Frikha A, Moalla H. Analytic hierarchy process for multi-sensor data fusion based on

belief function theory[J]. European Journal of Operational Research, 2015, 241(1): 133-147.

[4] Sarabi-Jamab A, Babak N A. How to decide when the sources of evidence are unreliable: A multi-criteria discounting approach in the Dempster–Shafer theory[J]. Information Sciences, 2018, 44: 233-248.

[5] Klir G J, Parviz B. Probability possibility transformations: A comparison[J]. International Journal of General Systems, 1992, 21(3): 291-310.

[6] Yager R R. Generalized Dempster-Shafer structures[J]. IEEE Transactions on Fuzzy Systems, 2018, 27(3): 428-435.

[7] Shafer G. Perspectives on the theory and practice of belief functions[J]. International Journal of Approximate Reasoning, 1990, 4(5-6): 323-362.

[8] Liu A. A method for condition evaluation based on DSmT[C]. 2010 2nd IEEE International Conference on Information Management and Engineering. Chengdu: IEEE, 2015: 334-340.

[9] Destercke S, Buche P, Charnomordic B. Evaluating data reliability: An evidential answer with application to a web-enabled data warehouse[J]. IEEE Transactions on Knowledge& Data Engineering, 2013, 25(1): 92-105.

[10] Han D, Dezert J, Yi Y. Belief interval-based distance measures in the theory of belief functions[J]. IEEE Transactions on Systems Man & Cybernetics Systems, 2018, 48(6): 833-850.

[11] Dezert J, Han D, Yin H. A new belief function based approach for multi-criteria decision-making support[C]. 19th International Conference on Information Fusion. Heidelberg: IEEE, 2016: 782-789.

[12] Wen J, An Z, Qi Y. A new method to determine evidence discounting coefficient[C]. International Conference on Intelligent Computing (ICIC 2008). Berlin: Springer, 2008: 882-887.

第 7 章
多粒度信息融合应用研究

7.1 引言

当前，基于穿戴式人体传感器网络下的行为识别研究引起了越来越多的学者的关注。传统人体行为识别方法主要基于图像或者视频进行行为识别[1]。然而，基于图像或视频的方法有一定的限制。比如，视觉模式有监控范围的限制，并且监控的质量受环境变化的影响较大，且极易侵犯他人的隐私[2,3]。随着微传感器技术的发展，基于穿戴式设备的人体行为识别已成为研究热点之一。借助加速度计、陀螺仪等便携式穿戴式设备，用户可以全天候无限制地通过一种全方位、不可见的方式，收集日常行为活动的数据，从而在良好的隐私保护下完成辅助生活和健康监控等工作[4]。

行为识别问题的主要任务就是尽可能地提高行为识别的准确度。然而，基于穿戴式设备的行为识别精度受很多因素的影响，比如传感器的个数、传感器的部署位置、行为的复杂程度等。考虑到行为的不确定性、多样性和个体的差异性，许多学者从多源信息融合的角度出发，采取多传感器联合构建多分类器融合的方式，实现更高精度的行为识别[5]。本章从解决实际行为识别问题的角度出发，将 DSmT 理论引入行为识别领域，提出了多种多粒度信息融合的行为识别模型，在 UCI 公开数据集上进行模型性能验证，并与相关文献中的经典方法进行比较。

这里介绍一下相关文献中的工作。He 等[6]提出了一种基于自回归模型和支持向量机的行为识别方法，该模型利用三轴加速度传感器采集到的行为数据，对三种不同类型的日常行为进行识别；Nurwanto 等[7]则利用移动通信设备采集实时行为数据，并利用经典的 KNN 对坐着、步行、躺着等行为进行识别；Khan

等[8]提出了一种基于穿戴式设备的人体行为识别系统,该系统中使用的分类器是基于核判别分析的 SVM;Zheng[9]将 SVM 和朴素贝叶斯进行结合,用于 10 种行为的识别,取得了较高的识别精度;Thuong 等[10]则利用单一加速度传感器所采集到的数据来识别四类不同的行为类型。在本书中,笔者团队提出了一种新的分类模型,该模型将人工神经网络与模糊逻辑推理结构相结合。以上提及的方法,都是基于单一传感器构建分类模型实现对日常行为的识别的。然而,依靠单一传感器获取的数据无法准确获取行为动作的全面特征,故而基于多传感器融合策略的行为识别模型被提出。

将多源决策信息进行融合能够有效提升识别模型的分类准确率,这里提及的融合策略指的是决策级融合。Nam 等[11]将加速度传感器数据与气压传感器数据进行融合,用于识别 11 种儿童行为,但是 Nam 等提出的模型只使用了单一分类器对多类行为进行识别,其识别精度不够理想;Guo 等[12]提出了一种融合框架,对识别系统中涉及的 5 类传感器数据分别构建独立分类器,然后利用投票法实现决策级融合;Uddin 等[13]利用极限随机森林对人体行为进行识别,这种方法的缺点在于构建随机森林模型选择的特征是随机选取的,会导致识别的精度较低;Banos 等[14,15]则提出了两种分层融合算法。这些方法本质上都是对分类器的结果进行加权平均,其权重的选择都是依据分类器在训练样本中的识别精度来确定的。

为了能有效评估行为识别模型的性能,并与经典方法进行对比,本章选取通用的评价指标,主要包括混淆矩阵、Precision、Recall、Precision 和 F_1-Score。假设识别的准确性可以通过计算如下定义的样本个数来确定:正确识别的样本(True Positive,TP),正确分类的样本不属于该类(True Negative,TN),错误分类的样本属于该类(False Positive,FP),错误分类的样本不属于该类(False Negative,FN)。基于以上 4 个定义,能给定 4 个平均指标,并用于本章的实验验证,即 Accuracy、Precision、Recall、F_1-Score:

$$\text{Accuracy} = \frac{1}{n}\sum_{i=1}^{n}\frac{\text{TP}_i + \text{TN}_i}{\text{TP}_i + \text{TN}_i + \text{FP}_i + \text{FN}_i} \tag{7-1}$$

$$\text{Precision} = \frac{1}{n}\sum_{i=1}^{n}\frac{\text{TP}_i}{\text{TP}_i + \text{FP}_i} \tag{7-2}$$

$$\text{Recall} = \frac{1}{n}\sum_{i=1}^{n}\frac{\text{TP}_i}{\text{TP}_i + \text{FN}_i} \tag{7-3}$$

$$F_1\text{-Score} = \frac{1}{n}\sum_{i=1}^{n}\left(2\cdot\frac{\text{precision}_i \cdot \text{recall}_i}{\text{precision}_i + \text{recall}_i}\right) \tag{7-4}$$

在式(7-1)~式(7-4)中,n 为行为的类别数目。

7.2 同鉴别框架下基于多粒度信息融合的行为识别

7.2.1 多粒度行为分层建模

1. 长短期记忆（LSTM）模型

在训练阶段，为了获得所有预定义行为的对应混淆矩阵，首先将经典的 LSTM 作为基分类器，从传感器收集到的原始数据中学习高级特征。在这里解决的是一个 n 分类问题。也就是说，一个样本和它对应的模式 x 将成为 n 个类中的一个，记为 $\Theta = \{\theta_1, \theta_2, \cdots, \theta_n\}$。在接下来的实验中，原始数据将分为两个不相交的子集：训练集和测试集。在构建层次结构的过程中，只使用训练集中的数据。有标签训练集 $X = \{x_l = \{x_{l1}, x_{l2}, \cdots, x_{lp}\} \mid l = 1, 2, \cdots, L\}$ 由 BSN 中的传感器得到，其中 p 表示属性的数量，L 表示样本的数量。

首先，LSTM 网络的基本架构如图 7-1 所示。LSTM 中的各个部分：输入门、遗忘门、输出门和两个记忆单元门分别由 in_t、f_t、o_t、$\tilde{C}_t$、C_t 表示。

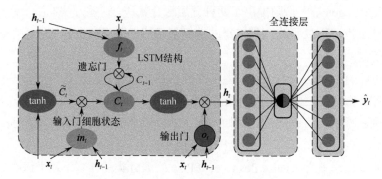

图 7-1　LSTM 网络的基本架构

$$in_t = \sigma(W_{in}[h_{t-1}, x_t] + b_{in}) \tag{7-5}$$

$$f_t = \sigma(W_f[h_{t-1}, x_t] + b_f) \tag{7-6}$$

$$\tilde{C}_t = \tanh(W_C[h_{t-1}, x_t] + b_C) \tag{7-7}$$

$$C_t = f_t \odot C_{t-1} + in_t \odot \tilde{C}_t \tag{7-8}$$

$$o_t = \sigma(W_o[h_{t-1}, x_t] + b_o) \tag{7-9}$$

$$h_t = o_t \odot \tanh(C_t) \tag{7-10}$$

式中：x_t 为在 t 时刻输入的有标签数据；h_t 为 t 时刻的隐藏状态；$\sigma(\cdot)$ 为 Sigmoid 函数；W_{in}、W_f、W_C 和 W_o 为权重；b_{in}、b_f、b_C 和 b_o 为偏置；$\odot$ 为哈达玛积的数学形式；$\tanh$ 为双曲正切函数，其公式为 $\tanh(x) = (e^x - e^{-x}) / (e^x + e^{-x})$。

Sigmoid 函数的公式如下：

$$\sigma(x) = \frac{1}{1+e^{-x}} \qquad (7-11)$$

最后，可以通过式（7-12）获得 LSTM 网络的输出：

$$\hat{\boldsymbol{y}}_t = \phi(z) = \phi(\boldsymbol{W}_{hy}\boldsymbol{h}_t + \boldsymbol{b}_y) \qquad (7-12)$$

式中：$\boldsymbol{h}_t$ 为 t 时刻的隐藏状态；$\boldsymbol{W}_{hy}$ 为权重；$\boldsymbol{b}_y$ 为偏置；$\hat{\boldsymbol{y}}_t$ 为 softmax 层的输出，softmax 函数式为

$$\phi(z_i) = \frac{e^{z_i}}{\sum_{i=1}^{n} e^{z_i}} \qquad (7-13)$$

式中：$z = \{z_1, z_2, \cdots, z_n\}$，$n$ 为在行为识别中行为类别的数量。

在模型训练和测试的基础上，首先由 LSTM 网络生成对应的混淆矩阵，然后可以使用层次聚类得到层次结构。

2．基于混淆矩阵的分层聚类

为了实现所有预定义行为的分层分类，这里将基于行为之间的相似性构建一个行为层次树。行为层次树直接表示不同行为之间的关系。正如前文所述，当分类任务更为复杂时，仅依靠先前的知识来构建准确的多级行为树是很困难的。因此，这里采用数据驱动的方法来完成所有预定义行为的多级构建。考虑到不同行为之间的相似性与错误识别有关，这里使用混淆矩阵来实现层次树结构的构建。具体来说，使用与行为识别器相关联的混淆矩阵来衡量一种行为与其他行为的相似程度。例如，使用 LSTM 模型对 UCI Smartphone 数据集中的六种日常行为（步行、上楼、下楼、坐着、站着、躺着）进行分类，并获得表 7-1 中相应的混淆矩阵。其中，行表示实际的行为标签，列表示预测的行为标签。为了保证混淆矩阵中的值在同一尺度上，首先对混淆矩阵的每行进行归一化（见表 7-2），然后可以计算不同行之间的欧几里得距离。最后，采用沃尔德（Ward）最小方差准则的分层聚类算法来确定行为的簇，并生成一幅树状图。例如，图 7-2（a）展示了与表 7-1 相关联的树形行为关系，它反映了不同行为之间的相似性。两种行为之间的距离越小，它们越相似。

表 7-1　UCI Smartphone 经 LSTM 模型得到的混淆矩阵

行　为	步　行	上　楼	下　楼	坐　着	站　着	躺　着
步行	1220	0	3	0	0	3
上楼	0	1048	25	0	0	0
下楼	4	14	968	0	0	0

（续表）

行　为	步　行	上　楼	下　楼	坐　着	站　着	躺　着
坐着	0	0	0	1258	27	1
站着	0	3	0	115	1256	0
躺着	3	0	0	45	0	1362

表 7-2　UCI Smartphone 经 LSTM 模型得到的归一化后的混淆矩阵

行　为	步　行	上　楼	下　楼	坐　着	站　着	躺　着
步行	0.9952	0	0.0024	0	0	0.0024
上楼	0	0.9767	0.0233	0	0	0
下楼	0.0041	0.0142	0.9817	0	0	0
坐着	0	0	0	0.9782	0.0210	0.0008
站着	0	0.0022	0	0.0837	0.9141	0
躺着	0	0	0	0.0320	0	0.9680

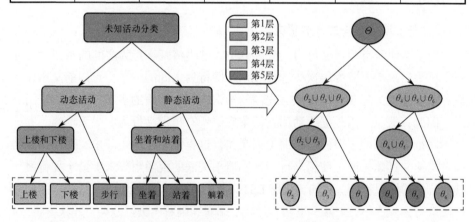

(a) 对所有行为使用层次聚类构建树形层次结构　　(b) 使用树形层次结构对行为建模的焦元

图 7-2　基于表 7-1 构建的树形层次结构

注：见文后彩图。

7.2.2　基于 ELM 和信度函数理论的多粒度行为建模

根据树形层次结构，分别为内部节点（非叶子节点）训练分类器。考虑到层次聚类的基于二叉树的结构，设计了树形结构内部节点的分类器，并以此来处理二分类问题。为了清楚地解释如何训练这种非叶子分类器，使用图 7-2（a）来说明多粒度活动建模的原理。具体来说，在图 7-2（a）的树形结构中，叶子节点代表了最终的细粒度活动。基于 LSTM 网络的混淆矩阵（见表 7-1）和层次聚类算法，可以得到图 7-2（a）中的树形层次结构。在图 7-2（a）中，需要根据不同的层级训练 5 个多粒度分类器。对于第 1 层，需要训练一个基本的分类器来对两个元类粗粒度活动进行分类：一个元类是动态活动，属于三类活动（上楼、下楼和步行）中的任何一个；另一个元类是静态活动（坐着、站着和躺着）。在具体的建模过程中，只需要预先设置两类伪标签，就可以完成对二分类分类器的训练。类似地，对于树形层次结构的不同层次（第 2 层～第 5 层）的其他分类器，可以很容易地基于上述相同的原理训练两类分类器。此外，从图 7-2（a）中可以看出，如果需要对 n 个预定义的活动进行分类，那么总共需要 $n-1$ 个二分类子分类器。

本章将 ELM 作为解决树形层次结构中的二分类问题的基分类器。ELM 是一种具有良好泛化性能的随机快速算法。$\text{Data} = \{(\boldsymbol{x}_i, \boldsymbol{y}_i) \mid \boldsymbol{x}_i \in R^p, \boldsymbol{y}_i \in R^k\}$，$1 \leqslant i \leqslant L$，$L$ 是训练集中的样本数，$\boldsymbol{x}_i$ 是一个 p 维的特征向量。第 i 个样本的输出 $\text{Out}(\boldsymbol{x}_i)$ 可以由式（7-14）得到

$$\text{Out}(\boldsymbol{x}_i) = \sum_{j=1}^{q} \boldsymbol{\beta}_j g(\boldsymbol{w}_j \cdot \boldsymbol{x}_i + \boldsymbol{b}_j^{IH}), \quad i = 1, 2, \cdots, n \qquad (7\text{-}14)$$

式中：$\boldsymbol{w}_j$ 为随机生成的权重矩阵；$\boldsymbol{b}_j^{IH}$ 为从输入节点到隐藏节点随机生成的偏置向量；$g(\cdot)$ 为激活函数；$\boldsymbol{\beta}_j$ 为隐藏节点到输出节点的权值向量。更多关于 ELM 的详细描述和讨论可以在文献[16]、[17]中找到。

7.2.3　行为决策

在层次结构的基础上，根据信度函数理论中的焦元概念对多粒度预定义的活动进行建模。也就是说，对于树中的叶子节点，最细粒度的活动由单例建模，相关的内部节点由析取焦元描述。通过对树形层次结构的每层的 ELM 进行训练，可以计算出每个节点的连接权值，并将这些连接权值视为树形结构中焦元的信度赋值。

为了避免误差传播，下面提出一种新的层次融合策略，建立基于两个异构传感器的两个树形信度结构。具体来说，首先将同一树层中的二维 BBA 用 Dempster 规则进行融合，并将得到的融合 BBA 作为相应节点的连接权值。然后，将每个叶子节点的最终信度质量依次乘以从根节点到叶子节点的连接权值。最后，可以根据概率最大化的原理来预测未知活动的类型。

根据图 7-2（a）中的树形层次结构，首先可以利用信度函数中的焦元对多粒度行为进行数学建模，如图 7-2（b）所示。具体来说，θ_1：步行；θ_2：上楼；θ_3：下楼；θ_4：坐着；θ_5：站着；θ_6：躺着；$\theta_2 \cup \theta_3$：上楼和下楼；$\theta_4 \cup \theta_5$：坐着和站着；$\theta_1 \cup \theta_2 \cup \theta_3$：动态行为；$\theta_4 \cup \theta_5 \cup \theta_6$：静态行为；$\Theta$：未知行为。然后，可以构建使用多焦元的层次结构，并根据各层 ELM 的输出，为该层次分配树中所有节点对应的信度赋值。接下来，用树形组合规则将有树形信度结构

的 BBA 进行融合。为了清楚地展示这种新的分层融合策略的原理，从使用 UCI Smartphone 数据集的加速器和陀螺仪收集的数据训练的每层的 ELM 中得到两个树形信度结构，如图 7-3 所示。正如在树形信度结构-1 中看到的，一共有 5 个 BBA：

$$m_{11} = \{m_{11}(\theta_2 \bigcup \theta_3 \bigcup \theta_1), m_{11}(\theta_4 \bigcup \theta_5 \bigcup \theta_6)\} \quad (7\text{-}15)$$

$$m_{12} = \{m_{12}(\theta_2 \bigcup \theta_3), m_{12}(\theta_1)\} \quad (7\text{-}16)$$

$$m_{13} = \{m_{13}(\theta_4 \bigcup \theta_5), m_{13}(\theta_6)\} \quad (7\text{-}17)$$

$$m_{14} = \{m_{14}(\theta_2), m_{14}(\theta_3)\} \quad (7\text{-}18)$$

$$m_{15} = \{m_{15}(\theta_4), m_{15}(\theta_5)\} \quad (7\text{-}19)$$

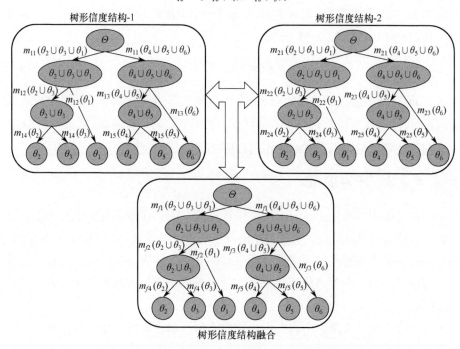

图 7-3 UCI Smartphone 数据集上的树形层次融合

类似地，树形信度结构-2 中也有 5 个 BBA：

$$m_{21} = \{m_{21}(\theta_2 \bigcup \theta_3 \bigcup \theta_1), m_{21}(\theta_4 \bigcup \theta_5 \bigcup \theta_6)\} \quad (7\text{-}20)$$

$$m_{22} = \{m_{22}(\theta_2 \bigcup \theta_3), m_{22}(\theta_1)\} \quad (7\text{-}21)$$

$$m_{23} = \{m_{23}(\theta_4 \bigcup \theta_5), m_{23}(\theta_6)\} \quad (7\text{-}22)$$

$$m_{24} = \{m_{24}(\theta_2), m_{24}(\theta_3)\} \quad (7\text{-}23)$$

$$m_{25} = \{m_{25}(\theta_4), m_{25}(\theta_5)\} \quad (7\text{-}24)$$

首先，在融合的树形信度结构中，用经典的 DS(·) 对同一层对应的 BBA 进行结合：

$$m_{f1} = \text{DS}(m_{11}, m_{21}) \qquad (7\text{-}25)$$

$$m_{f2} = \text{DS}(m_{12}, m_{22}) \qquad (7\text{-}26)$$

$$m_{f3} = \text{DS}(m_{13}, m_{23}) \qquad (7\text{-}27)$$

$$m_{f4} = \text{DS}(m_{14}, m_{24}) \qquad (7\text{-}28)$$

$$m_{f5} = \text{DS}(m_{15}, m_{25}) \qquad (7\text{-}29)$$

然后，根据给定的树形结构，通过下面的析取融合，可以计算出每个焦元的信度赋值：

$$m_f(\theta_2) = m_{f1}(\theta_2 \bigcup \theta_3 \bigcup \theta_1) \cdot m_{f2}(\theta_2 \bigcup \theta_3) \cdot m_{f4}(\theta_2) \qquad (7\text{-}30)$$

$$m_f(\theta_3) = m_{f1}(\theta_2 \bigcup \theta_3 \bigcup \theta_1) \cdot m_{f2}(\theta_2 \bigcup \theta_3) \cdot m_{f4}(\theta_3) \qquad (7\text{-}31)$$

$$m_f(\theta_1) = m_{f1}(\theta_2 \bigcup \theta_3 \bigcup \theta_1) \cdot m_{f2}(\theta_1) \qquad (7\text{-}32)$$

$$m_f(\theta_4) = m_{f1}(\theta_4 \bigcup \theta_5 \bigcup \theta_6) \cdot m_{f3}(\theta_4 \bigcup \theta_5) \cdot m_{f5}(\theta_4) \qquad (7\text{-}33)$$

$$m_f(\theta_5) = m_{f1}(\theta_4 \bigcup \theta_5 \bigcup \theta_6) \cdot m_{f3}(\theta_4 \bigcup \theta_5) \cdot m_{f5}(\theta_5) \qquad (7\text{-}34)$$

$$m_f(\theta_6) = m_{f1}(\theta_4 \bigcup \theta_5 \bigcup \theta_6) \cdot m_{f3}(\theta_6) \qquad (7\text{-}35)$$

最后，根据得到的焦元的层次融合信度赋值，对测试数据集中的未标记样本进行分类决策。在本章中，预测类的最终决策可以表示为：$\theta^* = \text{argmax}_\theta m_f(\theta)$，其中 θ 是基于最大信度赋值 2^Θ 中的单例。

如图 7-4 所示，本章提出的层次模型包含以下五个主要步骤。

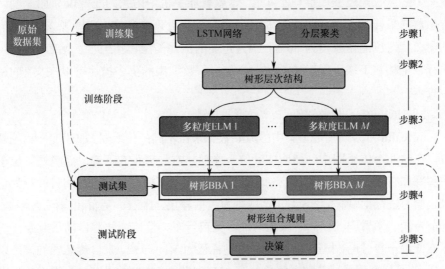

图 7-4　同鉴别框架下基于多粒度信息融合的行为识别模型

步骤 1（训练 LSTM 网络）：首先使用原始数据集训练 LSTM 网络，再使用训练好的 LSTM 网络（模型）构建混淆矩阵。

步骤 2（构建树形层次结构）：根据所有预定义行为的混淆矩阵，可以计算出不同行为之间的相似性，并采用分层聚类的方法将所有行为划分为基于多粒度的树形层次结构。

步骤 3（训练多粒度 ELM）：基于步骤 2 得到的层次结构，可以通过训练 ELM 模型来处理二分类问题。

步骤 4（树形组合规则）：在对测试数据进行分类时，分别计算树形层次结构的连接权重。最后，将根节点的权重和叶子节点相乘，可以得到所有叶子节点的信度赋值。

步骤 5（决策）：根据所有的焦元中信度赋值最大的一个，做出最终决策。

7.2.4 实验分析与讨论

本节首先介绍了数据采集（UCI Smartphone 数据集[18]和 UCI mHealth 数据集[19]）的过程和实验设置，然后给出实验结果并进行了详细的讨论。

1. 数据集描述

1）UCI Smartphone 数据集

Anguita 等[18]使用 Samsung Galaxy S II 手机（装载着三维加速度计和陀螺仪）来收集 UCI Smartphone 数据集。共有 30 名受试者（年龄为 19~48 周岁）在整个数据收集过程中参与了实验。这款智能手机中内置的陀螺仪和加速度计传感器的采样频率默认设置为 50Hz。在数据预处理步骤中，选择了 2.56s 的滑动窗口，对应的重叠度为 50%。预先定义的活动类型包括坐着、站着、躺着、步行、上楼和下楼。关于 UCI Smartphone 数据集的更多描述可以在文献[18]中查到。

2）UCI mHealth 数据集

mHealth 行为识别数据集中的原始数据来自不同的传感器：加速度计和陀螺仪。在这两个传感器中，加速度计位于胸部、左脚踝和右下臂，而陀螺仪位于左脚踝和右下臂。此外，整个数据集包括 10 名不同类型的志愿者的日常行为记录，同时进行 12 项体育活动。这些行为包括静止、坐着、躺着、步行、上楼、向前弯腰、手臂向前抬高、膝盖弯曲、骑自行车、慢跑、快跑、前后跳跃。为了方便进一步讨论，把这 12 种行为分别标记为 V1~V12。来自传感器的模态以 50Hz 的采样率记录，该数据集总共有 1215745 个样本，并具有较为平均的类别分布。此外，还对 mHealth 数据选择了 10 折交叉验证来生成训练样本（80%）和测试样本（20%）。

2．UCI Smartphone 数据集上的结果

1）实验结果和分析

根据图 7-4 所示的具体步骤，首先根据 UCI Smartphone 数据集的训练数据训练 LSTM 模型，对应的混淆矩阵见图 7-5。很容易观察到，6 个预定义行为分为两组：第一组是步行、上楼、下楼，在这一组中，这 3 种行为相互混淆；另一组是坐着、站着、躺着，这 3 种静态行为非常相似。基于这种现象，将步行、上楼和下楼定义为动态行为（一个伪标签），然后将坐着、站着、躺着定义为静态行为（另一个伪标签）。此外，分类器很少将一个样本从静态活动分类为动态活动（反之亦然）。因此，它往往在同一组行为内做出错误的分类，这表明组内行为容易混淆。然后使用分层聚类算法构造如图 7-3 所示的层次结构。同时，使用单子焦元和析取焦元对树形层次结构中的多粒度行为进行建模。构造完层次结构之后，就可以通过对所有非叶子节点训练 ELM 来解决二分类问题。值得注意的是，根据分别从加速度计和陀螺仪这两个异构传感器中收集到的相关传感器读数训练得到分层 ELM。然后根据本章提出的分层融合规则将它们合并，其分层融合行为识别的相关混淆矩阵如图 7-5 所示。可以看到，在动态行为和静态行为之间很少有分类错误的样本。

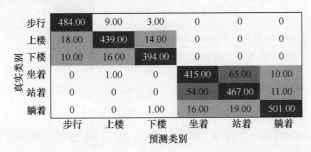

图 7-5　使用 UCI Smartphone 数据集和 LSTM 模型训练得到的混淆矩阵

为了验证本章提出方法的有效性，将其与活动识别模型框架中提到的上述分类器进行比较：①第一个分类器是 LSTM 模型（网络）。在完成 LSTM 模型的训练后，直接使用该模型对 UCI Smartphone 数据集测试部分中的未知行为进行分类。②第二个分类器为 CNN+LSTM 网络。利用 CNN 获取空间域信息，利用 LSTM 获取时间域信息，并应用该经典的 CNN+LSTM 网络来处理 HAR 问题。③第三个分类器是 ELM-Flat-DS 模型。在这个模型中，首先根据从加速度计和陀螺仪收集的不同传感器读数来训练两个 ELM。这些 ELM 以扁平分类的方式对这些活动进行分类。然后用 DS(·)将这两个 ELM 的输出合并进行最终预测。

④第四个分类器是分层 ELM-Acc 和分层 ELM-Gyro 模型。在这两个模型中，不使用所提出的树形组合规则，并且仅对从一个传感器收集的传感器读数进行训练。所有的相关对比见表 7-3。可以清楚地看到，本章所提方法（分层融合 ELM）的性能明显优于上述其他模型，这表明了该建模方法的有效性。此外，为了从计算效率的角度进一步比较之前工作中应用的经典 DS 融合规则与本书提出的层次组合规则，还在表 7-3 中列出了对单个测试样本使用融合规则的耗时。本章的方法运行在 MATLAB R2018b 中，硬件是配有 3.4GHz 和 16GB 内存的英特尔 4 核 i5-6500 CPU。可以看出，分层融合策略的耗时节省了约 50%，这主要是由于在分层融合策略中，融合步骤中的 BBA 只包含两个焦元，这大大提高了融合策略的计算效率。

表 7-3 UCI Smartphone 数据集上的不同性能对比

评价指标	准确率/%	精确率/%	召回率/%	F_1/%	融合规则耗时/ms
LSTM	87.17±2.92	87.05±2.78	87.62±2.57	87.33±2.67	—
CNN+LSTM	90.28±0.89	90.22±1.11	90.05±0.95	90.39±0.57	—
Hierarchical ELM-Acc	88.91±0.74	88.69±0.75	89.43±0.56	90.13±1.03	—
Hierarchical ELM-Gyro	80.29±0.73	80.69±0.73	81.05±0.74	80.87±0.73	—
ELM-Flat-DS	89.66±0.013	89.36±0.0137	90.35±0.0115	89.85±0.0126	17.7±2.0
分层融合 ELM	92.20±0.69	92.20±0.70	92.37±0.69	92.28±0.70	8.3±0.1718

此外，本章还将提出的方法与相关文献中的一些传统方法进行了比较，包括朴素贝叶斯、K-近邻、Hyperbox 神经网络、FW K-近邻、FW 朴素贝叶斯，实验使用了 Smartphone 数据集。如表 7-4 所示，本章的方法优于这些传统方法。值得注意的是，本章的活动识别模型所需的训练时间和测试时间都高于传统的方法。这主要是因为在训练过程中，需要训练 LSTM 网络和多个 ELM；在测试阶段，时间有所消耗主要是由于需要基于分层融合规则融合多个 BBA。

表 7-4 在 UCI Smartphone 数据集上与传统方法的对比

方法	准确率/%	精确率/%	召回率/%	F_1/%	时间/s（训练/测试）
朴素贝叶斯	78.5	79.2	78.9	78	3.2/2.1
K-近邻	89.3	88.0	87.5	87.7	6.1/6.6
Hyperbox 神经网络	87.4	87.8	88.2	87.6	27.6/8.9
FW K-近邻	87.8	86.1	87.5	87.1	4.9/8.6
FW 朴素贝叶斯	90.1	89.6	90.3	90.1	7.8/5.7
分层融合 ELM	92.20	92.20	92.37	92.28	41.2/2.8

2）隐藏节点的数量对识别性能的影响

本部分讨论隐藏节点的数量对基于 Sigmoid 的分层 ELM 的影响，这些 ELM 使用由加速度计收集到的传感器读数，还有对基于正弦的分层 ELM 的影响，这些 ELM 使用由陀螺仪收集到的传感器读数，以及在本章提出的分层融合 ELM 的影响，这些 ELM 使用 Smartphone 数据集。所有的基础 ELM 模型和分层融合模型的识别精度如图 7-6 所示。可以看出，分层融合 ELM 的性能最好，这表明了基于 BF 的分层融合分类的有效性。

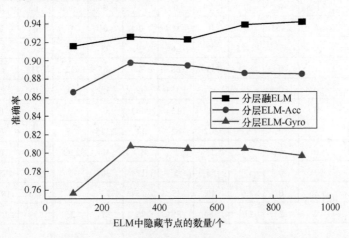

图 7-6　使用 UCI Smartphone 数据集的 ELM 中的隐藏节点个数

3. UCI mHealth 数据集上的结果

与之前讨论的 UCI Smartphone 数据集的实验类似，对于 UCI mHealth 数据集中的每个主题，首先，基于 UCI mHealth 数据集的训练数据训练了 10 个经典的 LSTM 模型。之后，可以得到相应的混淆矩阵，给定 Subject-1 一个特定的矩阵，如表 7-5 所示。可以清楚地观察到三种行为：站着（V1）、坐着（V2）和躺着（V3）相互混淆，并且这三种行为不会和其他行为混淆。此外，慢跑（V10）和快跑（V11）非常相似，容易分类错误。基于得到的混淆矩阵，利用分层聚类算法来构建 mHealth 中所有主题的层次结构，这里给出 Subject-1 的树形层次结构实例，如图 7-7 所示，V1～V3 被分为一个组，V10 和 V11 形成一个单独的组。这一现象与基于混淆矩阵直接进行讨论的结果相一致（见表 7-5）。一旦完成层次结构的构建，就可以使用所有非叶子节点训练 ELM，以解决二值分类问题。值得注意的是，这里分别训练了基于加速度计和陀螺仪的分层 ELM。然后根据提出的层次组合规则将其进行组合，并预测未知活动的标签。因为加速度计和陀螺仪在 UCI mHealth 数据集中分布在不同的身体位置，本章还讨论了传感器部署对分层融合 ELM 性能的影响。相关的结果如表 7-6 所示。可以看到，利用从位于胸部的加速度计（ACC）和位于左脚踝关节的陀螺仪（Gyro）收集的原始数据，在进行分层融合 ELM 时能获得最佳性能。在接下来的讨论中，只考虑从加速度计和陀螺仪中收集到的原始数据。

表 7-5　使用 UCI mHealth 数据集的分层融合 ELM 得到的混淆矩阵（Subject-1）

行为	V1	V2	V3	V4	V5	V6	V7	V8	V9	V10	V11	V12
V1	2458	0	0	0	0	0	0	0	0	0	0	0
V2	10	2448	0	0	0	0	0	0	0	0	0	0
V3	0	5	2453	0	0	0	0	0	0	0	0	0
V4	0	0	7	2125	97	36	3	88	1	66	35	0
V5	0	1	0	272	1329	68	6	665	32	71	12	0
V6	1	0	0	19	6	2353	29	38	0	0	12	0
V7	0	0	0	0	0	15	2443	0	0	0	0	0
V8	0	0	0	62	202	62	11	2315	33	18	0	0
V9	0	0	1	14	28	2	2	40	2368	2	0	0
V10	2	2	0	179	56	5	12	30	5	1476	686	4
V11	2	5	0	36	40	13	15	25	9	415	1886	11
V12	5	2	2	113	184	38	73	92	25	134	160	32

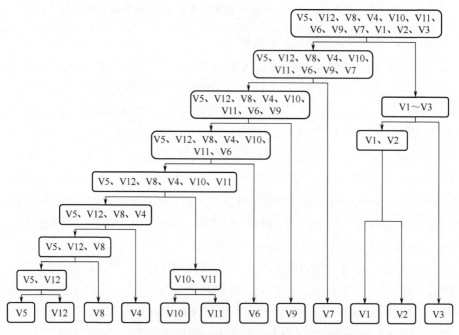

图 7-7　UCI mHealth 数据集（Subject-1）的层次结构

表 7-6　对 UCI mHealth 数据集（Subject-1）中不同位置上的传感器数据
进行分层融合 ELM 的性能比较

评 价 指 标	准确率/%	精确率/%	召回率/%	F_1/%
Acc(Chest) + Gyro(Left Ankle)	**93.74 ± 0.21**	**92.66 ± 0.28**	**93.2 ± 0.34**	**92.9 ± 0.31**
Acc(Chest) + Gyro(Right Lower Arm)	89.56 ± 0.11	87.37 ± 0.1	89.04 ± 0.15	88.2 ± 0.12
Acc(Left Ankle) + Gyro(Left Ankle)	91.36 ± 0.16	89.87 ± 0.2	90.66 ± 0.02	90.27 ± 0.09
Acc(Left Ankle) + Gyro(Right Lower Arm)	91.16 ± 0.07	88.3 ± 0.08	89.48 ± 0.18	88.88 ± 0.12
Acc(Right Lower Arm) + Gyro(Left Ankle)	92.28 ± 0.18	90.97 ± 0.23	91.58 ± 0.22	91.27 ± 0.22
Acc(Right Lower Arm) + Gyro(Right Lower Arm)	89.35 ± 0.07	87.54 ± 0.07	89.18 ± 0.21	88.36 ± 0.14

考虑到以上情况，利用 10 折交叉验证技术，将原始数据集分为训练和测试
两个部分，在接下来的实验中，将相同的实验重复了 5 次。此外，和不同的基
准方法（如 LSTM、CNN+LSTM、ELM-Flat-DS、分层 ELM-Acc、分层 ELM-Gyro）
进行充分的对比，对比结果如表 7-7 所示。总的来看，本章所提出的方法（分
层融合 ELM）的识别精度明显优于其他方法，特别是对于 Subject-1 ~ Subject-9。
然而，对于 Subject-4 和 Subject-10 来说，传统的扁平分类方法（ELM-Flat-DS）
精度更高。从表 7-7 中可以看到，如果不使用融合规则来融合由不同传感器数
据训练出来的 ELM 得到的结果，则分层 ELM-Acc 和分层 ELM-Gyro 这两个分
类器的表现将不好。这进一步证明了在这个行为识别模型中进行融合步骤的必
要性。和 UCI Smartphone 数据集中的讨论一样，这里也给出了在实验过程中两种
融合规则的耗时：在 ELM-Flat-DS 方法中的 DS(·) 和本章提出的分层融合 ELM
中的层次融合规则。如表 7-7 所示，本章提出的方法的耗时比经典方法减少了
约 80%。可以看到，在 mHealth 数据集中，融合规则所需的耗时比在 Smartphone
数据集中要多得多。这是因为 mHealth 中有 12 种行为需要识别，而 Smartphone
数据集中只有 6 种行为需要识别。考虑到随着 BF 理论中焦元数量的增加（这意
味着在 HAR 任务中需要识别的行为类别数量将会增加），经典融合规则的计算
复杂度将会变得更高。然而，与经典的 DS 规则相比，当行为类别的数量增加时，
本章提出的层次融合规则在计算效率方面的优势将更加明显，这是笔者团队工
作的重要贡献之一。为了将所提出的分层融合 ELM 与其他传统方法进行比较，
在表 7-8 中展示了几种使用基准方法进行实验的结果。对于支持向量机（SVM），

采用径向基函数作为核函数。对于随机森林（RF），集成体系结构包含 500 棵决策树（DT）。相比之下，这些采用扁平分类方法进行训练和测试的模型（SVM、RF、DCNN、DSmT-based KDE）的精度相对较低。可以看到，分层融合 ELM 的平均精度是最高的。然而，从耗时的角度来看，分层融合 ELM 的测试时间高于传统的没有融合策略的方法。这是因为融合步骤将进一步增加确定测试样本类别所需的时间。然而，考虑到融合策略能够有效地提高识别精度，本章的目的是在保证识别精度的前提下，提出一种有效的融合策略，并尽可能地降低其计算复杂度。

表 7-7　在 UCI mHealth 数据集上的性能对比

测试对象	性　能	LSTM	CNN+LSTM	分层 ELM-Acc	分层 ELM-Gyro	ELM-Flat-DS	分层融合 ELM
Subject-1	准确率/%	91.51±3.89	92.61±0.43	72.13±0.18	91.05±0.0074	93.52±0.0402	**93.96±0.0068**
	精确率/%	87.77±4.06	**94.11±0.28**	70.99±0.23	90.35±0.1	92.03±0.0004	92.89±0.0078
	召回率%	93.53±1.95	89.44±0.43	70.96±0.25	90.56±0.1	93.17±0.0004	**93.62±0.14**
	F_1/%	90.54±3.09	91.71±0.42	70.98±0.23	90.46±0.0096	92.60±0.0002	**93.25±0.11**
	融合规则耗时/ms	—	—	—	—	109.7±3.7	18.6±0.2209
Subject-2	准确率/%	81.57±1.08	89.49±0.28	72.45±0.24	84.00±0.12	90.79±0.0796	**91.18±0.0085**
	精确率/%	76.99±1.05	**91.14±1.94**	69.65±0.18	83.36±0.0069	89.02±0.1725	90.24±0.15
	召回率%	78.67±1.86	84.67±2.37	69.68±0.0031	85.30±0.18	90.28±0.2597	**90.43±0.23**
	F_1/%	77.82±1.41	87.78±0.22	69.67±0.11	84.32±0.12	89.65±0.2127	**90.34±0.19**
	融合规则耗时/ms	—	—	—	—	98.8±0.6	19.0±0.42
Subject-3	准确率/%	93.87±0.85	93.97±1.29	74.18±0.12	84.94±0.21	93.40±0.0040	**95.41±0.15**
	精确率/%	89.63±0.79	90.79±1.36	71.30±0.21	84.21±0.21	90.97±0.0001	**93.65±0.26**
	召回率%	94.54±0.73	89.57±0.96	71.62±0.16	85.74±0.2	93.30±0.17	**94.82±0.20**
	F_1/%	92.02±0.74	92.10±1.15	71.46±0.18	84.97±0.21	92.12±0.0083	**94.23±0.22**
	融合规则耗时/ms	—	—	—	—	98.4±0.7	18.4±0.046
Subject-4	准确率/%	82.58±0.81	85.16±0.72	72.30±0.19	92.23±0.10	96.55±0.0017	**96.61±0.0096**
	精确率/%	78.32±0.92	89.09±0.32	69.60±0.20	92.27±0.13	**95.87±0.0009**	95.68±0.24
	召回率%	80.53±2.45	80.85±0.65	70.11±0.25	92.80±0.13	96.41±0.0054	**96.42±0.0086**
	F_1/%	79.40±1.64	84.75±0.51	69.86±0.22	92.53±0.12	**96.14±0.0031**	96.04±0.15
	融合规则耗时/ms	—	—	—	—	98.7±1.0	18.4±0.0623

（续表）

测试对象	性　能	LSTM	CNN+LSTM	分层 ELM-Acc	分层 ELM-Gyro	ELM-Flat-DS	分层融合 ELM
Subject-5	准确率/%	93.29±0.82	92.67±1.23	71.48±0.0010	90.05±0.0045	93.59±0.0063	**94.46±0.10**
	精确率/%	88.86±0.72	**93.86±0.68**	68.87±0.0091	90.07±0.0032	93.15±0.0040	93.45±0.21
	召回率%	**94.25±0.65**	90.20±0.12	69.42±0.11	90.81±0.0078	94.07±0.0039	94.10±0.14
	F_1/%	91.47±0.67	91.99±1.67	69.14±0.0007	90.44±0.0054	93.61±0.0040	**93.78±0.15**
	融合规则 耗时/ms	—	—	—	—	99.7±3	18.4±0.0417
Subject-6	准确率/%	81.43±1.72	90.81±0.27	75.60±0.20	84.99±0.0079	92.88±0.25	**94.14±0.0070**
	精确率/%	77.63±1.56	90.90±0.48	73.01±0.29	83.69±0.0068	90.21±0.43	**91.81±0.13**
	召回率%	81.56±1.72	87.50±0.37	74.34±0.35	83.75±0.0049	92.76±0.42	**93.35±0.15**
	F_1/%	79.54±1.42	90.10±1.18	73.67±0.32	83.72±0.0058	91.47±0.43	**92.57±0.13**
	融合规则 耗时/ms	—	—	—	—	100.6±1.2	18.4±0.0702
Subject-7	准确率/%	92.34±1.76	94.22±1.01	73.20±0.0051	92.87±0.0066	96.14±0.0035	**96.74±0.0087**
	精确率/%	87.76±1.45	94.91±0.75	71.00±0.0047	92.44±0.11	95.00±0.0010	**95.54±0.20**
	召回率%	94.29±0.82	90.39±1.37	72.50±0.12	92.47±0.0093	95.79±0.0001	**95.99±0.13**
	F_1/%	90.91±1.13	92.60±0.11	71.74±0.0035	92.46±0.0096	95.39±0.00003	**95.77±0.16**
	融合规则 耗时/ms	—	—	—	—	99.8±0.2	18.4±0.0769
Subject-8	准确率/%	82.97±2.75	93.75±0.42	77.92±0.12	90.80±0.11	93.37±0.0084	**94.81±0.0041**
	精确率/%	79.20±2.74	92.46±0.26	74.97±0.28	90.66±0.0093	91.81±0.17	**93.57±0.11**
	召回率%	81.22±3.64	90.47±0.25	75.48±0.26	90.10±0.12	93.08±0.0099	**94.06±0.0067**
	F_1/%	80.19±3.17	92.41±1.41	75.22±0.27	90.38±0.10	92.44±0.14	**93.81±0.0077**
	融合规则 耗时/ms	—	—	—	—	99.2±0.5	18.8±0.029
Subject-9	准确率/%	84.29±1.57	93.85±0.13	80.03±0.1	92.72±0.0077	97.00±0.10	**97.46±0.0072**
	精确率/%	80.39±1.71	94.79±0.14	77.24±0.0061	92.28±0.12	95.72±0.18	**96.15±0.14**
	召回率%	83.34±2.31	89.32±0.53	77.99±0.13	92.68±0.12	96.64±0.10	**97.23±0.17**
	F_1/%	81.81±1.77	91.97±0.35	77.61±0.0094	92.48±0.12	96.17±0.14	**96.69±0.13**
	融合规则 耗时/ms	—	—	—	—	98.1±1.7	18.5±0.0511
Subject-10	准确率/%	84.88±2.38	94.99±1.16	72.79±0.26	95.00±0.1	**97.57±0.0073**	97.22±0.0059
	精确率/%	80.62±2.33	93.49±0.38	71.07±0.25	95.02±0.0093	**97.08±0.14**	96.54±0.0040
	召回率%	81.71±1.87	91.28±0.32	71.71±0.16	95.90±0.0081	**97.51±0.11**	96.70±0.15
	F_1/%	81.15±1.83	92.37±0.34	71.39±0.21	95.46±0.0085	**97.29±0.12**	96.62±0.0091
	融合规则 耗时/ms	—	—	—	—	98.5±1.3	18.4±0.0137

表 7-8   分层融合 ELM 在 UCI mHealth 数据集上与传统方法的对比结果

方　法	准确率/%	精确率/%	召回率/%	F_1/%	时间/s（训练/测试）
SVM	64.73	65.40	65.29	65.14	76.5/0.4
RF	67.94	68.60	68.92	68.44	117/2.6
2D CNN	89.23	89.14	89.65	89.44	634.1/0.3
基于类的后验自适应融合	89.10	88.59	88.32	88.79	173/13
基于特征的自动分类器	75.93	96.44	76.59	76.83	130.4/1.2
DSmT-Based KDE	88.29	88.46	87.96	88.31	94.3/0.2
多尺度集成总面积神经网络	84.12%	83.99	83.43	83.78	634.1/0.6
自编码器	82.65	82.00	81.89	82.36	209.9/31
分层融合 ELM	95.20	93.95	94.67	94.31	82.7/4.6

7.3 异鉴别框架下基于多粒度信息融合的行为识别

在人体视频行为中，多粒度信息表现为不同层次的行为类别。多粒度信息融合算法需要跨类别层次的人体行为信息，其在信度函数理论下的各鉴别框架并不统一，这给信度融合带来一定的困难。针对这个问题，本节引入了信度函数理论中的异鉴别框架信息融合方法，提出了一种异鉴别框架下的基于多粒度信息融合的人体行为识别方法。该方法首先通过设计不同的分类器获取不同粒度的信度赋值，并建立不同鉴别框架间 BBA 的转换关系，将不同粒度的信度映射到一个统一的鉴别框架下；然后利用 DSmT 理论进行信度融合，并计算决策，输出最终的识别结果，总体流程如图 7-8 所示。

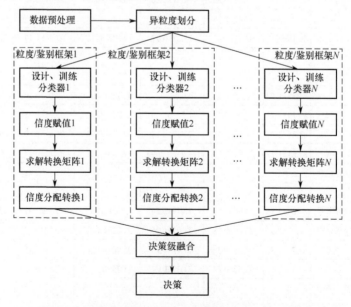

图 7-8   异鉴别框架下的人体行为识别方法总体流程

7.3.1 数据预处理与多层次划分

1．UCF101 数据集

本节在 UCF101 数据集上进行实验，该数据集提供了 101 种行为类别的短视频数据，共计 13320 个动作行为视频，并根据背景与视角的相似性将其分成了 25 种，分别记为 g01～g25。除此之外，UCF101 数据集还将行为粗分成 5 种，分别是人与物品的交互、仅有身体动作、人与人的交互、演奏乐器、运动。UCF101 数据集统一了所采集的视频尺寸，并进行了降分辨率处理，其视频尺寸为 $320\times240\times3\times T$。其中，$T$ 指帧长度，一个视频的帧长度一般在 50～300 帧。图 7-9 为 UCF101 数据集部分行为示例。

(a) 滑板	(b) 理发	(c) 打乒乓球
(d) 开合跳	(e) 打篮球	(f) 弹钢琴

图 7-9 UCF101 数据集部分行为示例

2．数据预处理

UCF101 数据集中的大部分数据已经进行了去除噪点、片段删减、调整和固定分辨率等处理，为了更好地适应所提的多粒度信息融合算法，对数据进行如下四种预处理：帧分辨率的调整、视频长度的裁剪、帧图像标准化和视频数据扩增。

1）帧分辨率的调整

为了保证视频经过卷积网络后能够获得目标大小的特征图，需要将输入的帧图像分辨率进行固定。这里将原始数据集中 320×240 的分辨率大小调整为 224×224，以方便采用预训练的残差网络（resnet）对其进行特征提取。

2）视频长度的裁剪

UCF 中提供的数据均为 2～10s 的 25 帧/s 或者 30 帧/s 的视频，即每条视频包含 50～300 帧图像。过长的视频会大幅度增加网络的训练规模，且这些动作行为较为简单，并不需要长视频来重复表达行为特征。因此，这里将视频重新进行裁剪，裁剪成固定长度为 32 帧的片段，不足的部分取视频头部的帧进行补充。比如，打乒乓球这一行为的视频中共有 240 帧，将其从前面的帧中顺序复制 16 帧并补充在末尾，使总视频长度为 256 帧，之后每 32 帧进行裁剪，处理过程如图 7-10 所示。

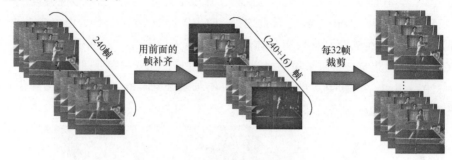

图 7-10　视频长度裁剪预处理

3）帧图像标准化

由于所提算法在处理过程中用 imagenet 预训练的残差网络（resnet）提取特征，为了和其尽可能一致，这里使用 imagenet 的均值和方差对帧图像进行标准化处理。这样做也能消除图像帧的异常亮度对特征的影响，使其网络更多地关注图像帧本身的内容。图像标准化预处理效果如图 7-11 所示。

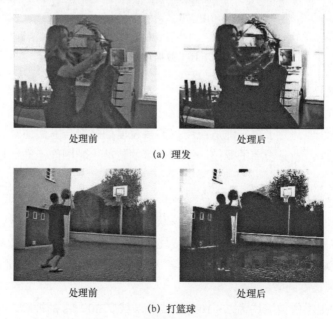

处理前　　　　　　　　　　处理后

（a）理发

处理前　　　　　　　　　　处理后

（b）打篮球

图 7-11　图像标准化预处理效果

4）视频数据扩增

视频数据扩增是指不实际增加视频的内容，对原始视频从视觉角度做一些变化以获得更多数据。这里使用数据扩增手段并非用来获得更多的训练数据，而是仅对部分类别的行为数据进行扩增，以缓解数据集中各类数据数量不平衡的问题。本节采用的视频数据扩增手段有翻转、加噪、遮挡、倒放四种。翻转是指对视频的每帧都按照相同的方式翻转后按照原顺序重新组合；加噪是指对视频的每帧都添加相同的噪声后按照原顺序重新组合；遮挡是指对视频的每帧随机选取位置，添加一个长宽均为原图像 1/5 的黑色块，之后按照原顺序重新组合；倒放是指将视频的每帧按照完全相反的时间序列重新组合。以数据集中类别量最少的人与人交互行为中的理发行为为例进行扩增，扩增后的视频序列效果如图 7-12 所示。

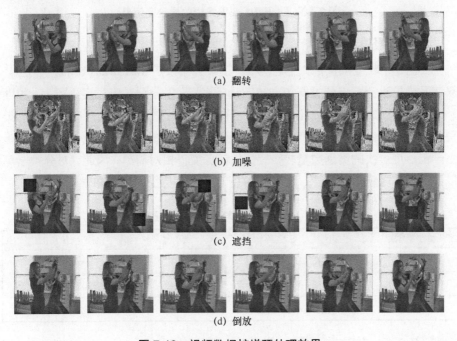

(a) 翻转

(b) 加噪

(c) 遮挡

(d) 倒放

图 7-12　视频数据扩增预处理效果

原始数据集中共有 13320 条独立视频，经过上述四种预处理后可以获得约 100000 个视频块，每个视频块的大小为 32×224×224×3。

3. 数据异粒度划分

UCF101 数据带有多层次的性质，可以分为如下 3 个粒度层次。粒度 1：根据基本行为分类，共 101 种行为类别。粒度 2：根据数据的背景与视角的相似性分成 25 种，分别记为 g01 ~ g25。粒度 3：在行为类别的基础上将行为粗分类成

5 种，分别是人与物品的交互、仅有身体动作、人与人的交互、演奏乐器、运动。粒度 1 和粒度 3 之间是包含关系，粒度 1 与粒度 2 之间是交叉关系。图 7-13 所示为 UCF101 数据集中的异粒度信息。

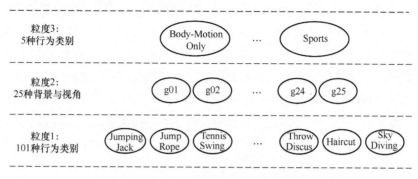

图 7-13　UCF101 数据集中的异粒度信息

4．分类器设计

根据 3 个粒度层次的人体行为，分别设计了改进 swin-transformer 分类器、双速采样的双流网络分类器和支持向量机模型，以分别对应粒度 1 行为、粒度 2 行为和粒度 3 行为。如表 7-9 所示，从细粒度层次到粗粒度层次，粒度内类别数量逐渐减少，不同粒度所对应的用于信度赋值的分类器设计也有所差异。由于粗粒度层次的类别数量较少，分类任务变得相对简单，因此，对分类器可以进行相对轻量化的设计，但仍应保持对高维度特征的提取和学习能力。

表 7-9　UCF101 各粒度对应分类器设计

粒度层次	鉴别框架	证据源	分类器
粒度 1	$\Theta_a = \{\theta_{a1}, \theta_{a2}, \cdots, \theta_{a101}\}$	m_a	改进 swin-transformer 分类器
粒度 2	$\Theta_b = \{\theta_{b1}, \theta_{b2}, \cdots, \theta_{b25}\}$	m_b	双速采样的双流网络分类器
粒度 3	$\Theta_c = \{\theta_{c1}, \theta_{c2}, \cdots, \theta_{c5}\}$	m_c	支持向量机模型

7.3.2　改进 swin-transformer 分类器

由于不同层次下行为类别属于不同的鉴别框架，因此，需要设计多个分类器分别从不同的层次进行行为识别。此外，现有的高性能人体视频行为识别模型规模较大，且依赖大数据预训练。这些模型的迁移与应用会相对困难，并不适合参与异粒度信度赋值建模，因此需要设计精简的人体视频行为识别分类器。对 101 种细粒度的人体行为进行识别，所采用的网络是在 swin-transformer[8]的基础上，对其特征提取方式、transformer 的应用层次、网络整体的通路设计，以及部分卷积结构做了大量的轻量化改进，在尽量不损失性能的前提下力求缩减网络规模。改进算法的整体流程结构如图 7-14 所示。改进后的网络是一个包含残差结构、卷积结构和 transformer 结构的端到端的网络模型，输入是一个经预处理后的格式为 32×224×224×3 的视频段，输出是一个包含类别信息的六维向量。具体算法流程如下。

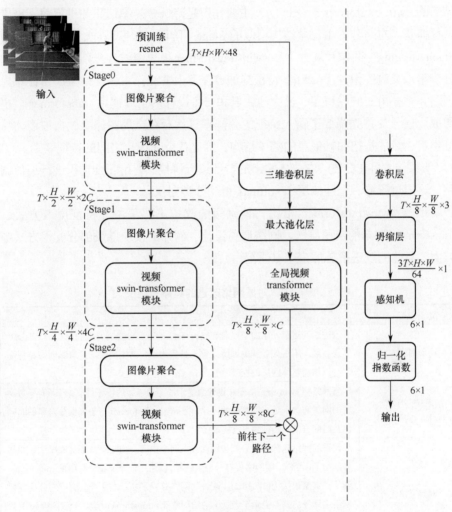

图 7-14　改进算法的整体流程结构

步骤 1：将输入视频段的每帧分离，依次输入一个预训练的 resnet 骨架网络（对应图 7-14 中的预训练 resnet），对每帧的特征进行提取。

步骤 2：将提取后的每帧特征进行合并，获得特征图。由于对帧进行了分离操作，因此该特征在单个通道上未包含时间维度上的信息，这里将它记为空间特征。在对空间特征提取的过程中用到了多层卷积处理，且空间特征的分辨率较小，仅为输入尺寸的 1/4。这个特征的提取过程以及输出的特征和原网络中的块分割与线性嵌入两个步骤类似，因此可以用空间特征的提取过程代替这两个步骤。

步骤 3：对于获得的空间特征，将其输入左右两个分支中。左路分支是一个精简的 swin-tranformer 骨干网络，主要作用是降低分辨率编码并进行时间维度特征捕获。左路分支由三层结构相似的 Stage（阶段）级联而成。每个 Stage 由 Patch Merging（图像片聚合）和 swin-transformer 模块组成，分别用于降低图像分辨率以及对图像片（patch）特征施加自注意力关注。右分支是全局自注意力通路，主要由三维卷积层、最大池化层和自行设计的全局视频 transformer 模块组成。该分支首先降低了输入特征的分辨率，然后在全局图像上做自注意力特征学习，目的是把握帧信息的整体结构，强化各个图像片之间的特征联系。

步骤 4：将左分支、右分支输出的特征进行拼接，利用三维卷积进行通道调整，再通过压缩、全连接层和 softmax 得到分类向量。

和原 swin-transformer 相比，该网络的改进主要集中在特征提取方式、transformer 结构的应用层次、网络通路设计、额外的模块以及部分卷积方式等方面，具体的改进措施如表 7-10 所示。

表 7-10　对原网络改进的具体措施

改 进 角 度	改 进 措 施
特征提取方式	改进的网络额外添加了预训练的 resnet，进行部分空间特征的提取，该部分可固定参数，不进入后续的训练过程。其目的是分离空间特征提取和动态特征提取，以精简整体网络的规模
transformer 结构的应用层次	原网络将 swin-transformer 设计为通用的图像领域的特征提取骨干网络。对改进的网络则做了更有针对性的设计，将 swin-transformer 用于降低分辨率的编码以及时间维度的特征学习与提取
网络通路设计	改进的网络删除了块分割与线性嵌入两个步骤，由空间特征提取模块中的部分结构予以替代。原网络仅有一个主路径，使用了四个 stage，其中的 transformer 模块的数量依次为[2,2,18,2]。改进的网络分成了左、右两个分支，左分支在原网络主路径的基础上做了大规模的结构精简，transformer 模块在三个 stage 的数量依次为[2,2,2]；右分支则是设置一个跳远连接，对特征图降低分辨率，并做全局自注意力运算后与左分支合并
额外的模块	改进后的网络在左分支添加了一层自行设计的全局 transformer 模块，在整个特征图上进行多头自注意力运算，和原网络中的移动视窗模块的作用类似，主要是进行图像片之间联系的特征的搜索与学习
部分卷积方式	改进后的网络在一些模块的连接处添加了三维卷积，用于特征图维度的调整。部分三维卷积用非对称卷积[9]进行了替代，用于减少卷积核的参数量

1. 基于 resnet 的空间特征提取

视频信息包含丰富的空间特征和时间特征，原网络将这两部分特征提取任务全部交给了 swin-transformer 模块，利用自注意力机制进行提取。但是这意味着 swin-transformer 模块必须有足够多的数量和较高的复杂度来应对此任务，这也带来了较多的模型参数量。本节的改进网络额外设置了一个特征提取模块，利用预训练的可固定参数的 resnet 提取空间特征，相当于分担了一部分原网络中 swin-transformer 模块的提取任务。由于 swin-transformer 模块的任务有所减轻，故而本节可以将其进行更轻量化的设计，以减少整个网络的参数量。特征提取模块对应图 7-14 中的预训练 resnet。模块将视频中的每帧进行分离，分别利用 resnet 提取其特征，然后重新组合以获得特征图。特征提取模块的主要结构（预训练 resnet）如图 7-15 所示。

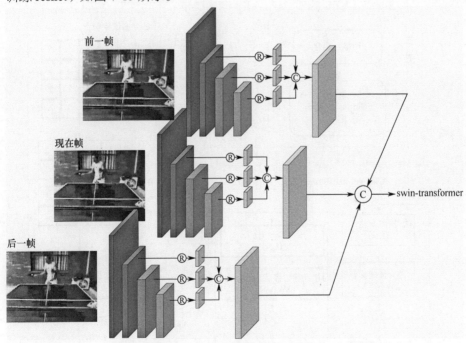

前一帧

现在帧

后一帧

swin-transformer

图 7-15　特征提取模块的主要结构（预训练 resnet）

为了减小运算复杂度，这里使用参数量最小的 resnet18 进行特征提取。其包含四个阶段的输出，分别记为 Stage1 ~ Stage4，每个 Stage 所提取语义特征层次依次加深。舍去第一个阶段 Stage1 的输出，因为其分辨率较高，且包含过多的浅层信息。对其余三个阶段的输出进行 resize（调整大小），使其分辨率保持一致。对这三个分辨率相同的特征图进行拼接处理，并经由一层 1×1 卷积网络改变通道数后，获得所提取的融合特征。

为了减小网络训练时的计算量，这里将所有 resnet 部分的参数固定，仅保留最后一层的 1×1 卷积的参数。每个视频段经过特征提取后，获得的特征图的格式为 32×56×56×48。

2. 基于 transformer 的降采样编码

swin-transformer 模块是带有滑动窗口操作的 transformer 模块。在原网络中，swin-transformer 模块和 Patch Merging 组合应用于多尺度的时空特征提取。改进网络减少了 swin-transformer 模块的数量，同时降低了该分支设计的复杂度，弱化了其特征提取的能力，但仍保留了 Patch Merging 的降低分辨率的功能。从整体上看，swin-transformer 模块和 Patch Merging 的组合改进用于降采样编码，使网络更容易训练，但是也在一定程度上影响了其性能上限（见图 7-16）。

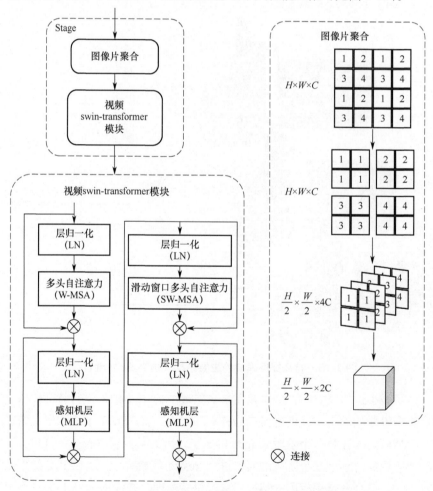

图 7-16　swin-transformer 模块及 Patch Merging 的主要结构

3. 全局自注意力通路

由于改进网络删减了较多的 swin-transformer 模块的数量，因此其滑动窗口操作 SW-MSA 的步骤比较少。对于行为视频信息而言，较少的移动窗口操作无法充分学习和捕获其中复杂的全局性质的时空特征。为了弥补这一不足，笔者在改进的网络中额外设置了一个分支通路，直接在降低分辨率后的特征图上计算全局性的自注意力，以充分提取全局特征。该分支的结构如图 7-14 右半部分所示，首先由一层 1×1×1 的三维卷积调整特征图的通道数；然后经由一层最大池化层调整特征图的分辨率，该层池化核的尺寸应与 swin-transformer 模块中窗口的尺寸调整为一致，以保证上下两分支特征提取范围一致；最后将调整后的特征图输入全局 transformer 模块以计算自注意力，将计算结果与另一个分支结果合并。

全局 transformer 模块也是在常规 transformer 基础上经过改进得到的，主要用于小尺寸低分辨率自注意力的计算。其结构比较简单，如图 7-17 所示，由跳远连接将层归一化、多头自注意力和 CBR 结构（Conv+BN+Relu）连接而成。笔者希望该模块仅做整体自注意力的计算，且保持一定的特征深度，因此删去了带窗口的多头自注意力，额外添加了 CBR 结构用于加深特征的层次。

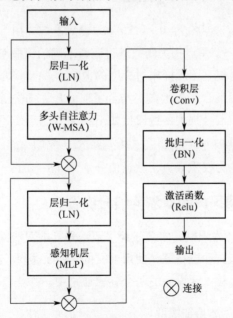

图 7-17　全局多头自注意力计算

4. 混合损失函数设计

人体视频行为识别属于多分类问题，常用的损失函数有 CELoss、MSELoss、

FocalLoss。下面分别介绍这几种损失函数的计算方法和本节的改进措施。

CELoss 为交叉熵损失函数，其计算式如下：

$$L_{ce\_loss} = -\frac{1}{m}\sum_i\sum_{c=1}^{M} y_{ic} \log_2(p_{ic}) \tag{7-36}$$

式中：m 为类别的数量；y_{ic} 为符号函数，当样本 i 的类别和 c 不相同时取 1，否则取 0；p_{ic} 为网络输出的样本 i 属于类别 c 的概率。交叉熵损失函数保证了网络最后一层的权重梯度和实际值与预测值的差值呈正相关，从而加快了网络的收敛速度。

MSELoss 为均方误差损失函数，其计算式如下：

$$L_{mse\_loss} = \frac{1}{m}\sum_i\sum_{c=1}^{M} (y_{ic} - p_{ic})^2 \tag{7-37}$$

均方误差损失函数的计算方式比较简单，但易受激活函数求导结果的影响，因此会使网络收敛速度变慢。

FocalLoss[10] 为焦点损失函数，其计算式如下：

$$L_{focal\_loss} = -\frac{1}{m}\sum_i\sum_{c=1}^{M} a_t(1-y_{ic})^r \log_2(p_{ic}) \tag{7-38}$$

式中：a_t 为平衡系数，其值为 $0\sim0.5$；r 为聚焦系数，用于调整焦点损失函数的聚焦程度，$0 < r < 5$。焦点损失函数通过调整不同输出概率的损失权重来降低简单样本损失，同时提高困难样本对梯度的贡献。

改进的网络利用混合损失函数，结合了前面几种损失函数的特点，从多个角度计算损失误差。混合损失函数设计如下：

$$Loss = \alpha \cdot L_{mse\_loss} + \beta \cdot L_{focal\_loss} + \gamma \cdot L_{ce\_loss} \tag{7-39}$$

式中：α、β、γ 均为权重系数，默认值分别为 0.5、0.25、0.25。

7.3.3 双速采样的双流网络分类器

针对粒度 2 的行为识别，本节设计了双速采样的双流网络。该网络使用光流法处理视频，提取其动态特征，使用前文的 resnet 提取其空间特征。对两种特征做差异化采样，输入至设计的两个卷积通路中，并获取识别结果。

1. 基于光流的动态特征提取

光流（optical flow）是指三维下的运动物体在二维观察平面上展现的像素运动的瞬时速度，其本质是一个二维的向量场。在时间很短的间隔内（视频的相邻帧之间），光流等同于目标像素点的位移。输入前后两个相邻的帧图像，即可计算光流。光流的计算常基于三个假设：第一，相邻帧的总亮度保持不变；第二，相邻帧的同一像素点运动较少；第三，帧中相邻像素点的运动轨迹相近。考虑到本节处理的对象为人的行为视频，相邻帧的画面不会发生较大变化，且视频的时间较短（一般在 10s 之内），能近似地满足上述假设条件，因此可认为光流是存在的。

本节采用 TV-L1[11]方法计算视频密集光流，并将其作为动态特征，主要考虑如下：首先，TV-L1 光流较为成熟且应用广泛，很多视频处理的深度学习模型[12]验证了其良好的提取特征能力。该光流法也被 MATLAB、OpenCV 等工具集成，方便使用。其次，密集光流是通过对所有"运动"的像素点计算其向量场而得到的，相对于稀疏光流而言，其特征更丰富，这对本节使用的轻量化分类器而言比较关键。本节并未对 TV-L1 光流的提取方法做改进，因此这里不再赘述其推导与提取过程。TV-L1 光流提取的可视化效果如图 7-18 所示。

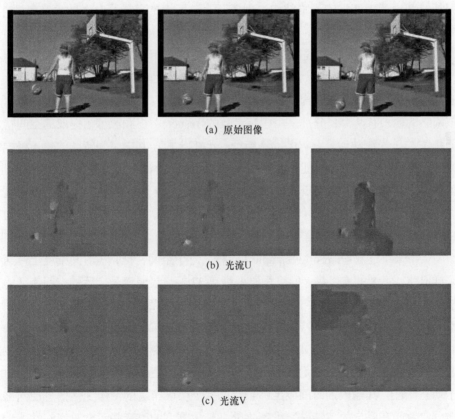

(a) 原始图像

(b) 光流U

(c) 光流V

图 7-18　TV-L1 光流提取的可视化效果

在图 7-18 中，光流 U 表示光流在 X 轴上的位移量，光流 V 表示光流在 Y 轴上的位移量。可视化后的光流图像为单通道的灰度图像，颜色越深表示该像

素点在 X 轴方向或者 Y 轴方向上的位移量越大。在提取过程中，由于光流计算是在相邻的视频帧间进行的，因此所提取的光流帧数会比视频帧数少 1 帧。这里将光流的后 3 帧取算术平均值作为最后 1 帧补齐，以保证视频帧数与光流帧数一致。然后，将提取到的光流 U 与光流 V 在通道层上进行合并。对于格式为 $H \times W \times T \times 3$ 的视频，最终提取的光流特征的格式为 $H \times W \times T \times 2$。

2. 基于双速采样的双流网络

双流网络是视频行为识别领域一种较为主流的识别架构。在该架构中，针对具有动态性质的视频信息，应设计网络结构以分别处理动态信息和空间信息。这里已经完成两种特征信息的提取，其中 resnet 骨架提取了视频的空间特征，光流法则提取了视频的动态特征。

常规的双流网络对两者信息流的差异性并没有太多考虑，因此大多也没有根据其特性设计相匹配的通路结构，但实际上这两者的差异是存在的。文献[13]指出，针对两种速率的帧，分别设计神经网络通路结构，可以获得较好的分类性能。这里引入这种设计思路：由于空间特征具有相对静态的特点，将其处理为慢速帧；由于动态特征具有运动特性，将其处理为快速帧。然后设计具有快速和慢速两种不同通路结构的双流网络，并进行处理。网络结构如图 7-19 所示。该网络的输入有两个，分别是由固定参数的 resnet 对视频段每帧提取的空间特征和 TV-L1 光流法计算获得的动态特征（光流特征）。其中空间特征的输入格式为 32×56×56×48，动态特征的输入格式为 32×224×224×2。考虑到两者所获得特征的格式差异较大，网络首先对两者的分辨率进行调整，即图 7-19 中 resize 过程，分别用线性方法对两者进行上采样和下采样，使其分辨率大小统一为 112×112。

接下来讲述双速采样（resample）过程。对于空间特征，在时间维度上慢速采样取值，每 8 帧取 1 帧，网络里原视频有 32 帧，经慢速采样后的空间特征的格式为 4×112×112×48。对于动态特征，则在时间维度上快速采样取值，每 2 帧取 1 帧，快速采样后动态特征的格式为 16×112×112×2。经过 resize 和 resample 处理后的特征图格式能与其本身特性相匹配。对于空间特征，其输入的通道数要相对较大，目的是保证足够多的通道分类器捕获图像空间上的语义信息。对于动态特征，其输入的时间应足够长，以保证供应丰富的图像变化信息使网络充分收敛。在各自的"特殊"维度之外，其他维度的改变并不会对网络性能造成太大影响，因此这里对其他维度做了一定删减，以减小网络的计算规模。将两类特征图分别输入不同的通路中，进行多层的三维卷积处理。对两个卷积通路也分别进行了不同的设计。空间特征对应的通路增加了卷积核的数量，减小了卷积核在长、宽维度上的尺寸，以使多个卷积核在尽可能多的角度对空间信息特征进行充分学习。动态特征对应的通路则适当减少卷积核的数量，并相对增大卷积核尺寸，目的是减小通路在单个图像帧内的处理负担，使通路更多地关注帧与帧之间的变化特征而非帧内图像特征。

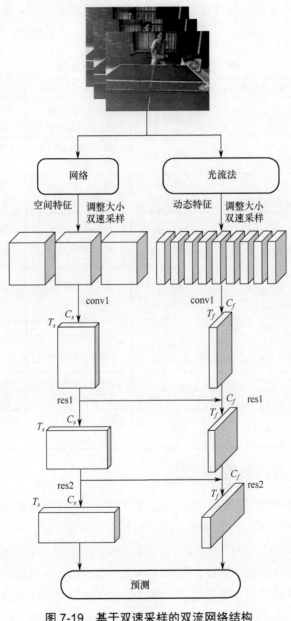

图 7-19　基于双速采样的双流网络结构

在网络的部分三维卷积层后，通过跳远连接将空间特征对应通路的输出经过调整后与另一个通路的输出合并（对应图 7-19 中的横向箭头）。最后，将三维卷积的结果输入 prediction 层中，经由全局池化和全连接处理后，输出粗粒度行为类别的识别结果。该双流网络的参数如表 7-11 所示。该网络的设计也同样趋向轻量化，以便减少整体算法的计算负担。和常规的双流网络相比，该网络规模缩小为它的 40%左右。粗粒度行为共有两种，因此双流网络的输出为一个二维向量。

表 7-11 双速采样的双流网络参数

位　置	慢速通路结构	快速通路结构	输　入　格　式	输　出　格　式
resize	upscale×2	downscale×2	慢：32×562×48 快：32×2242×2	慢：32×1122×48 快：32×1122×2
resample	resample 8 in 1	resample 2 in 1	慢：32×1122×4 快：32×1122×2	慢：4×1122×48 快：16×1122×2
conv1	1×32, 32 stride:1, 22	5×72, 8 stride:1, 22	慢：4×1122×48 快：16×1122×2	慢：4×562×32 快：16×562×8
pool1	1×32, max stride:1, 22	1×32, max stride:1, 22	慢：4×562×32 快：16×562×8	慢：4×282×32 快：16×282×8
res1	$\begin{bmatrix}1×1^2,32\\1×3^2,32\\1×1^2,64\end{bmatrix}×3$	$\begin{bmatrix}3×1^2,8\\1×3^2,8\\1×1^2,16\end{bmatrix}×3$	慢：4×282×32 快：16×282×8	慢：4×142×64 快：16×142×16
res2	$\begin{bmatrix}1×1^2,128\\1×3^2,128\\1×1^2,256\end{bmatrix}×3$	$\begin{bmatrix}3×1^2,32\\1×3^2,32\\1×1^2,64\end{bmatrix}×3$	慢：4×142×64 快：16×142×16	慢：4×72×256 快：16×72×64
gap/flatten	—	—	慢：4×72×256 快：16×72×64	慢：1024×1 快：1024×1
concat/fcn	1024;128;　classes number		慢：1024×1 快：1024×1	classes number

7.3.4 支持向量机模型

针对粒度 3 的行为识别，本节设计了支持向量机模型对其进行信度赋值。该模型的处理流程如图 7-20 所示。

对于行为视频，仍先使用 resnet 提取其空间特征；但单个视频由 resnet 提取的特征的格式为 32×56×56×48，包含 400 万个数值点，这已经超过了支持向量机算法所能够处理的特征数量范围。故这里在原特征的长和宽维度上使用全局平均池化（Global Average Pooling，GAP）对其进行降维处理。处理后的特征格式为 32×48，包含 1536 个数值。之后再使用支持向量机进行分类学习。支持向量机的核函数使用径向基核函数，设置超参数，如错误惩罚系数 $c=10$，基函数次数 $\deg=5$。在该层次的粒度下，视频行为共包含人与物品的交互、仅有身体动作、人与人的交互等五种，因此该分类器的输出为 5×1 的向量。

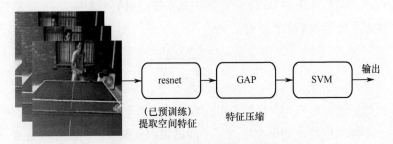

图 7-20　支持向量机模型处理流程

7.3.5　行为决策

在不同层次的粒度下，根据其对应分类器的输出，得到该粒度对应的证据源的 BBA。针对异粒度下的分类器，本节设定了两个规则用于证据源的 BBA 后处理。

1．添加输出死区

对于粒度 1 层次有 101 种行为，对应的分类器会输出小而多的"零碎"的值。这些较小的值对证据源的决策的影响很小，但是会在融合的过程中占据较大的运算资源。这里设计了一个较小的阈值 threshold_a，并将其作为一个死区。仅当分类器的输出大于该值时才进行信度赋值，否则，对 BBA 的值置 0，即

$$m_a(\theta_{ai}) = \text{threshold}_a(\text{output}a_i),\ i=1\sim101 \tag{7-40}$$

式中：θ_{ai} 为该粒度下的第 i 个类别对应的焦元；$\text{output}a_i$ 为该粒度下对应的分类器输出向量的第 i 个分量。对于粒度 2 层次下的行为，存在和粒度 1 类似的问题，分类器多数类别上的较小输出值对融合后的决策影响很小，但是会占用较多的计算资源。因此，也采用上述设置死区的方法，即

$$m_b(\theta_{bj}) = \text{threshold}_b(\text{output}b_j),\ j=1\sim25 \tag{7-41}$$

式中：threshold_b 为死区阈值；θ_{bj} 为该粒度下的第 j 个类别对应的焦元；$\text{output}b_j$ 为该粒度下对应的分类器输出向量的第 j 个分量。

由于粒度 3 的类别较少，故这里不对分类器的输出做任何改变，直接给出其信度赋值，即

$$m_c(\theta_{ck}) = \text{output}c_k,\ k=1\sim5 \tag{7-42}$$

式中：θ_{ck} 为该粒度下的第 k 个类别对应的焦元；$\text{output}c_k$ 为该粒度下对应的分类器输出向量的第 k 个分量。

2. 信度赋值归一化

根据信度函数理论的要求，证据源的基本信度赋值之和必须为 1。故这里需对所有粒度下的信度赋值归一化，即

$$m_i(\theta_j)' = \frac{m_i(\theta_j)}{\sum_{j=1}^{k} m_i(\theta_j)} \qquad (7\text{-}43)$$

经过修正后的各分类器的输出可以作为对应粒度下证据源的信度赋值。

由于不同粒度层次的证据源处于不同的鉴别框架下，因此无法直接应用信度函数理论进行融合。本节采用 4.3.2 节提到的信度转换的方法，利用信度分配（BBA）转换策略将不同粒度证据源下的 BBA 映射到一个统一的鉴别框架下。之后在该统一的鉴别框架下进行信度融合。考虑到 UCF101 数据集中实验预测的都是粒度 1 下的 101 种行为，所以，本节将其他所有粒度证据源下的 BBA 映射到粒度 1 层次。可设定转换关系：粒度 3 转换为粒度 1、粒度 2 转换为粒度 1。

1）粒度 3 转换为粒度 1

根据前文的粒度划分关系可知，粒度 3 和粒度 1 是包含关系，即粒度 3 上的类别是在粒度 1 类别上的重新分类。但是由于粒度 1 下的类别数量较多，为了简化运算，将粒度 3 证据源下单子焦元的 BBA，仅转换给其包含的粒度 1 下的证据源的单子焦元和任意两个单子焦元组合的复合焦元，而不考虑其他复合焦元。总体映射转换情况如表 7-12 所示。

表 7-12　UCF101 数据集中粒度 3 向粒度 1 的映射转换情况

类别包含关系	转换前的焦元的质量函数	转换后的焦元的质量函数	转换后的焦元的数量
人与物品的交互行为，包括刷牙、理发等 20 种行为	$m_c(\theta_{c1})$	$m_c(\theta_{a1})$，$m_c(\theta_{a2})$，$m_c(\theta_{a3})$，…，$m_c(\theta_{a1},\theta_{a2})$，$m_c(\theta_{a1},\theta_{a3})$，…	$C_{20}^1 + C_{20}^2 = 210$
仅有身体动作行为，包括做俯卧撑、打太极拳等 16 种行为	$m_c(\theta_{c2})$	$m_c(\theta_{a21})$，$m_c(\theta_{a22})$，$m_c(\theta_{a23})$，…，$m_c(\theta_{a21},\theta_{a22})$，$m_c(\theta_{a21},\theta_{a23})$，…	$C_{16}^1 + C_{16}^2 = 136$
人与人的交互行为，包括理发、阅兵等 5 种行为	$m_c(\theta_{c3})$	$m_c(\theta_{a37})$，$m_c(\theta_{a38})$，$m_c(\theta_{a39})$，…，$m_c(\theta_{a37},\theta_{a38})$，$m_c(\theta_{a37},\theta_{a39})$，…	$C_5^1 + C_5^2 = 15$
演奏乐器行为，包括演奏吉他、演奏钢琴等 10 种行为	$m_c(\theta_{c4})$	$m_c(\theta_{a42})$，$m_c(\theta_{a43})$，$m_c(\theta_{a44})$，…，$m_c(\theta_{a42},\theta_{a43})$，$m_c(\theta_{a43},\theta_{a44})$，…	$C_{10}^1 + C_{10}^2 = 55$
运动行为，包括打篮球、投保龄球等 50 种行为	$m_c(\theta_{c5})$	$m_c(\theta_{a52})$，$m_c(\theta_{a53})$，$m_c(\theta_{a54})$，…，$m_c(\theta_{a52},\theta_{a53})$，$m_c(\theta_{a53},\theta_{a54})$，…	$C_{50}^1 + C_{50}^2 = 1275$

　　根据上述表格，粒度 3 证据源下的焦元在转换后共可获得 1691 个粒度 1 鉴别框架下的焦元，包括 101 个单子焦元和 1590 个析取焦元。为每个转换后的焦元设定一个系数，以确定其具体的 BBA 的分配关系，记为 $t_{k-i}^{c\to a}$，则共有 1691 个转换系数。该转换过程可用矩阵的乘积表示为

$$
m_c^{\Theta_a}=T^{c\to a}\cdot m_c=
\begin{bmatrix}
t_{1\to1}^{c\to a} & 0 & 0 & 0 & 0 \\
\vdots & 0 & 0 & 0 & 0 \\
t_{1\to(19)(20)}^{c\to a} & 0 & 0 & 0 & 0 \\
0 & t_{1\to21}^{c\to a} & 0 & 0 & 0 \\
0 & \vdots & 0 & 0 & 0 \\
0 & t_{1\to(35)(36)}^{c\to a} & 0 & 0 & 0 \\
0 & 0 & \vdots & 0 & 0 \\
0 & 0 & \vdots & 0 & 0 \\
0 & 0 & 0 & 0 & t_{5\to52}^{c\to a} \\
0 & 0 & 0 & 0 & \vdots \\
0 & 0 & 0 & 0 & t_{5\to(100)(101)}^{c\to a}
\end{bmatrix}
\cdot
\begin{bmatrix}
m_c(\theta_{c1}) \\
m_c(\theta_{c2}) \\
m_c(\theta_{c3}) \\
m_c(\theta_{c4}) \\
m_c(\theta_{c5})
\end{bmatrix}
$$

$$
=[m_c(\theta_{a1})\ \cdots\ m_c(\theta_{a19},\theta_{a20})\ m_c(\theta_{a21})\ \cdots\ m_c(\theta_{a35},\theta_{a36})\ \cdots\ m_c(\theta_{a52})\ \cdots\ m_c(\theta_{a100},\theta_{a101})]^{\mathrm{T}}
$$

（7-44）

式中：m_c 和 $m_c^{\Theta_a}$ 分别为粒度 3 证据源转换前后对应的 BBA，由转换系数构成的矩阵是格式为 1691×5 的稀疏矩阵，记为 $T^{c\to a}$。由于任意粒度 3 的类别下所包含粒度 1 类别和其他的类别没有交叉，故该系数矩阵的每行有且只有一个数值不为 0，使其相对稀疏一些。根据系数分配的原则，要求原粒度证据源下每个焦元所有分配系数的和为 1，即

$$
\sum_k t_{k\to i}^{c\to a}=1
$$

（7-45）

2）粒度 2 转换为粒度 1

　　UCF101 数据集中粒度 2 的类别是通过另一个角度进行划分的，因此，不同于粒度 3 与粒度 1 之间的包含关系，粒度 2 与粒度 1 是交叉关系，其映射转换更加复杂。这里对两个粒度之间映射转换关系做进一步的简化，将粒度 2 证据源下的单子焦元的 BBA 仅映射转换给粒度 1 下的单子焦元。显然，转换后的焦元数量共有 101 个，给每个转换后的焦元分配一个系数，记为 $t_{j-i}^{b\to a}$，则共有 101×25=2525 个转换系数。该转换过程可用矩阵的乘积表示为

$$
m_b^{\Theta_a}=T^{b\to a}\cdot m_b=
\begin{bmatrix}
t_{1\to1}^{b\to a} & t_{2\to1}^{b\to a} & t_{3\to1}^{b\to a} & \cdots & t_{25\to1}^{b\to a} \\
t_{1\to2}^{b\to a} & t_{2\to2}^{b\to a} & t_{3\to2}^{b\to a} & \cdots & t_{25\to2}^{b\to a} \\
\vdots & \vdots & \vdots & \ddots & \vdots \\
t_{1\to101}^{b\to a} & t_{2\to101}^{b\to a} & t_{3\to101}^{b\to a} & \cdots & t_{25\to101}^{b\to a}
\end{bmatrix}
\cdot
\begin{bmatrix}
m_b(\theta_{b1}) \\
m_b(\theta_{b2}) \\
\vdots \\
m_b(\theta_{b25})
\end{bmatrix}
$$

（7-46）

$$
=[m_b(\theta_{c1})\ \ m_b(\theta_{c2})\ \ \cdots\ \ m_b(\theta_{c100})\ \ m_b(\theta_{c101})]^{\mathrm{T}}
$$

式中：m_b 和 $m_b^{\ominus a}$ 分别为粒度 2 证据源转换前后对应的 BBA，由转换系数构成的矩阵记为 $T^{b \to a}$，格式为 101×25。该转换系数同样满足和为 1 的原则，即

$$\sum_j t_{j \to i}^{b \to a} = 1 \qquad (7\text{-}47)$$

最后，根据 4.3.2 节所提出的非线性优化算法以及 MATLAB 中的 fmincon 工具箱求解出转换矩阵，将粒度 2 和粒度 3 下的识别结果映射到粒度 1 对应的鉴别框架中，采用 DSmT 中的 PCR5 规则进行融合，并根据概率最大化原则进行决策。

7.3.6 实验分析与讨论

本节主要对异粒度信度融合算法进行实验论证，以展现它的性能及优势。在硬件平台上，在戴尔 7920 工作站上开展实验，平台硬件设备的 CPU 为 Intel Xeon Golden 5218R，40 核心 80 线程，128GB 内存，显卡为双路 RTX 3090，显存大小为 24GB×2，可提供约 70Tflops 的单精度运算能力。平台软件系统为 Windows 10、Python 3.6，主要使用 pytorch 深度学习框架和 pandas 数据挖掘工具。经预处理后共有 5956 个视频段，其中 4200 个用于训练，1756 个用于测试。在基准实验中，将改进网络中预训练的 resnet 参数固定，其余部分网络参数从头开始训练。设置训练的 batch_size 为 128，训练的轮次为 40。使用 Adam 优化器[14]，优化器参数 $\beta_1 = 0.9$、$\beta_2 = 0.999$。设置初始学习率为 $lr = 10^{-4}$，使用 StepLR 变学习率方法；训练 25 轮以后，每训练 5 轮，学习率降为原来的 1/3。在网络中引入 dropout 训练策略，设置训练时 dropout 概率等于 0.5（见表 7-13）。

表 7-13 基准实验中的模型参数

分 类 器	参 数	设 置	说 明
改进的 swin-transformer 分类器	batch_size	64	训练批次的大小
	epoch	40	训练轮次
	lr	10^{-4}	初始学习率
	optimizer	Adam	网络优化器类型
	StepLR	5	变学习率步长
	dropout	0.5	随机断连参数
	n_class_1	6	输出类别数
双速采样的双流网络 分类器	batch_size	64	训练批次的大小
	epoch	32	训练轮次
	Lr	10^{-4}	初始学习率
	optimizer	Adam	网络优化器类型
	StepLR	5	变学习率步长
	dropout	0.5	随机断连参数
	n_class_2	2	输出类别数

　　本节所采用的信度融合算法，是在细粒度的分类器算法（改进的 swin-transformer 网络）的基础上通过引入额外的两个粒度层次的信息获得的，其中改进的 swin-transformer 算法对 101 种行为识别准确率为 92.17%，而采用异粒度信度融合算法的准确率为 94.91%，可见异粒度信度融合算法对行为识别有一定的提升作用。融合算法利用了异粒度信息的互补性，它们的引入对识别性能起到了正向的作用。但不足之处是，由于异粒度信度融合是 3 个分类器的融合，并采用 PCR5 规则进行组合推理，因此其时间消耗显著高于改进的 swin-transformer 网络。

　　从 UCF101 数据集中各类别看，更能反映出融合算法的一些特性。图 7-21 和图 7-22 分别为融合算法输出的 10 个性能最差类别和 10 个性能最好类别上的实验结果。

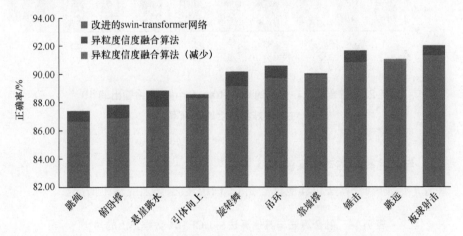

图 7-21　融合算法在改进的 swin-transformer 网络输出的 10 个性能最差类别上的正确率

注：见文后彩图。

　　在图 7-21 和图 7-22 中，红色部分（见文后彩图）表示融合算法相对于改进的 swin-transformer 网络在性能上的提升，灰色部分则表示性能的下降。融合算法对各类别性能的提升幅度存在一定的差异，并且带有明显的"补足"倾向。在原最差的 10 个类别上，融合算法分类性能带来显著的提升，平均提升幅度为 0.7%；但在原最好的 10 个类别上，融合算法几乎没带来性能的提升，指标仅平均上升了 0.01%，且在一些类别的性能上出现下降。这种现象是由其他粒度类别信息造成的。在 UCF101 数据集的划分中，粒度 2 的类别和粒度 1 的类别是交叉关系，意味着粒度 2 证据源在信度融合框架下给粒度 1 的每个类别带来的提升作用是"均等"的。但这些"均等"的作用对粒度 1 各类别的性能提升是不同的。

如果类别本身指标较低，则提升会相对容易；反之，如果类别本身指标较高，则提升可能会相对困难。整体来看，这种作用会使各类别间的正确率趋于接近，这一点通过引入融合算法前后各类别正确率的方差也能体现。在图 7-22 中，各类别正确率的方差由融合前的 0.007 降为融合后的 0.004。

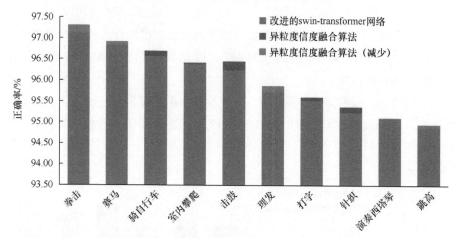

图 7-22　融合算法在改进的 swin-transformer 网络输出的 10 个
性能最好类别上的正确率

注：见文后彩图。

1. 与其他算法的对比实验

表 7-14 为融合算法和其他算法在 UCF101 数据集上的对比情况。

表 7-14　融合算法与其他算法在 UCF101 数据集上的对比

算　　法	GFLOPS	正确率/%
TVNet	72	94.5
TSN	49	94.1
ARTNet pretrained on Kinetics	23.70	94.3
I3D	108	93.4
I3D pretrained on Kinetics	108	97.9
Video-swin-transformer	282	95.1
Video-swin-transformer pretrained	282	98.4
改进的 swin-transformer 网络	61	92.17
异粒度信度融合算法	约 **132.7**	**94.9**

由于融合算法无法直接用 FLOPS（每秒浮点操作数）衡量其大小，因此这里以深度学习算法为标准，根据其运行耗时来估算模型大小。可以看到，融合算法的整体性能表现相较于改进的 swin-transformer 网络有所提升，并且融合算

法继承了其规模小、不需要大规模视频数据预训练的优点。但其绝对性能指标与具有较大规模和有大量数据的预训练的算法相比，仍有一定的差距。

2．消融性对比实验

本节进行了消融性实验，通过额外设置一些数据处理、融合步骤变动的对照组，来展现融合算法的相关特性。对照组的设置情况与消融性实验结果如表 7-15 所示。第 1 组、第 2 组、第 3 组主要用于验证融合算法在不同数据规模情况下的鲁棒性。融合算法在数据缺失一半的条件下，正确率下降了 1.5%，其性能与改进的 swin-transformer 网络损失的性能相比，仍能保持相对稳定。这表明融合算法在数据缺失条件下仍具有良好的鲁棒性。由于这两者都有良好的鲁棒性，融合算法能结合这两者的优点，并从整体上反映出来。第 4 组、第 5 组通过删去某一粒度的信息来验证其对总体融合算法的贡献。在该表中删去任意粒度的信息均会对融合算法性能产生负面影响，且去掉粒度 3 对性能的影响更大（第 5 组）。这是由于粒度 3 对应分类器本身性能指标较高，对融合算法的促进作用更大，因而删去它会对整体产生较大的影响。

表 7-15　异粒度信度融合算法消融性实验设计与结果

组　别	模 型 改 动	Top-1 正确率/%	Top-3 正确率/%	训练时间/h
1	无改动	94.91	96.84	37
2	削减训练集规模至原来的一半	93.48	95.22	22
3	扩增训练集规模至原来的两倍	94.93	96.79	49
4	仅用粒度 3 和粒度 1 进行融合	94.78	96.49	24
5	仅用粒度 2 和粒度 1 进行融合	94.34	96.17	32

7.4　基于犹豫模糊信度融合的行为识别

7.4.1　犹豫模糊信度构建

在本书第 5 章中，将 DSmT 理论的信度赋值扩展到犹豫模糊信度，进一步丰富了 DSmT 理论在不确定性描述领域的适用范围。然而，第 5 章更多的是集中于理论方面的探讨，7.3 节的第 4 组实验也初步验证了犹豫模糊框架下多粒度融合规则的有效性。在本节中，将通过实际行为识别问题，进一步讨论和验证犹豫模糊框架下 DSmT 融合规则的有效性。

在实际行为识别问题方面，选择不同的特征对于识别模型的训练至关重要。由于原始穿戴式传感器感知行为的数据往往存在噪声，这类原始数据无法直接代表各类行为，因而，需要针对特定的行为从原始数据中提取相应的具备明显区分能力的特征，并将其作为识别模型训练的依据。比如，一些统计层面的时域特征或频域特征往往会用于行为识别。然而，时域特征与频域特征对于不同行为的敏感程度有明显的区别。例如，三轴加速度传感器感知数据的均值适用于区分"站着"和"躺着"这两种行为，而频域方面的特征通常用于区分动态行为和静态行为。为了能综合利用时域特征和频域特征来获取更高行为识别精度的模型，这里首先针对每组传感器分别提取时域和频域的特征；然后分别依靠时域特征和频域特征训练两组行为模型，根据两组行为识别模型的输出构建犹豫模糊信度；最后将所有传感器对应的输出利用第 5 章提出的扩展融合规则进行有效融合，并通过 Score 函数进行最终行为类型的判定。具体模型框架如图 7-23 所示。

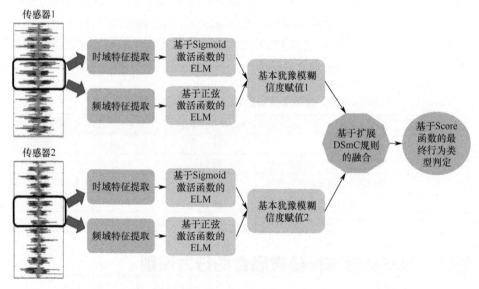

图 7-23　犹豫模糊框架下基于 ELM+DSmT 的行为识别模型框架

7.4.2　行为决策

1．特征提取类型

在本节的实验中，提取的特征一共有 17 种，其中，关于时域的特征有 11 种，而关于频域的特征有 6 种，具体的特征类型如表 7-16 所示。

2．ELM 模型

考虑到利用穿戴式传感器网络进行行为识别过程中对实时性的要求，这里，利用 ELM 进行行为识别模型的训练。为了克服经典单隐含层前馈神经网络在利用反向传播算法进行模型参数训练过程中易陷入局部最优和耗时等缺点，Huang 等[16,17]提出了能随机对输入层连接权重和偏差进行赋值的 ELM 模型。该模型的参数学习算法比传统神经网络中的反向误差传播算法训练速度快且泛化性能好，因而，ELM 在人体行为识别、故障诊断等领域有广泛应用。具体关于 ELM 网络的参数学习算法可以参阅文献[16]、[17]，这里不做详细的介绍。

表 7-16　提取的特征类型

特 征 类 型	具 体 特 征
时域	平均值、标准偏差、中位数绝对值、最大值、最小值、信号幅度区域、平方和的平均值、四分位间距、信号熵、自回归系数、相关系数
频域	最大频率分量、加权平均值、偏度、峰度、频率间隔的能量、两个向量之间的夹角

7.4.3　实验分析与讨论

在本节的实验中，利用 UCI 数据库中的 Smartphone 数据集作为测试对象，验证本节提出的模型的有效性。

1．实验设置

为了验证本节提出的模型的有效性，将实验结果与相关文献中的一些经典模型进行对比，这里主要包括传统的 Artificial Neural Network（ANN）、SVM 分类器、ELM 网络、随机森林以及 Deep LSTM。这些模型的相关参数设置如下：对于 ANN 和 ELM 网络，采用 Sigmoid 函数作为神经元的激活函数，网络中隐含层的节点数目通过贪婪搜索获取。对于 SVM 分类器，采用径向基函数作为核函数。对于随机森林，则利用 500 组决策树进行集成学习。对于 Deep LSTM 而言，该网络包含两组规模分别为 30 和 50 的 LSTM 层，然后是规模为 60 的全连接层，最后通过 softmax 层进行最终的类型判定。

2．实验结果

1）与经典方法的对比

为了验证本节提出的模型的有效性，将行为识别结果与经典方法进行对比，具体如表 7-17 所示。由于原始数据集中包含一定的噪声数据，可以看到，Deep LSTM 模型的识别效果较差，这也进一步验证了本节中关于特征提取步骤的重要性。此外，相比于 Deep LSTM 模型，随机森林获得了稍好的识别精度，准确率为 92.91%。ELM 与 ANN 这两组模型获得的行为识别精度比较接近，而 SVM 在这几组经典模型的性能比较中表现最优。本节提出的基于犹豫模糊框架下的行为识别表现相比于其他提及的模型精度最高，这也充分说明了其有效性。表 7-17 中也列出了各个模型在 Smartphone 数据集上行为识别的最大值、最小值以及方差。值得注意的是，SVM 和随机森林中不包含随机参数，因而其在多次重复训练和测试过程中，最大值、最小值并没有变化。从表 7-17 中可以看出，本节提出的基于犹豫模糊框架下的集成 ELM 模型相较于其他随机模型获得了更小的方差值，这进一步验证了本节所提模型的鲁棒性。

表 7-17　犹豫模糊框架下行为识别模型与经典方法在 Smartphone 数据集上的对比

模型或方法	准确率/%	最小值/%	最大值/%	方差/%
ANN	93.82	80.59	94.44	19.28
ELM	93.65	92.64	94.47	0.37
SVM	94.03	—	—	—
随机森林	92.91	—	—	—
Deep LSTM	92.53	88.70	93.48	2.76
本书的方法	**95.30**	**94.64**	**95.96**	**0.0043**

从图 7-23 的犹豫模糊框架下基于 ELM+DSmT 的行为识别模型框架中可以看到，该模型本质上是一种集成 ELM 模型，其中包含 4 个子模型，可分别标记为 Acc-ELM-Time、Acc-ELM-Frequency、Gyro-ELM-Time、Gyro-ELM-Frequency。其中，Acc-ELM-Time 表示通过提取加速度传感器感知数据的时域特征训练获得的 ELM 模型，Gyro-ELM-Frequency 表示通过提取陀螺仪感知数据的频域特征训练获得的 ELM 模型。融合模型（HFBS-Based Fused ELM）与各子模型的识别结果见图 7-24，集成模型对应的输出混淆矩阵见图 7-25。可以看到，因为在采集数据过程中，将数据集 Smartphone 传感器安置于测试者的腰部，所以该设备的方向是固定的。在识别静态活动（站着、坐着和躺着）时，主要依靠三维加速度的重力分量。这里，陀螺仪的读数几乎为零。因为站姿和坐姿有着相似的方位，这使得两者很难区分。因此，可以看到这两种活动的识别精度相对较低。此外，考虑到静态行为与其他动态行为完全不同，可以很容易地识别动态行为，从而产生很高的识别精度。而且，步行、上楼、下楼也有非常相似的动作模式，区分这些类似的行为活动是很有难度的。从识别结果中可以看到，本节提出的方法（HFBS-Based Fused ELM）在大多数行为类别的识别中都取得了最好的性能，这体现了笔者所提出的构造犹豫模糊信度的有效性。

2）ELM 网络中隐含层节点数对行为识别精度的影响

在本节提出的行为识别模型中，ELM 模型发挥着至关重要的作用。而对 ELM 模型而言，隐含层节点数对 ELM 的表现有重要影响。因此，这里通过改变 ELM 网络中隐含层节点的数目来观察其对最终行为识别精度的影响。在实验中，将隐含层的节点数从 100 个增加到 1500 个，每次增加 200 个节点，记录下模型在 Smartphone 数据集上的精度，并同时记录下该模型训练+测试整体的时间消耗，具体如图 7-26 所示。可以看到，模型的行为识别精度随着隐含层节点数的增加而增加，但当节点数增大到一定值时，模型精度趋于稳定。当然，越多的隐含层节点意味着更长的训练和测试时间。此外，图 7-26 中也给出了融合四组 ELM 的行为识别精度，可以发现，相比于融合前，融合后的模型识别精度更高。

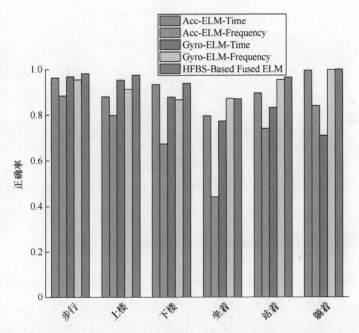

图 7-24　本节提出的 HFBS-Based Fused ELM 模型与各子模型的识别结果对比
注：见文后彩图。

图 7-25　基于犹豫模糊信度+ELM+DSmT 的识别模型在 Smartphone 数据集上的混淆矩阵

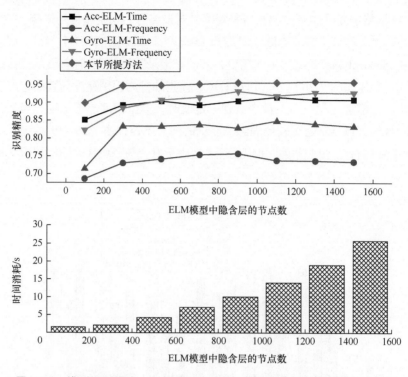

图 7-26　模型识别精度、时间消耗与 ELM 模型中隐含层节点数目的关系

7.5　基于多粒度信息折扣融合的行为识别

　　7.2 节中考虑的 DSmT 多粒度信息融合框架下的证据源都是默认等可靠的，然而，在实际穿戴式传感器网络条件下的行为感知系统中，各传感器由于部署位置或者精度的差异，或者由于穿戴式传感器网络能量资源的限制，各传感器难以满足等可靠条件，因而有必要在融合之前依据一定的评价指标来判断传感器的可靠性。参考第 6 章中的非等可靠多粒度信息的折扣融合策略，本节将该方法应用于穿戴式人体传感器网络下的日常行为识别。与 7.2 节中使用等可靠多粒度证据融合策略进行行为识别一样，在进行测试样本的行为类型判定之前，需要通过训练样本构建合适的训练模型，进而可以根据训练模型与测试样本之间的关系，计算出测试样本相应的基本信度赋值，最后依据获取的融合信度进行类型判定。在本节的非等可靠行为识别模型中，提出了一种新的基于 K-means 聚类中心元素的 BBA 构造方法。接下来，将详细介绍本节给出的行为识别模型。

7.5.1　证据可靠性评估

在获取测试样本的基本信度赋值之后，需要根据该信度赋值对各传感器的可靠性进行评估。这里采取的策略是第 6 章中的 BF-TOPSIS 方法，用两种不同的指标进行可靠性计算。在本节的行为识别模型中，选择的 BBA 可靠性评估指标包括以下两种。

1．冲突指标 $C_1(\cdot)$

为了能定义传感器组合之间的冲突程度，这里用区间距离函数 $d_{BI}^{Ec}(\cdot)$ 计算各传感器之间的冲突度量指标，有

$$C_1(m) = \text{Conflict}(m) = \frac{1}{e} \cdot \sum_{j=1}^{e} d_{BI}^{Ec}(m(\cdot), m_j(\cdot)) \quad (7\text{-}48)$$

式中：$m_j(\cdot)$ 代表第 j 组证据源（$j = 1, 2, \cdots, e$）；e 为证据源的个数。

2．不精确指标 $C_2(\cdot)$

$$C_2(m) = I(m) = -\sum_{\theta \in F(m)} m(\theta) \times \log_2 \big[|\theta| \big] \quad (7\text{-}49)$$

式中：$F(m)$ 代表证据源 $m(\cdot)$ 中所包含的所有焦元；θ 为证据源 $m(\cdot)$ 中的焦元；$|\theta|$ 为焦元 θ 中包含的单子焦元的个数。

7.5.2　折扣融合模型

1．聚类中心元素的生成

假设考虑的是一个 n 类的识别问题，其对应的鉴别框架为 $\Theta = \{\theta_1, \theta_2, \cdots, \theta_n\}$。其中，训练集样本标记为 $\boldsymbol{x}_{\text{training}}$，测试集样本标记为 $\boldsymbol{x}_{\text{testing}}$。这里，训练集 $\boldsymbol{x}_{\text{training}}$ 用于生成各行为类别对应的聚类中心元素，聚类中心元素可作为同一类型行为的代表中心元素。对该聚类中心元素的选择至关重要，因为其表示同一行为类型的聚类特征，用作区别不同行为的依据。将每组传感器中每一行为类别对应的聚类中心元素标记为 $ct_{ji}, i \in \{1, 2, \cdots, n\}, j \in \{1, 2, \cdots, e\}$，$ct_{ji}$ 表示第 j 个传感器对应的行为类别为 θ_i 的所有训练数据的聚类中心。因此，在一个 n-分类问题中，需要生成 $e \cdot n$ 个聚类中心元素。本节中，各行为类别对应的聚类中心元素 $ct_{ji}, i \in \{1, 2, \cdots, n\}, j \in \{1, 2, \cdots, e\}$ 的生成通过经典 K-means 聚类算法获得。

2．测试样本的基本概率赋值生成

为了能计算出各测试样本的基本信度赋值，需要通过欧氏距离 $d(\cdot)$ 计算测试样本 $\boldsymbol{x}^*$ 与各聚类中心元素 $ct_{ji}, i \in \{1, 2, \cdots, n\}, j \in \{1, 2, \cdots, e\}$ 的距离。如果 $\boldsymbol{x}^*$ 远离

某个中心元素 ct_{ji}，那么认为 x^* 属于第 j 个传感器下第 $\theta_i(i \in \{1,2,\cdots,n\})$ 类行为的可能性比较小；相反，如果 x^* 接近某个中心 ct_{ji}，这意味着 x^* 有很大的可能属于第 j 个传感器下第 $\theta_i(i \in \{1,2,\cdots,n\})$ 类行为。基于此思路，依据聚类中心元素计算测试样本的基本信度赋值公式如下：

$$\begin{cases} m(ct_{ji}) = \beta\zeta(d_{ji}) \\ m(\Theta) = 1 - \sum_{i=1}^{n}\beta\zeta(d_{ji}) \end{cases} \quad (7\text{-}50)$$

式中：$0 \leqslant \beta \leqslant 1$；$\zeta(0) = 1$；$\lim\limits_{d_{ji}\to\infty}\zeta(d_{ji}) = 0$，$\zeta(d_{ji})$ 为

$$\zeta(d_{ji}) = \exp^{-\tau(d_{ji})^2} \quad (\text{其中 } \tau = 2) \quad (7\text{-}51)$$

$\beta = 0.95$；d_{ji} 为测试样本与第 j 个传感器下第 i 个聚类中心 ct_{ji} 之间的欧氏距离。

7.5.3 行为决策

利用 Bet$P$ 方法进行概率转换，然后依据概率最大化原则对测试样本的行为类型进行判定。基于 DSmT 非等可靠多粒度证据源融合策略的行为识别算法框架如图 7-27 所示，其对应算法步骤如算法 7.1 所示。

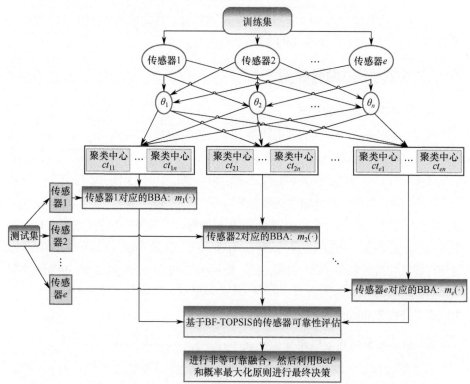

图 7-27　基于 DSmT 非等可靠多粒度证据源融合策略的行为识别算法框架

算法 7.1：DSmT 非等可靠策略下基于 *K*-means+BF-TOPSIS+DSmT 的行为识别。

输入：原始训练集 x_{training} 和测试样本 x^*，n 为行为类别，e 为传感器个数。

输出：预测测试样本 x^* 对应的行为类别。

1. 依据 *K*-means 聚类算法，获取每个传感器下每种行为对应的聚类中心：$ct_{ji}, i \in \{1, 2, \cdots, n\}, j \in \{1, 2, \cdots, e\}$；

2. 依据式（7-50）和式（7-51），根据测试样本 x^* 与 ct_{ji} 的距离，计算 x^* 在每个传感器下的 BBA；

3. 依据算法 BF-TOPSIS，获取测试样本 x^* 对应的融合后的 BBA：$m_{\text{final}}(\cdot)$；

4. 利用 Bet*P*(·) 方法对 $m_{\text{final}}(\cdot)$ 进行概率转换，并通过概率最大化原则进行最终的决策，获取样本 x^* 的标签。

7.5.4　实验分析与讨论

1. mHealth 数据集上模型有效性验证

为了验证本节提出的行为识别算法的有效性，将 UCI 公开数据集中的 mHealth[20] 作为模型有效性的验证数据集。mHealth 数据集是通过分布在人体各部位的异质传感器实现日常动作识别的。与 Opportunity 数据集和 Daily Activity and Sports 数据集不同，mHealth 数据集中传感器的部署位置集中于膝盖、左上臂、右上臂、左脚踝、右脚踝。其使用的传感器类型包括三类：加速度传感器（Acceleration, Acc）、陀螺仪传感器和磁性传感器。在 mHealth 数据集采集的实验中，主要采集 10 个独立实验个体（Subject1 ~ Subject10）的日常行为数据，具体经典行为有 Lying down(L_1)，Walking(L_2) 和 Climbing stairs(L_3) 等。这里主要是针对三类行为的识别，以验证提出的行为识别模型的有效性。

在接下来的实验过程中，首先通过 10 折交叉验证的方式将原始数据集分为训练集和测试集，其中训练集占原始数据集的 80%，而其余的所有数据（20%）作为测试集样本。首先利用 MATLAB 中的 *K*-means 聚类算法，针对每个传感器感知的各行为类别，算出相应的聚类中心元素 $ct_{ij}, i \in \{1, 2, \cdots, n\}, j \in \{1, 2, \cdots, e\}$。使用 mHealth 数据集中的 Subject-1 来详细说明本节提出的行为识别模型的关键步骤：如何计算各传感器感知下各行为类型的代表聚类中心元素，以及如何计算测试样本的基本信度赋值。由于每个传感器的感知输出都是基于三维坐标系的，即 *x* 轴、*y* 轴、*z* 轴，因此，通过聚类算法获得的聚类中心元素也应为三维坐标系中的点。表 7-18 直接列出了三组传感器通过 *K*-means 聚类算法获取的各行为类型的聚类中心元素。

表 7-18　三组部署不同位置的不同类型传感器感知各行为类型 L_1（躺下）、L_2（步行）
和 L_3（爬楼梯）并生成的聚类中心元素（Subject-1）

传感器类型	行 为 类 别	聚类中心元素坐标（x 轴、y 轴、z 轴）		
部署于胸部的加速度传感器（传感器 1）	躺下	2.4249m/s²	0.4932m/s²	9.6952m/s²
	步行	−9.7102m/s²	0.4397m/s²	1.3303m/s²
	爬楼梯	−9.2620m/s²	0.8569m/s²	−2.4141m/s²
部署于左脚踝的陀螺仪传感器（传感器 2）	躺下	0.3944(°)/s	0.6539(°)/s	0.3528(°)/s
	步行	0.5574(°)/s	−0.6453(°)/s	0.2111(°)/s
	爬楼梯	0.0198(°)/s	−0.5228(°)/s	−0.2593(°)/s
部署于右下臂的陀螺仪传感器（传感器 3）	躺下	−0.2023(°)/s	0.7172(°)/s	0.7821(°)/s
	步行	−0.5754(°)/s	−0.5862(°)/s	0.7732(°)/s
	爬楼梯	−0.2346(°)/s	−0.5485(°)/s	0.1963(°)/s

接下来说明如何在已知各行为类型的聚类中心前提下，对某一测试样本的
基本信度赋值进行计算。从测试样本中随机抽取一个测试样本，该测试样本 $\boldsymbol{x}^*$
的数据如下：

$$\boldsymbol{x}^* = \left\{ \begin{array}{l} 2.2813, 0.5818, 9.7576, 0.3970, 0.6529, \\ 0.3595, -0.1745, 0.7187, 0.7780 \end{array} \right\}$$

其中，$\boldsymbol{x}^*(1)$、$\boldsymbol{x}^*(2)$、$\boldsymbol{x}^*(3)$ 的数据来源于部署在胸部的加速度传感器；$\boldsymbol{x}^*(4)$、
$\boldsymbol{x}^*(5)$、$\boldsymbol{x}^*(6)$ 的数据来源于部署在左脚踝的陀螺仪传感器；$\boldsymbol{x}^*(7)$、$\boldsymbol{x}^*(8)$、$\boldsymbol{x}^*(9)$
的数据来源于部署在右下臂的陀螺仪传感器。根据式（7-50）和式（7-51），
可以获得该测试样本 $\boldsymbol{x}^*$ 关于三组传感器对应的三组基本信度赋值：$m_1(\cdot)$、$m_2(\cdot)$
和 $m_3(\cdot)$，结果如表 7-19 所示。

表 7-19　测试样本在三组传感器条件下获取的基本信度赋值

$m(\cdot)$	θ_1	θ_2	θ_3	Θ
$m_1(\cdot)$	0.8066	0	0	0.1934
$m_2(\cdot)$	0.6981	0	0.1850	0.0871
$m_3(\cdot)$	0.7704	0	0.1431	0.0865

可以发现，依据式（7-50）和式（7-51）构建的三组证据源中，包含的焦元
有四类：前三类为单子焦元 θ_1、θ_2、θ_3，代表三种行为，分别是躺下、步行和爬
楼梯；第四个元素为 Θ，代表完全未知行为。在获取表 7-19 中的 BBA 之后，
利用之前提出的基于 BF-TOPSIS 的非等可靠多粒度证据源评估策略（算法 7.1），
能获得关于各证据源的可靠性。然后，依据折扣融合规则和概率转换方法

$\text{Bet}P(\cdot)$，按照概率最大化原则，可以判定该样本的行为类型标签应当是 L_1：躺下。这一类别与 $\boldsymbol{x}^*$ 的实际类别相同，从而初步验证了本节提出的行为识别模型的有效性。为了使实验结果更有说服力，重复 50 组独立的蒙特卡罗实验，从行为识别的两个评判指标（Precision 和 F_1-Score）评估本节提出的具备传感器可靠性评估策略的行为识别方法的有效性。将 mHealth 数据集中提供的所有样本（10 组测试对象）的行为识别统计结果列于表 7-20。可以看到，具备传感器可靠性评估策略的行为识别方法在 mHealth 数据集上的平均识别精度为 $(95.13\pm0.54)\%$，平均 F_1-Score 值为$(94.72\pm0.52)\%$。具体来说，第 5 组测试对象（Subject-5）在本节提出的行为识别模型中，其对应的识别精度最低，为 $(86.68\pm0.78)\%$；而第 7 组测试对象（Subject-7）和第 8 组测试对象（Subject-8）对应的识别精度最高，为 100%。

表 7-20　基于 K-means+BF-TOPSIS+DSmT 的行为识别模型的平均测试结果

测 试 对 象	精度/%	F_1/%
Subject-1	98.02±0.36	97.98±0.38
Subject-2	96.15±0.52	96.02±0.51
Subject-3	92.25±0.73	92.07±0.76
Subject-4	95.32±0.90	95.13±0.84
Subject-5	**86.68±0.78**	**84.62±0.63**
Subject-6	87.81±1.08	86.50±0.98
Subject-7	**100.00±0.00**	**100.00±0.00**
Subject-8	**100.00±0.00**	**100.00±0.00**
Subject-9	97.96±0.54	97.91±0.55
Subject-10	97.15±0.51	96.99±0.55
平均值	**95.13±0.54**	**94.72±0.52**

2. 不同决策策略（Decision-Making Strategies）对最终识别精度的影响

在本书提出的行为识别模型的最后决策过程中，都利用概率决策方法将获取的测试样本的基本信度赋值转换为 Bayesian BBA，然后依据概率最大化原则判定测试样本的预测标签。在 DSmT 理论中，除了这种最常用的决策策略，还有两种经典的决策方法。这些方法在使用过程中并不需要先利用概率转换方法进行转换，而是直接根据焦元的信度函数值 $\text{Bel}(\cdot)$ 和似然函数值 $\text{Pl}(\cdot)$ 的大小判定。为了分析不同决策策略对提出的行为识别模型精度的影响，本章进行了相应的对比实验，主要考虑三种方法。

第一种是将行为识别模型中默认的决策方法标记为 max-of-Bet$P$，代表本节提出的行为识别模型最后一步决策策略是先利用 BetP(·) 方法进行概率转换，然后利用最大概率进行判定，具体的数学公式如下：

$$\theta_{i*} = \arg\max_i m_p(\theta_i) \tag{7-52}$$

式中：θ_i 为第 i 个行为类型，$i \in (1,2,\cdots,n)$；$m_p(\theta_i)$ 为通过 BetP(·) 方法进行概率转换之后，第 θ_i 行为类型获得的概率值。

第二种是依据焦元的信度函数值 Bel(·) 进行判定，标记为 max−of−Bel，具体的数学公式如下：

$$\theta_{i*} = \arg\max_i \text{Bel}(\theta_i) \tag{7-53}$$

式中：$\text{Bel}(\theta_i)$ 为行为 θ_i 对应的信任函数值，可以通过信任函数的定义获得。

第三种是依据焦元的似然函数值 Pl(·) 进行判定，标记为 max−of−Pl，具体的数学公式如下：

$$\theta_{i*} = \arg\max_i \text{Pl}(\theta_i) \tag{7-54}$$

式中：$\text{Pl}(\theta_i)$ 为行为类型 θ_i 对应的似然函数值，也可以通过似然函数获得。

分析实验结果，本章提出的行为识别模型在 mHealth 数据集上 Subject-5 和 Subject-6 的性能表现最差。因而，将决策策略讨论的实验集中于测试这两组对象，对比结果如图 7-28 所示。从这两组测试对象（Subject-5 和 Subject-6）中可以看到，默认的决策策略（ max-of-BetP ）的识别表现要优于基于信任函数（ max-of-Bel ）和似然函数（ max-of-Pl ）的决策策略。这主要是因为通过概率转换方法能够将非单子焦元的信度信息分配给单子焦元，以使在最终决策时各单子焦元的概率值更加准确，进而保证最终行为类型判定的可靠性。

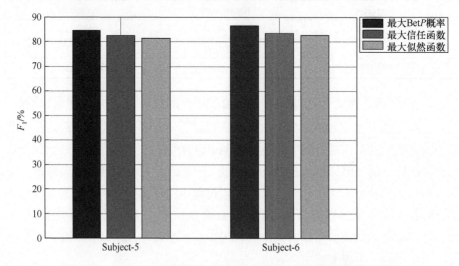

图 7-28　mHealth 数据集上不同测试对象对行为识别精度的影响

3．本书与基于 KDE+DSmT 行为识别模型[21]的对比

考虑到相关文献中提出的基于 KDE+DSmT 行为识别模型在 Opportunity 数据集上和 Daily Sports and Activities 数据集上良好的行为识别性能，这里给出了该模型在 mHealth 数据集上的行为识别分类效果。相比于本节提出的基于 K-means+BF-TOPSIS+DSmT 的行为识别模型，两者有着显著的相同点和不同点。相同点：两类行为识别模型都利用 DSmT 理论中的焦元概念来表征不同粒度的行为；都需要通过传感器的感知数据构建关于焦元的基本信度赋值。不同点：构建焦元的信度赋值方式不同，多粒度证据源融合策略不同。接下来，从行为识别的精度和算法的时间消耗两方面着重比较两种行为识别模型的优缺点。其中，在基于 KDE+DSmT 策略的行为识别模型中，对传感器筛选的指标讨论集中于 SDD 指标中的 KL 散度和 JS 散度。从图 7-29(a)中可以看出，基于 K-means+BF-TOPSIS 策略下的行为识别模型的 F_1 值（Subject-5：84.62%；Subject-6：86.50%）要明显优于基于 KDE+DSmT 下的行为模型（KL-Subject5：77.20%；KL-Subject6：85.78%；JS-Subject5：76.75%；JS-Subject6：78.87%）。这主要是因为其具备证据源可靠性评估策略，能有效降低冲突等因素对最终识别精度的影响。然而，从时间效率对比看［图 7-29（b）］，基于 KDE+DSmT 的行为识别模型的时间消耗 K-means+BF-TOPSIS 方法（KL-Subject5：24.2303s；KL-Subject6：21.7742s；JS-Subject5：23.1302s；JS-Subject6：22.2215s）要明显小于（Subject-5：63.7037s；Subject-6：58.2680s）。对比测试样本的基本信度赋值生成的时间消耗，两种模型的时间消耗的差异主要是由 BF-TOPSIS 策略下的多粒度证据源的可靠性评估导致的。

4．构建犹豫模糊框架下的行为识别模型及验证其对最终识别精度的影响

为了能在实际行为识别问题中验证犹豫模糊框架下多粒度证据源融合规则的有效性，本实验设计了一种构造测试样本的犹豫模糊信度策略：在基于 K-means 聚类算法获取各行为类型聚类中心的基础上，在利用式（7-50）计算测试样本的信度赋值时，通过改变参数 β 的赋值来获取测试样本的不同信度赋值。这里将式（7-50）中的参数 β 值设置为两种不同的情况：β=0.95（默认）和 β=0.85。将不同 β 值影响下获取的两组独立信度赋值构成测试样本的犹豫模糊信度，然后通过第 5 章提出的扩展 DSmC 规则，实现对多组证据源进行融合；最后利用 Score 函数对焦元进行排序，并按照排序结果确定测试样本的行为类型。将基于犹豫模糊框架下的行为识别结果列于表 7-21 中。可以看到：由于没有利用 BF-TOPSIS 方法对犹豫模糊框架下的证据源进行可靠性评估，犹豫模糊框架下基于 K-means+DSmT 行为识别模型的行为识别精度比基于传统

K-means+BF-TOPSIS+DSmT 的行为识别精度有所降低。接下来对 BF-TOPSIS 策略进行扩展,将其适用于犹豫模糊信度框架,进而验证在犹豫模糊信度框架下基于 K-means+BF- TOPSIS+DSmT 模型的识别性能。

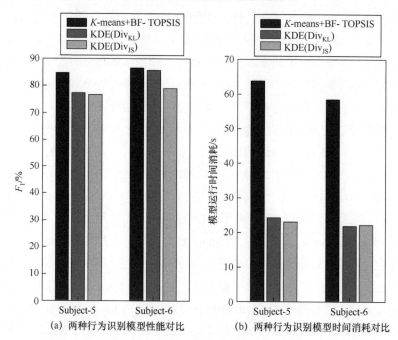

(a) 两种行为识别模型性能对比   (b) 两种行为识别模型时间消耗对比

图 7-29   基于 K-means+BF-TOPSIS 下的行为识别模型和基于 KDE+DSmT 下的行为识别模型对比

表 7-21   犹豫模糊信度框架下基于 K-means+DSmT 的行为识别模型的平均测试结果

测 试 对 象	精度/%	F_1/%
Subject-1	97.10±0.43	96.95±0.48
Subject-2	93.44±1.47	92.60±1.89
Subject-3	90.77±1.59	89.48±1.77
Subject-4	91.01±1.19	89.27±1.84
Subject-5	**82.24±3.79**	**82.07±3.74**
Subject-6	90.13±1.33	89.22±1.60
Subject-7	**99.92±0.11**	**99.92±0.11**
Subject-8	**100.00±0.00**	**100.00±0.00**
Subject-9	96.05±0.45	95.61±0.56
Subject-10	94.69±0.65	94.05±0.84
平均值	**93.54±1.01**	**92.89±1.28**

构造犹豫模糊信度解决行为识别问题的策略,可以根据实际情况具体讨论。比如:可以将基于 KDE 的基本概率赋值构造方法和基于 K-means 聚类的基本信

度赋值构造方法分别作为犹豫模糊信度的一组信度赋值，然后结合犹豫模糊框架进行综合建模；在选择不同的距离函数计算测试样本与聚类中心的距离时，本身就存在犹豫的情况。因而，如何充分利用犹豫模糊框架下的多粒度证据源融合策略会是将来研究的重点。

7.6　本章小结

本章主要利用 DSmT 多粒度融合方法解决穿戴式人体传感器网络下的行为识别问题，提出了四种不同的行为识别模型：同鉴别框架下的分层推理识别模型、异鉴别框架下基于多粒度信息融合的行为识别模型、犹豫模糊框架下基于 ELM+DSmT 的行为识别模型和基于非等可靠 K-means+BF-TOPSIS+DSmT 的折扣多粒度行为识别模型。最终，在多个公开数据集上充分验证并对比了所提模型的有效性。

参 考 文 献

[1]　Weinland D, Ronfard R, Boyer E. A survey of vision-based methods for action representation, segmentation and recognition[J]. Computer Vision & Image Understanding, 2011, 115(2): 224-241.

[2]　Lara O D, Labrador M A. A survey on human activity recognition using wearable sensors[J]. IEEE Communications Surveys & Tutorials, 2013, 15(3): 1192-1209.

[3]　Bakar U, Ghayvat H, Hasanm S F, et al. Activity and anomaly detection in smart home: a survey[J]. Next Generation Sensors and Systems, 2016, 16(2): 191-220.

[4]　Chen L, Hoey J, Nugent C D, et al. Sensor-based activity recognition[J]. IEEE Transactions on Systems Man & Cybernetics Part C, 2012, 42(6): 790-808.

[5]　Guo M, Wang Z, Yang N, et al. A multisensor multiclassifier hierarchical fusion model based on entropy weight for human activity recognition using wearable inertial sensors[J]. IEEE Transactions on Human-Machine Systems, 2019, 49(1): 105-112.

[6]　He Z Y, Jin L W. Activity recognition from acceleration data using AR model representation and SVM[C]. 2008 International Conference on Machine Learning and Cybernetics. Kunming: IEEE, 2008: 2245-2251.

[7]　Nurwanto F, Ardiyanto I, Wibirama S. Light sport exercise detection based on smartwatch and smartphone using k-nearest neighbor and dynamic time warping algorithm[C]. 2016 8th International Conference on Information Technology and Electrical Engineering (ICITEE) . Yogyakarta: IEEE, 2016: 552-557.

[8]　Khan A M, Tufail A, Khattak A M, et al. Activity recognition on smartphones via

sensor-fusion and KDA-based SVMs[J]. International Journal of Distributed Sensor Networks, 2014(1): 1-14.

[9] Zheng Y. Human activity recognition based on the hierarchical feature selection and classification framework[J]. Journal of Electrical and Computer Engineering, 2015, 34(5): 1190-1199.

[10] Thuong N, Sunil G, Svetha V, et al. Nonparametric discovery of movement patterns from accelerometer signals[J]. Pattern Recognition Letters, 2016, 70: 52-58.

[11] Nam Y, Park J W. Child activity recognition based on cooperative fusion model of a triaxial accelerometer and a barometric pressure sensor[J]. IEEE Journal of Biomedical Health Informatics, 2013, 17(2): 420-426.

[12] Guo Y, He W H, Gao C. Human activity recognition by fusing multiple sensor nodes in the wearable sensor systems[J]. Journal of Mechanics in Medicine & Biology, 2013, 12(5): 125-140.

[13] Uddin M T, Uddiny M A. Human activity recognition from wearable sensors using extremely randomized trees[C]. 2015 International Conference on Electrical Engineering and Information Communication Technology (ICEEICT). Savar: IEEE, 2015: 21-27.

[14] Banos O, Damas M, Pomares H, et al. Human activity recognition based on a sensor weighting hierarchical classifier[J]. Soft Computing, 2013, 17(2): 333-343.

[15] Banos O, Damas M, Guillen A, et al. Multi-sensor fusion based on asymmetric decision weighting for robust activity recognition[J]. Neural Processing Letters, 2015, 42(1): 5-26.

[16] Huang G B, Zhu Q Y, Siew C K. Extreme learning machine: Theory and applications[J]. Neurocomputing, 2006,70(1/2/3): 489-501.

[17] Huang G B, Zhou H, Ding X, et al. Extreme learning machine for regression and multiclass classification[J]. IEEE Trans. 2012, 42(2): 513-529.

[18] Anguita D, Ghio A, Oneto L, et al. A public domain dataset for human activity recognition using smartphones[J]. In Proc. Eur. Symp. Artif. Neural Netw., Intell. Mach. Learn. (ESANN), 2013.

[19] Banos O, et al. mHealth Droid: A novel framework for agile development of mobile health applications[J]. Work shop Ambient Assist. 2014: 91-98.

[20] Banos O, Garcia R, Holgado-Terriza J A, et al. mHealth Droid: a novel framework for agile development of mobile health applications[C]. International Workshop on Ambient Assisted Living(IWAAL 2014) .Belfast: Springer, 2014: 91-98.

[21] Dong Y L, Li X D, Dezert J, et al. Dezert-Smarandache theory-based fusion for human activity recognition in body sensor networks[J]. IEEE Transactions on Industrial Informatics, 2019, 16(11): 7138-7149.

彩色插图

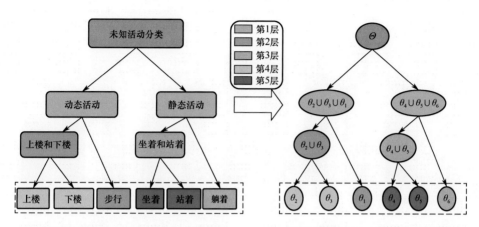

(a) 对所有行为使用层次聚类构建树形层次结构

(b) 使用树形层次结构对行为建模的焦元

图 7-2　基于表 7-1 构建的树形层次结构

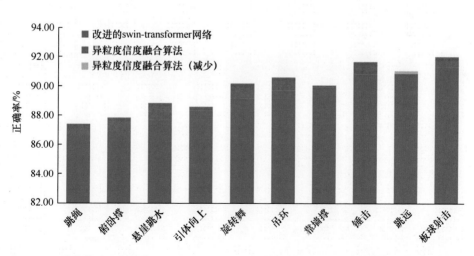

图 7-21　融合算法在改进的 swin-transformer 网络输出的 10 个性能最差类别上的正确率

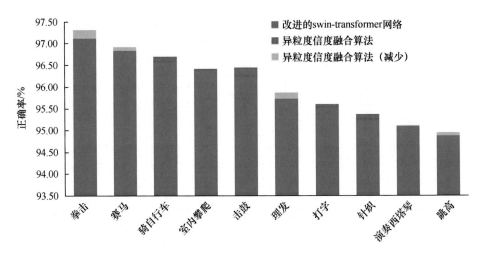

图 7-22　融合算法在改进的 swin-transformer 网络输出的 10 个性能最好类别上的正确率

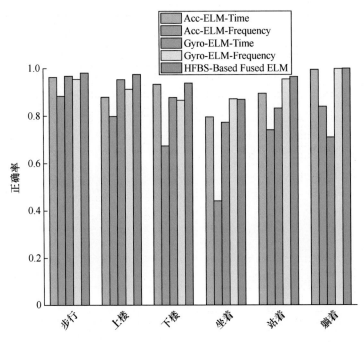

图 7-24　本节提出的 HFBS-Based Fused ELM 模型与各子模型的识别结果对比